实现技术及发展研究

程凤伟　任晶晶　著

中国原子能出版社

图书在版编目(CIP)数据

人工智能实现技术及发展研究 / 程凤伟，任晶晶著
. -- 北京：中国原子能出版社，2019. 3
ISBN 978-7-5022-9721-3

Ⅰ. ①人… Ⅱ. ①程… ②任… Ⅲ. ①人工智能一研究 Ⅳ. ①TP18

中国版本图书馆 CIP 数据核字(2019)第 051853 号

内容简介

人工智能属于当前社会各界关注的热点。本书结合国内外人工智能的发展和最新应用技术，在阐述人工智能基本原理的基础上，全面解析了其实现技术，并对其发展进行了研究，全面反映了国内外人工智能研究领域的进展和发展方向。

本书主要内容包括：知识表示技术、知识推理技术、模糊逻辑技术、神经网络技术、遗传算法、专家系统、机器学习、分布式人工智能与群体智能优化算法等。

本书结构合理，条理清晰，内容丰富新颖，具有先进性和实用性的特点，可供从事人工智能领域的研究者及相关工程技术人员参考使用。

人工智能实现技术及发展研究

出版发行　中国原子能出版社(北京市海淀区阜成路 43 号　100048)
责任编辑　张　琳
责任校对　冯莲凤
印　　刷　北京亚吉飞数码科技有限公司
经　　销　全国新华书店
开　　本　787mm×1092mm　1/16
印　　张　17.25
字　　数　309 千字
版　　次　2019 年 7 月第 1 版　2024 年 9 月第 2 次印刷
书　　号　ISBN 978-7-5022-9721-3　　定　价　68.00 元

网址：http://www.aep.com.cn　　E-mail：atomep123@126.com
发行电话：010－68452845

前　言

智能是人们认识客观世界并运用知识解决实际问题的能力，它体现在反映客观事物深刻、正确、完整的程度，以及应用知识解决问题的灵活与智慧上，往往通过观察、验证和创造等表现出来。

人工智能也称为机器智能，就是用计算机来模拟人的智能。研究人工智能一方面可以造出具有智能的机器，另一方面也可以弄清人类智能的本质。通过研究和开发人工智能，可以辅助、部分代替甚至拓宽人的智能，使计算机更好地造福于人类。

随着信息技术的发展和社会对智能的巨大需求，人工智能受到越来越多的重视，并逐步成为信息社会和网络经济时代的核心科学技术之一。人工智能的发展和研究，主要涉及计算机科学、信息论、控制论、心理学、生理学、数学、物理学、化学、生物学、医学、哲学、语言学、社会学、认知科学等众多领域，因此，它既是一门新思想、新理论、新技术、新成就不断涌现的新兴学科，又是一门综合性极强的边缘学科。

本书结合国内外人工智能的发展和最新应用技术，在阐述人工智能基本原理的基础上，全面解析了人工智能实现技术，并对其发展进行了研究，反映了国内外人工智能研究领域的进展和发展方向。全书共 9 章，主要内容包括：知识表示技术、知识推理技术、模糊逻辑技术、神经网络技术、遗传算法、专家系统、机器学习、分布式人工智能与群体智能优化算法等。

本书在撰写过程中，参考了大量有价值的文献与资料，吸取了许多人的宝贵经验，在此向这些文献的作者表示敬意。此外，本书的撰写还得到了学校领导的支持和鼓励，在此一并表示感谢。由于作者自身水平及时间有限，书中难免有错误和疏漏之处，敬请广大读者和专家给予批评指正。

作　者

2018 年 12 月

目　录

第 1 章　人工智能与智能控制概论

1.1　人工智能

1.1.1　人工智能的发展史

动力机械能够帮助和代替人类完成各种各样的体力劳动，极大方便了人类的生活和推动了社会的飞速发展，随着人类和社会的进一步发展，人们思考并制造能帮助和代替人类完成脑力劳动的智能机器也就成为了历史的必然，人工智能正是这一必然的直接产物。人工智能这个术语自 1956 年正式提出，并作为一个新兴学科的名称被使用以来，已经有 50 多年的历史。回顾其产生与发展过程，可大致分为孕育、形成、知识应用、综合集成四个阶段。

1.1.1.1　孕育期(1956 年以前)

人类用机器代替脑力劳动的幻想很早就有了。早在公元前 900 多年，我国就有歌舞机器人流传的记载。到公元前 850 年，古希腊也有了制造机器人帮助人们劳动的神话传说。此后，在世界上的许多国家和地区也都出现了类似的民间传说或神话故事。人工智能经历了漫长的孕育期，在此之前很多科学家为之付出了艰辛的劳动和不懈的努力。

古希腊伟大的哲学家和思想家亚里士多德(Aristotle)创立了演绎法。他在其名著《工具论》中提出了形式逻辑中的一些基本规律，为形式逻辑奠定了基础。他提出的三段论至今仍然是演绎推理最基本的出发点。

英国哲学家和自然科学家培根(F. Bacon)创立了归纳法。它与演绎法一起构成了思维的基本法则。此外，培根还提出了“知识就是力量”的名言。这一名言对研究人类的思维过程，对几百年后人工智能研究从一般思维探讨转向专门知识运用这一重大突破都起到了积极的促进作用。

德国数学家和哲学家莱布尼茨(G. W. Leibniz)把形式逻辑符号化，奠定了数理逻辑的基础，从而使人们可以对人的思维进行运算和推理。他认为可以建立一种通用的符号语言，以及在此符号语言上进行推理演算，提出了“万能符号”和“推理计算”的思想。这一思想不仅是数理逻辑的基础，同时也是现代机器思维设计思想的萌芽。

法国物理学家和数学家帕斯卡(B. Pascal)成功制造了世界上第一台加法器，后来计算机领域的许多发明都深受其影响。

英国数学家和发明家巴贝奇(C. Babbage)发明了差分机和分析机，为研制“思维机器”做出了巨大贡献。在他所发明的分析机中，已经包括了电子计算机的大部分特点，其设计思想与现代电子计算机十分相似。除此之外，巴贝奇还说明了一台通用计算机系统应该包括的重要组成部分：输入(把数字输入机器)、存储器(保存数字和程序指令)、运算器(执行运算)、控制器(控制执行各种命令)和输出(把运算结果告诉用户)。虽然受到当时条件的限制而未能实现，但这一思想为计算机的发展奠定了基础。

英国数学家布尔(G. Boole)创立了布尔代数。他在其著作《思维法则》中，首次用符号语言描述了思维活动中推理的基本法则，实现了莱布尼茨的理想。并在1854年发表的论文“An Investigation on the Law of Thoughts”(对思维规律的探讨)中，试图找出思维模拟的机械化规律，并明确提出符号逻辑代数是基于“机器是否放大智力”的探讨。可见，布尔所关注的是研制“智能机器”。

英国数学家、超时代的天才、图灵机的发明者图灵(A. M. Turing)于1936年创立了自动机理论，并为人工智能做了大量的开拓性工作。自动机理论也称为图灵机，是图灵在他26岁那年提出的一个理论计算机模型。这一理论推进了思维机器的研究，并为电子计算机的诞生奠定了理论基础。

匈牙利数学家、博弈论的创立者冯·诺依曼(John. Von. Neumann)1945年提出了存储程序的概念，在计算机领域建立了不朽的功勋。冯·诺依曼的这一思想被誉为电子计算机时代的开始。至今，计算机的体系结构还基本上是冯·诺依曼型。

美国数学家、电子数字计算机的先驱莫克利(J. W. Mauchly)与他的研究生埃克特(J. P. Eckert)合作于1946年研制成功了世界上第一台通用电子计算机ENIAC(Electronic Numerical Integrator And Computer)，为机器智能的研究与实现提供了物质基础。

美国著名数学家、控制论创始人维纳(N. Wiener)于1948年创立了控制论。这是一门研究和模拟自控制的生物和人工系统的学科，它的出现标志着人们根据动物心理和行为学进行计算机模拟研究与分析的基础已经形成。控制论向人工智能的渗透，形成了现在的人工智能行为主义学派。

美国应用数学家、信息论的创始人香农(C. E. Shannon)创立了信息论。他认为人的心理活动可用信息的形式来进行研究,并提出了描述心理活动的数学模型。1956年他与麦卡锡(J. McCarthy)主编的《自动机研究》一书,汇编了有关思维机器研究的多篇论文。

美国神经生理学家麦克洛奇(W. McCulloch)和皮兹(W. Pitts)一起于1943年建成了第一个神经网络模型(MP模型)。这一研究开创了用微观人工智能方法从结构上模拟人脑的研究途径,并且为后来人工神经元网络的研究奠定了理论基础。

可见,在人工智能诞生之前世界上的一些著名科学家就已经创立了数理逻辑、自动机理论、控制论和信息论,并发明了通用电子数字计算机。这些都为人工智能的产生准备了必要的思想、理论和物质技术条件。

1.1.1.2 形成期(1956年到1970年)

人工智能是在一次历史性的聚会中诞生的。为使计算机具有智能,1956年夏季,年轻数学家、计算机专家麦卡锡(后为MIT教授)和他的三位朋友——哈佛大学数学家、神经学家明斯基(M. L. Minsky,后为MIT教授),IBM公司信息中心负责人洛切斯特(N. Lochester),贝尔实验室信息部数学研究员香农(C. E. Shannon)共同发起,并邀请IBM公司的莫尔(T. More)和塞缪尔(A. L. Samuel),MIT的塞尔夫里奇(O. Selfridge)和索罗蒙夫(R. Solomonff),以及兰德(RAND)公司和卡内基(Carnagie)工科大学的纽厄尔(A. Newell)和西蒙(H. A. Simon),这10位来自美国数学、神经学、心理学、信息科学和计算机科学方面的杰出年轻科学家在美国达特茅斯大学举行了一次为期两个月的夏季学术研讨会,他们共同学习和探讨了用机器模拟人类智能的有关问题。在此次讨论中,麦卡锡提议正式采用了"AI(Artificial Intelligence)"这一术语,一个以研究如何用机器来模拟人类智能的新兴学科——人工智能从此诞生。

这次会议之后,在美国很快就形成了三个以人工智能为研究目标的研究小组。人工智能在其诞生以后的10多年中很快就在多个领域取得了重大突破。这一时期不同研究小组分别取得了不同的研究成果。

纽厄尔和西蒙的卡内基-兰德小组(也称为心理学小组)取得的成果。1957年,纽厄尔(Newell)、肖(J. Shaw)和西蒙(Simon)等人合作研制了一个称为逻辑理论机(Logic Theory Machine,LT)的计算机程序系统。该程序模拟了人类用数理逻辑证明定理时的思维规律。LT程序是针对具体领域的,为打破这种局限性,他们随后又开始研究一种不依赖具体领域的通用问题求解程序。通过心理学实验,他们总结出了人们在解决问题时思维过程的普遍规律。并把它归结为三个阶段:先想出大致的解题计划;根据记忆中的公理、定理和解题规划组织解题过程;在解题过程中不断进行方法和目标分析,修正解题计划。基于这一规律,他们通过心理学试验总结出人们求解问题的思维规律,1960 年研制出通用问题求解(General Problem Solving, GPS)程序。该程序当时可以解决 11 种不同类型的问题,如不定积分、三角函数、代数方程、猴子摘香蕉、河内梵塔、人—羊过河等。

塞缪尔的 IBM 公司工程课题研究小组取得的成果。1956 年,塞缪尔在 IBM 704 计算机上研制成功了具有自学习、自组织和自适应能力的西洋跳棋程序。这个程序可以从棋谱中学习,也可以在下棋过程中积累经验、提高棋艺。通过不断学习,该程序 1959 年击败了塞缪尔本人,1962 年又击败了一个州的冠军。这是模拟人类学习过程的一次卓有成效的探索,其主要贡献在于发现了启发式搜索是表现智能行为最基本的机制。

明斯基和麦卡锡的 MIT 研究小组取得的成果。1958 年,麦卡锡建立了行动规划咨询系统。1960 年,麦卡锡又研制了人工智能语言 LISP。该语言不仅可以处理数值,而且可以方便地处理符号,作为建造智能系统的重要语言工具在人工智能领域应用极其广泛。1961 年,明斯基发表了"走向人工智能的步骤"的论文,推动了人工智能的发展。

此外,在其他方面也取得了很大进展。1965 年,鲁宾逊(J. A. Robinson)提出了归结(消解)原理。这种与传统自然演绎完全不同的方法为自动定期证明做出了突破性的贡献。1965 年,美国斯坦福大学的费根鲍姆(E. A. Feigenbaum)在他领导的研究小组内开始研究化学专家系统 DENDRAL。该专家系统于 1968 年完成并投入使用,它可以根据质谱仪的实验,通过分析推理决定化合物的分子结构。专家系统 DENDRAL 的意义在于它的实用性以及它对基于知识建造智能系统所进行的有益探索。DENDRAL 被称为专家系统的萌芽,是人工智能研究从一般思维探讨到专门知识应用的一次成功尝试。1969 年,由国际上许多学术团体共同发起成立了国际人工智能联合会议(International Joint Conference on Artificial Intelligence, IJCAI),它标志着人工智能作为一门独立学科已经得到了国际学术界的认可。

以上所列举的只是这一时期人工智能代表性成就的一部分。此外,人工智能还取得了许多其他方面的成就。例如,1956 年乔姆斯基(N. Chomsky)提出的文法体系;1958 年塞尔夫里奇研制的模式识别系统程序;1970 年,国际性人工智能杂志《Artificial Intelligence》的创刊等。

1.1.1.3 知识应用期(20 世纪 70 年代到 80 年代末)

人工智能连续取得的成就让人们极为兴奋,但随后人工智能却遇到了许多困难,遭受了很大的挫折。人工智能的先驱们在困难和挫折面前没有退缩,他们在反思中认真总结了人工智能发展过程中的经验教训,从而又开创了一条以知识为中心、面向应用开发的研究道路,使人工智能又进入了一个新的蓬勃发展时期。

(1)挫折和教训。一些人工智能专家在成就面前开始盲目乐观,他们被初期胜利的欣喜冲昏了头脑。认为只要依靠一些推理规则,再加上强大的计算机就可以使机器智能达到专家水平,甚至超过人的能力。20 世纪 60 年代初期,人工智能的创始人西蒙等人就很自信地预言:不出十年,计算机将成为世界象棋冠军;不出十年,计算机将发现和证明重要的数学定理;不出十年,计算机将能谱写出具有优秀作曲家水平的乐曲;不出十年,大多数心理学理论将在计算机上形成。然而,这些预言至今还没有兑现。

在科学上,前进的道路从来都不会一帆风顺。人工智能的发展也不例外,在它经过形成时期的快速发展之后,很快就在不同领域遇到了各种问题:

在博弈方面,塞缪尔的下棋程序在与世界冠军对弈时,5 局中败了 4 局。

在定理证明方面,发现鲁宾逊归结法的能力有限。当用归结原理证明两个连续函数之和还是连续函数时,推了 10 万步也没证明出结果。

在问题求解方面。由于过去研究的大多是良结构的问题,而现实世界中的问题又多数为不良结构,如果仍用那些方法去处理,将会产生组合爆炸问题。

在机器翻译方面,原来人们以为只要有一部双解字典和一些语法知识就可以实现两种语言的互译,但后来发现并非如此。例如,把“心有余而力不足”的英语句子“The spirit is willing but the flesh is weak”翻译成俄语,然后再翻译回来时竟变成了“酒是好的,肉变质了”,即英语句子为“The wine is good but the meat is spoiled”。

在神经生理学方面,研究发现人脑有 10^{11} 以上的神经元,在现有技术条件下用机器从结构上模拟人脑是根本不可能的。

在人工智能的本质、理论、思想及机理方面,人工智能受到了来自哲学、心理学、神经生理学等社会各界的指责、怀疑和批评。

在其他方面,人工智能也遭遇了困境。在英国,1971 年剑桥大学应用数学家詹姆士(James)先生应政府要求,发表了人工智能综合报告,指责

“人工智能研究不仅是骗局，也是庸人自扰”。随后，英国的人工智能研究经费被削减、机构被解散。在美国，曾一度热衷于人工智能研究的 IBM 公司也下令取消了在该公司范围内的所有人工智能研究活动。从此，形势急转直下，人工智能研究在全世界范围内都陷入困境、落入低谷。

尽管如此，仍有一大批人工智能学者不畏艰辛、潜心研究。他们在认真总结前一阶段研究工作经验教训的同时从费根鲍姆以知识为中心开展人工智能研究的观点中找到了新的出路。

(2)以知识为中心的研究。20 世纪 60 年代中期，有相当一部分的人工智能学者热衷于对博弈、定理证明、问题求解等进行研究，而另外一个重要的研究领域——专家系统已经悄悄地开始孕育。在人工智能发展遭受挫折并处于危机之时，也正是由于专家系统萌芽的存在，使其迅速地再次找到前进方向，并再度兴起。

专家系统(Expert System，ES)是一个具有大量的专门知识，并能够利用这些知识去解决特定领域中需要由专家才能解决的那些问题的计算机程序。它实现了人工智能从理论研究走向实际应用，从一般思维规律探讨走向专门知识运用的重大突破，是人工智能发展史上的一次重要转折。

1972 年，斯坦福大学年轻的教授 E. A. Feigenbaum 在继化学专家系统 DENDRAL 之后，又领导他的研究小组开始研究 MYCIN 专家系统，并于 1976 年研制成功。MYCIN 是一个用于细菌感染患者的诊断和治疗的医学专家系统。从应用角度来看，它可以识别 51 种病菌，正确使用 23 种抗生素，能协助内科医生诊断细菌感染疾病，并为患者提供最佳处方；从技术角度来看，它可以解决知识表示、不精确推理、搜索策略、人机联系、知识获取及专家系统基本结构等一系列重大技术问题。足以看出，该系统在人工智能领域的重要性。

1976 年，斯坦福大学国际人工智能中心杜达(R. D. Duda)等人开始研制地质勘探专家系统 PROSPECTOR，到 1981 年该系统已拥有 15 种矿藏知识。1982 年，美国利用该系统预测了华盛顿州的一个钼矿位置，随后的实际勘探充分证明了预测的准确性。

1971 年，MIT 研制成功并投入使用的数学专家系统 MACSYMA；美国拉特格尔(Rutger)大学于 1978 年研制成功的用于青光眼诊断和治疗的专家系统 CASNET 等都是比较著名的专家系统。

在这一时期，与专家系统同时发展的重要领域还有计算机视觉和机器人，自然语言理解与机器翻译等。例如，MIT 的维诺格拉德(T. Winorgrad) 1971 年开发了一个用于模拟机器人在桌面上玩积木的系统 SHRDLU。该系统可以根据英语指令变换积木和进行关于积木世界的会话。

知识表示、不精确推理、人工智能语言等方面在此期间也取得了重大进展。例如，1974 年，明斯基提出的框架理论；1975 年，绍特里夫(E. A. Shortliffe)提出并在 MYCIN 中应用的确定性理论；1976 年，杜达提出并在 PROSPECTOR 中应用的主观贝叶斯方法；1972 年，由科麦瑞尔(A. Colmerauer)及其研究小组在法国马塞大学研制成功了世界上第一个 Prolog 系统。Prolog (PROgramming in LOGic)的思想首先由克瓦斯基(R. Kowalski)提出，它是一种以逻辑为基础的程序设计语言，是继 LISP 之后最主要的一种人工智能语言，在人工智能领域有着非常广泛的应用，后被日本第五代计算机选为核心语言。

1977 年，斯坦福大学年轻的教授 E. A. Feigenbaum 结合多年的攻关成果，将特定的知识表示与处理加入到人工智能的研究中，在第五届国际人工智能联合会议上，正式提出了知识工程(Knowledge Engineering，KE)的概念，公示了专家系统和知识工程的研究成就。从此之后，各类专家系统相继出现，大量的商品化专家系统和智能系统纷纷推出，整个 20 世纪 80 年代知识工程和专家系统在全世界得到了迅速发展，其应用范围也扩大到了人类社会的各个领域，并产生了巨大的经济效益。专家系统的成功，说明了知识在智能系统中的重要性。使人们更清楚地认识到人工智能系统应该是一个知识处理系统，而知识表示、知识获取、知识利用则是人工智能系统的三个基本问题。

专家系统本身所存在的问题也随着专家系统应用的不断深入和计算机技术的飞速发展而逐渐暴露出来，表现为应用领域狭窄、缺乏常识性知识、知识获取困难、推理方法单一、没有分布式功能、不能访问现存数据库等。这使得人工智能再一次面临着考验。为了寻得一条出路，人工智能需要走综合集成发展的道路。

1.1.1.4　综合集成期(20 世纪 80 年代末至今)

20 世纪 80 年代末，专家系统逐步向多技术、多方法的综合集成与多学科、多领域的综合应用型发展。大型专家系统开发采用了多种人工智能语言(如 USP、Prolog 和 C++等)、多种知识表示方法(如产生式规则、框架、逻辑、语义网络、面向对象等)、多种推理机制(如演绎推理、归纳推理、非精确推理和非单调推理等)和多种控制策略(如正向、逆向和双向等)相结合的方式，并开始运用各种专家系统外壳、专家系统开发工具和专家系统开发环境等。

21 世纪是智能科学、生命科学及其信息集成并融合应用的时代，人工智能技术是现代信息技术的精髓，是新世纪科学技术的前沿和焦点。目前，人工智能技术正在向大型分布式人工智能、大型分布式多专家协同系统、广义知识表达、综合知识库(知识库、方法库、模型库、方法库的集成)、并行推理、多种专家系统开发工具、大型分布式人工智能开发环境和分布式环境下的多智能体(Agent)协同系统等方向发展。

1.1.2 人工智能的定义

人工智能,又称为机器智能,它是指用人工的方法在机器(计算机)上实现的智能,或者说是人们使机器具有类似于人的智能。人工智能的研究是在多学科的基础上发展起来的,可以说,它是一门综合性极强的边缘学科。"人工智能"的含义最早是由英国数学家图灵(A. M. Turing)提出的。1950 年,图灵发表了题为"计算机与智能"(Computing Machinery and Intelligence)的论文,并提出了著名的"图灵测试",形象地指出了什么是人工智能以及机器应该达到的智能标准。该测试标准的提出对人工智能科学的进步与发展产生了深远影响,直到现在还有许多人把它作为衡量机器智能的准则。

关于"人工智能"的术语,学术界一直都没有完全统一的认识,他们从不同的角度、不同的层面对这一问题有不同的见解。为了加深对人工智能的理解,下面给出几种不同的关于人工智能的定义。

人工智能是那些与人的思维有关的活动,如决策、问题求解和学习等的自动化(Bellman,1978)。

人工智能是一种使计算机能够思维,使机器具有智力的激动人心的新尝试(Haugeland,1985)。

人工智能是用计算模型研究智力行为(Charniak & McDermott,1985)。

人工智能是一种能够执行需要人的智能的创造性机器的技术(Kurzwell,1990)。

人工智能是一门通过计算过程力图理解和模仿智能行为的学科(Schalkoff,1990)。

人工智能研究如何使计算机做现阶段只有人才能做好的事情(Rick & Knight,1991)。

人工智能是研究那些使理解、推理和行为成为可能的计算(Winston,1992)。

人工智能是计算机科学中与智能行为的自动化有关的一个分支(Luger & Stubblefield,1997)。

人工智能从广义上讲是关于人造物的智能行为,而智能行为包括知觉、推理、学习、交流和在复杂环境中的行为(Nilsson,1998)。

人工智能是研究和设计具有智能行为的计算机程序,以执行人或动物所具有的智能任务(Dean,Allen,Aloimonos,2003)。

人工智能的定义是随着人们对人工智能研究的不断深入而变化的。综上所述,人工智能是一门研究如何构造智能机器(智能计算机)或智能系统,使它能模拟、延伸、扩展人类智能的学科。通俗地说,人工智能就是要研究如何使机器具有能听、会说、能看、会写、能思维、会学习、能适应环境变化、能解决各种面临的实际问题等功能的一门学科。

1.1.3　人工智能的研究内容

人工智能是一门综合性很强的交叉性学科,其研究内容十分丰富。不同的人工智能研究者从不同的角度对人工智能的研究内容进行分类。例如,基于脑功能模拟、基于不同认知观、基于应用领域和应用系统、基于系统结构和支撑环境等。因此,要对人工智能的研究内容进行全面和系统的介绍存在一定困难,这里无法一一列举,只是对其中的部分内容进行简单介绍。

1.1.3.1　认知建模

人类的认知过程极其复杂。认知科学(或称思维科学)是研究人类感知和思维信息处理过程的一门学科,是对人类在认知过程中信息加工过程的说明。认知科学是人工智能的重要理论基础,涉及的研究课题非常广泛。浩斯顿(Houston)等把认知归纳为 5 种类型:信息处理过程;心理上的符号运算;问题求解;思维;诸如知觉、记忆、思考、判断、推理、学习、想象、问题求解、概念形成和语言使用等关联活动。

认知还会受到环境、社会和文化背景等因素的影响。人工智能不仅要研究逻辑思维,还要深入研究形象思维和灵感思维,这样才能奠定更坚实的理论基础,为智能系统的开发提供新思想和新途径。

1.1.3.2　知识表示

知识表示、知识推理和知识应用是传统人工智能的三大核心研究内容。其中,知识表示是基础,知识推理实现问题求解,而知识应用是目的。

知识表示是把人类知识概念化、形式化或模型化,是研究各种知识的形式化方法。一般地,就是运用符号知识、算法和状态图等来描述待解决的问题。已提出的知识表示方法主要包括符号表示法和神经网络表示法两种。

1.1.3.3 知识推理

所谓推理，就是从一些已知判断或前提推导出一个新的判断或结论的思维过程。它是人脑的基本功能，几乎所有的人工智能领域都离不开推理，因此，只有赋予机器推理能力才能使其实现人工智能。

形式逻辑中的推理分为演绎推理、归纳推理和类比推理等。知识推理，包括不确定性推理和非经典推理等。它们都是人工智能需要研究的重要内容，仍有很多尚未发现和解决的问题值得研究。

1.1.3.4 知识应用

人工智能能否获得广泛应用是衡量其生命力和检验其生存力的重要标志。20 世纪 70 年代，专家系统的广泛应用使人工智能走出低谷，获得快速发展。后来的机器学习和近年来的自然语言理解应用研究取得重大进展又进一步促进了人工智能的发展。当然，知识表示和知识推理等基础理论以及基本技术的进步是推动应用领域发展的重要因素。

1.1.3.5 机器感知

机器感知就是使机器或计算机具有类似于人的感觉，包括视觉、听觉、力觉、触觉、嗅觉、痛觉、接近感和速度感等，是机器获取外部信息的基本途径。机器视觉（计算机视觉）和机器听觉是其中最重要的和应用最广的两个方面，机器视觉要能够识别与理解文字、图像、场景以至人的身份等，机器听觉要能够识别与理解声音和语言等。

机器感知是机器智能的一个重要方面。要使机器具有感知能力，就要为它安上各种传感器。机器视觉和机器听觉已催生了人工智能的两个研究领域——模式识别和自然语言理解或自然语言处理。实际上，随着这两个研究领域的进展，它们已逐步发展成为相对独立的学科。

1.1.3.6 机器思维

机器思维是对传感信息和机器内部的工作信息进行有目的的处理。综合应用知识表示、知识推理、认知建模和机器感知等方面的研究成果，开展多方面的研究工作有助于机器思维的实现。这些工作包括以下内容：

（1）知识表示，特别是各种不确定性知识和不完全知识的表示。

（2）知识组织、积累和管理技术。

（3）知识推理，特别是各种不确定性推理、归纳推理、非经典推理等。

（4）各种启发式搜索和控制策略。

（5）人脑结构和神经网络的工作机制。

1.1.3.7　机器学习

机器学习就是使机器(计算机)具有学习新知识和新技术，并在实践中不断改进和完善的能力。它是人工智能和神经计算的核心研究课题之一。

学习是人类具有的一种重要智能行为。机器学习能够使机器自动获取知识，可以是向书本等文献资料学习，也可以是通过与人交谈或观察环境进行学习。

但是，现有的计算机系统和人工智能系统大多数没有什么学习能力，至多也只有非常有限的学习能力，难以满足科技和生产提出的新要求。

1.1.3.8　机器行为

机器行为是指智能系统(计算机，机器人)具有的表达能力和行动能力，如对话、描写、刻画以及移动、行走、操作和抓取物体等。它与机器思维有着密切关系，是以机器思维为基础的。研究机器的拟人行为是人工智能的一项高难度的任务。

1.1.3.9　智能系统构建

上述智能研究，离不开智能计算机系统或智能系统，更离不开对新理论、新技术和新方法以及系统的硬件和软件支持。需要开展对模型、系统构造与分析技术、系统开发环境和构造工具以及人工智能程序设计语言的研究。一些能够简化演绎、机器人操作和认知模型的专用程序设计以及计算机的分布式系统、并行处理系统、多机协作系统和各种计算机网络等的发展，对人工智能的开发将会产生十分有益的影响。

1.2　智能控制

1.2.1　智能控制的产生

随着控制理论及其相关应用领域的变革，控制对象日趋复杂化，控制目标日趋精准化，传统的数学工具与分析方法逐渐显得力不从心。大量的事实证明，传统的控制理论与方法无法解决被控对象复杂、控制环境多变而且控制任务繁重的控制系统的控制问题。究其原因，主要包括如下几个方面：

(1)传统的控制理论都是建立在精确的数学模型之上的。在建立精确数学模型过程中,往往进行了一定的简化,导致了某些信息的丢失。在高新科技的推动下,很多复杂系统已经无法使用数学语言来设计和分析,必须用工程技术语言来描述,故而寻求新的描述方法成为一种必然选择。

(2)在应对控制对象的复杂性以及不确定性方面,现代控制理论虽然也具备一定的能力,但这种能力十分有限。例如,自适应控制适合于系统参数在一定范围内的慢变化情况,鲁棒(Robust)控制区域是很有限的。然而对于实际的工业过程控制,其数学模型往往具有十分显著的不确定性,而被控制对象也往往具有非常严重的非线性,同时系统的工作点也往往存在着剧烈的变化。利用自适应和鲁棒控制处理这些复杂的控制问题时,往往存在难以弥补的缺陷,故而寻求新的控制技术和方法也成为人们的必然选择。

(3)现代复杂系统往往集视觉、听觉、触觉、接近觉等为一体,即将周围环境的图形、文字、声音等信息作为直接输入,并将这些信息融合,进而完成分析和推理。这就要求现代控制系统必须能够适应周围环境和条件的变化,并且相应地做出合适的判断、决策以及行动。面对这些新要求,传统控制理论和方法基本上无能为力,必须采用具有自适应、自学习和自组织功能的新型控制系统,故而研究开发新一代的控制理论和技术是唯一的途径。

人们从改造大自然的过程中,认识到人类具有很强的学习和适应周围环境的能力。人类的直觉和经验具有十分强大的能动性,大量的事实表明,利用人类的直觉和经验往往可以很好地操作一些复杂的系统,并且得到的结果也比较理想。基于此,控制科学家们研究并发展了一种仿人的控制论,智能控制正是由此而萌芽的。当然,仅仅通过模仿人类的直觉和经验完成对复杂系统控制的方法具有一定的局限性,要想对更多、更复杂的系统进行控制,智能控制还必须具备模拟人类思维和方法的能力。

通过上述关于智能控制产生背景的讨论可知,智能控制主要是人们为了更好地解决对复杂控制系统的控制问题而研究并发展起来的,它可以被视为自动控制的“升级版”。如图 1-1 所示,给出了控制科学的发展过程框架图。

1.2.2 智能控制的定义

智能控制是一门新兴学科,从“智能控制”这个术语于 1967 年由利昂兹等人提出后,现在还没有统一的定义,IEEE 控制系统协会将其总结为“智能控制必须具有模拟人类学习和自适应的能力”。

从控制工程的角度来看,智能控制有其特定的含义,需要有比较确切的定义。

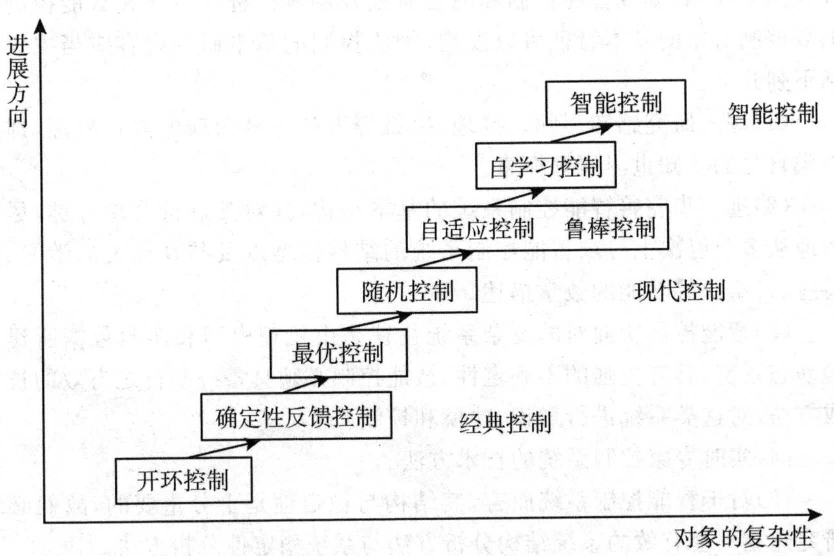

图 1-1 控制科学的发展过程

像智能的定义一样，智能控制也可以用不同的观点，做出多种定义。

定性地说，智能控制系统应具有仿人的功能（学习、推理）；能适应不断变化的环境；能处理多种信息以减少不确定性；能以安全和可靠的方式进行规划、产生和执行控制的动作，获取系统总体上最优或次优的性能指标。

相应地，从系统一般行为特性出发，J. S. Albus（1986）提出，智能控制是有知识的“行为舵手”，它把知识和反馈结合起来，形成感知—交互式、以目标为导向的控制系统。该系统可以进行规划，产生有效的、有目的的行为，在不确定的环境中，达到既定的目标。

从认知过程看，智能控制是一种计算上有效的过程，它在非完整的指标下，通过最基本的操作，即归纳（G）、集注（FA）和组合搜索（Cs），把表达不完善、不确定的复杂系统引向规定的目标。对人造智能机器而言，往往强调机器信息的加工和处理，强调语言方法、数学方法和多种算法的结合。因此，可以定义智能控制为认知科学的研究成果和多种数学编程的控制技术的结合。它把施加于系统的各种算法和数学与语言方法融为一体。

1.2.3 智能控制的研究内容

智能控制一方面是模拟人类的专家控制经验进行控制，另一方面是模拟人类的学习能力进行控制。因此，智能控制主要有专家控制、模糊控制、神经网络控制、集成智能控制和混合智能控制等。进一步研究智能控制中的被控制对象的基本特征可以发现，智能控制的基本研究内容应当主要包括下列几点：

(1)深入研究感知、判断、推理、决策等人类思维活动的内在机理，即对人类自身的认知世界展开探索。

(2)进一步完善智能控制系统的基本结构，并对其进行合理分类，尽可能地从多个层次上寻求智能控制系统的结构模型以及与其相关的学习、自适应、自组织等功能的数学描述。

(3)智能控制所面对的复杂系统往往是由机理模型和实验数据所建立的动态系统，具有极强的不确定性，智能控制必须具备一套行之有效的技术或方法，对这类系统进行辨识、建模和控制。

(4)实时专家控制系统的技术方法。

(5)对于智能控制系统而言，其结构与稳定性是十分重要的，故而必须研究建立一套有效的系统结构分析方法与系统稳定性分析方法。

(6)在智能控制系统中，模糊逻辑、神经网络和软计算具有十分重要的地位，必须在这些方面展开系统性的研究，发展出有效的技术与方法。

(7)集成智能控制的理论与方法。

(8)基于多 Agent 的智能控制方法。

(9)发展智能控制的根本目的在于应用，必须针对其应用领域展开研究，尤其是在工业过程和机器人等方面。

第 2 章　知识表示技术

2.1　知识与知识表示

2.1.1　知识

2.1.1.1　知识的定义

大多数人认为知识是一个习以为常的概念，但是，要给出一个严格的定义却是相当困难的。

知识的含义十分广泛。一般而言，知识是人们在改造客观世界的实践中积累起来的认识和经验的总和。所涉及的有的是多数人所熟悉的，有的只是有关专家才掌握的专门领域的知识。对于“知识”难以给出明确的定义，只能从不同侧面加以理解。

(1)Feigenbaum 认为知识是经过削减、塑造、解释和转换的信息。

(2)Bernstein 认为知识是由特定领域的描述、关系和过程组成的。

(3)Hayes-Roth 认为知识是事实、信念和启发式规则。

下面对知识与通常所说的信息的区别和联系进行简单的讨论。现实世界中每时每刻都产生着大量的信息，但信息是需要用一定的形式表示出来才能被记载和传递的，尤其是使用计算机来做信息的存储及处理时，更需要用一组符号及其组合进行表示。像这样用一组符号及其组合表示的信息称为数据。数据与信息是两个密切相关的概念。数据是记录信息的符号，是信息的载体和表示。信息是对数据的解释，是数据在特定场合下的具体含义。只有把两者密切地结合起来，才能实现对现实世界中某一具体事物的描述。另外，数据和信息又是两个不同的概念，相同的数据在不同的环境下表示不同的含义，蕴含着不同的信息。

信息在人类生活中占有十分重要的地位，但是，只有把有关的信息关联到一起的时候，才有实际的意义，一般把有关信息关联在一起所形成的信息结构称为知识。知识是人们在长期的生活及社会实践、科学研究及实验中积累起来的对客观世界的认识与经验，人们把实践中获得的信息关联在一起，就获得了知识。

从知识库观点看，知识是某论域中所涉及的各有关的方面、状态的一种符号表示。知识和事实、数据、信息等词有密切的联系，甚至可以互换使用。知识可以用数据表示，也可以指导把数据转化为信息。知识具有一种金字塔式的层次结构，如图 2-1 所示。

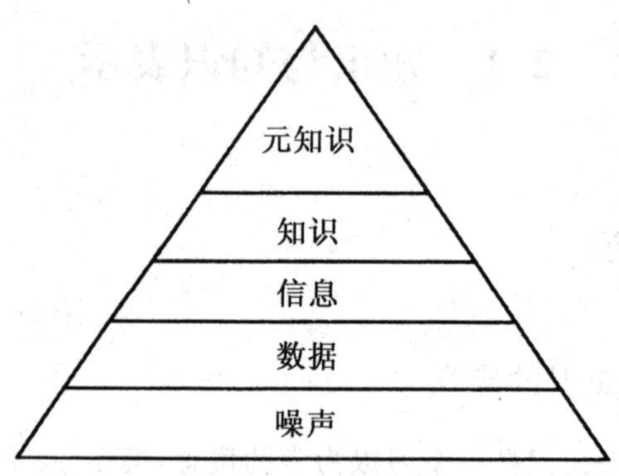

图 2-1　知识的金字塔结构

噪声可以是世界中的任何一个符号或信号，它处在知识金字塔的最底层。知识可以从噪声中提取数据，可以把数据转化为信息，也可以把信息转化为知识。

如图 2-2 所示的是信息、知识、智能的关系，正好符合人类自身认识世界和优化世界活动过程中由信息生成知识、由知识激活智能的过程：其中，获取信息的功能由感觉器官完成，传递信息的功能由神经系统完成，处理信息和再生信息的功能由思维器官完成，施用信息的功能由效应器官完成。

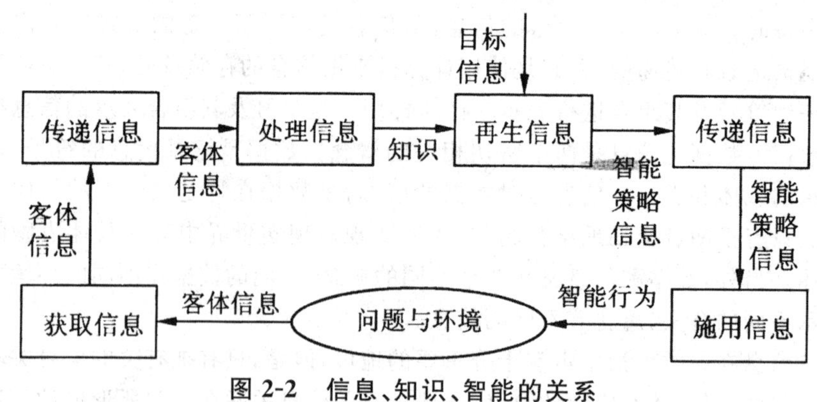

图 2-2　信息、知识、智能的关系

由此也可以总结出:信息经加工提炼而成知识,知识被目的激活而成智能。

2.1.1.2 知识的分类

对于知识的分类可从不同的角度来划分。

(1)按知识的作用范围分类。以知识的作用范围来划分,知识可分为常识性知识和领域性知识。

①常识性知识。常识性知识是通用性知识,是人们普遍知道的知识,可用于所有的领域,例如,“夏热,冬冷”“万物生长靠太阳”就是通用性的知识。

②领域性知识。领域性知识是面向某个具体领域的知识,是专业性知识,只有相应专业领域的人员才能掌握并用来求解领域内的有关问题。例如,而“1个字节由8个位构成”“1个扇区有512个字节的数据”是计算机领域的知识。

(2)按知识的确定性分类。以知识的确定性来划分,可分为确定知识和不确定知识。

①确定知识。确定知识是指那些其逻辑值为“真”或“假”的知识,它是精确性的知识。

②不确定知识。不确定知识是指那些逻辑值的真假不能完全确定的知识,其逻辑值的真假由一个概率值确定。

(3)按人类的思维及认识方法分类。按人类的思维及认识方法来分,可分为逻辑性知识和形象性知识。

①逻辑性知识。逻辑性知识是反映人类逻辑思维过程的知识,这种知识一般都具有因果关系及难以精确描述的特点。

②形象性知识。形象思维是人类思维的另一种方式,通过形象思维所获得的知识称为形象性知识。例如,关于老虎模样的知识,若有人问“老虎是什么样的”,若通过文字描述,可能很难让没有见过老虎的人获得关于老虎的知识,但若看了老虎的照片或见到真虎,可能他会立即获得关于老虎模样的知识,这就是形象知识。

(4)按知识的作用及表示分类。就知识的作用及表示来划分,可分为事实性知识、规则性知识、控制性知识和元知识。

①事实性知识。事实性知识是指有关领域内的概念、事实、事物的属性、状态及其关系的描述,包括事物的分类、属性、事物间关系、科学事实、客观事实等。常以“……是……”的形式出现。事实性知识是静态的、可为人们共享的、可公开获得的公认的知识,在知识库中属低层的知识。比如,雪是白色的,鸟有翅膀,这辆车是张三的,太阳是红的,等等,都是事实性知识。

②规则性知识。规则性知识是指有关问题中与事物的行动、动作相联系的因果关系知识，这种知识是动态的、变化的。常以“如果……，则……”的形式出现。例如，人们通过观察发现，在北方地区，每当春天来临的时候，就有大批的小燕子飞来，于是就把“春天来了”，“小燕子马上就要飞回来了”这两条信息关联在一起，而得到如下一条知识：

如果春天来了，则小燕子马上就要飞回来了。

计算机专家系统的知识库中，通常使用的就是规则性知识，是由专家提供的专门经验知识。

③控制性知识。控制性知识是指有关问题的求解步骤、技巧性知识，说明该怎样做。也包括当有多个动作同时被激活时，应选择哪一个动作来执行的知识。

④元知识。元知识是指有关知识的知识，是知识库中的高层知识，包括怎样使用规则、解释规则、校验规则、解释程序结构等知识。元知识与控制性知识是有重叠的，对一个大的程序来说，以元知识或者元规则形式体现控制性知识更为方便，因为元知识存在于知识库中，而控制性知识与程序结合在一起出现，从而不容易修改。

2.1.2 知识表示

2.1.2.1 知识表示要求

不管从什么角度去划分知识，要用机器对知识进行处理，都必须以适当的形式对知识进行表示，这就是知识表示技术。

知识表示是建造智能系统的一个重要环节，其表示方法将直接影响到智能系统的系统性能和运行效率。在知识处理中总要问到：如何表示知识；怎样使机器能懂这些知识，能对之进行处理，并能以一种人类能理解的方式将处理结果告诉人们。

知识表示是研究用机器表示知识的可行性、有效性的一般方法，是一种数据结构与控制结构的统一体，既考虑知识的存储又考虑知识的使用。知识表示可看成是一组描述事物的约定，用来把人类知识表示成机器能处理的数据结构。所以，知识表示是对人类知识的一种形式化描述，知识表示的过程就是把知识编码成计算机能处理的数据结构的过程。

目前，人们从不同的应用领域出发，提出了不同的知识表示方法，如状态空间表示法、产生式表示法、谓词逻辑表示法、框架表示法、语义网络表示法及面向对象表示法等。每种表示法都有自己的特点和局限性。

对同一种知识可以用不同的方法进行表示，但表示的方法不同，表示的效果也不同，因此，在选择知识表示的方法时应考虑以下几个因素。

(1)是否适于推理。人工智能只能处理适合推理的知识表示，因此所选用的知识表示必须适合推理。数学模型(如拉格朗日插值法)适合推理。

(2)表示知识的范围是否广泛。例如，数理逻辑表示的是一种广泛的知识表示方法，如果单纯用数字表示，则范围就有限制。

(3)是否适于计算机处理。计算机只能处理离散的、量化的字节(byte)流。因此，用文字表述的知识和连续形式表示的知识(如微分方程)不适合计算机处理。

(4)是否有高效的求解算法。考虑到实用的性能，必须有高效的求解算法，知识表示才有意义。

(5)能否表示不精确知识。自然界的信息具有先天的模糊性和不精确性，能否表示不精确知识也是考虑的重要因素。

(6)表示方法是否自然。一般在表示方法尽量自然和使用效率之间取得一个折中。

(7)过程性表示还是说明性表示。一般认为，说明性的知识表示涉及细节少，抽象程度高，因此可靠性好，修改方便，但执行效率低。过程性知识表示的优缺点与说明性知识表示的相反。

(8)知识和元知识能否统一表示。知识和元知识是属于不同层次的知识，通过统一的表示方法可以使知识处理简单。产生式表示法就能比较方便地表示这两种层次的知识。

(9)能否在同一层次上和不同层次上模块化。

(10)是否适合加入启发信息。在已知的前提下，如何最快地推得所需的结论，以及如何才能推得最佳的结论，人们的认识往往是不精确的。因此，往往需要在元知识(控制知识)中加入一些控制信息，也就是通常所说的启发信息。

2.1.2.2　知识表示方法

对于很多大型而复杂的基于知识的应用系统，常包含多种不同的问题求解活动，不同的活动往往需要采用不同方式表示的知识，是以统一的方式表示所有的知识，还是以不同的方式表示不同的知识，这是建造基于知识的系统时所面临的一个选择。统一的知识表示方法在知识获取和知识库维护上具有简易性，但是处理效率较低。而不同的知识表示方法处理效率较高，但是知识难以获取，知识库难以维护。实现中选择和建立合适的知识表示方法，通常要考虑以下几个方面。

(1)表示能力。要求能够正确、有效地将问题求解所需要的各类知识都表示出来。

(2)便于推理。要能够从已有的知识中推出需要的答案和结论。

(3)可理解性。所表示的知识应易懂、易读。

(4)便于知识的获取。使得智能系统能够渐进地增加知识,逐步进化。同时在吸收新知识的同时应便于消除可能引起的新老知识之间的矛盾,便于维护知识的一致性。

(5)便于搜索。表示知识的符号结构和推理机制应支持对知识库的高效搜索,使得智能系统能够迅速地感知事物之间的关系和变化;同时很快地从知识库中找到有关的知识。

根据人们从不同角度进行探索以及对问题的不同理解,知识表示方法可分为陈述性知识表示和过程性知识表示两大类,二者之间的界限不明显。

(1)陈述性知识表示。陈述性知识表示主要用来描述事实性知识,告诉人们,所描述的客观事物涉及的“对象”是什么,知识表示就是将对象的有关事实“陈述”出来,并以数据的形式表示。这类表示法将知识表示与知识的运用(推理)分开处理,在表示知识时,并不涉及如何运用知识的问题,是一种静态的描述方法。陈述性知识表示模式的优点是灵活简洁,每个有关事实仅需存储一次,演绎过程完整而确定,系统的模块性好。其缺点是工作效率低,推理过程不透明,不易理解。

(2)过程性知识表示。过程性知识表示主要用来描述规则性知识和控制性知识,告诉人们“怎么做”,知识表示的形式是一个“过程”,这一“过程”就是求解程序。它将知识的表示与运用(推理)相结合,知识就寓于程序之中,是一种动态的描述方法。过程性知识表示模式的优点是推理过程直接、清晰,有利于模块化,易于表达启发性知识和默认推理知识,实现起来效率高。其缺点是不够严格,知识间有交互重叠,灵活性差,知识的增、删极不方便。

上述两类知识表示方法中,包含了多种具体的方法,目前用得较多的知识表示方法有十余种,如状态空间表示法、一阶谓词逻辑表示法、产生式表示法、框架表示法、语义网络表示法、面向对象表示法、脚本表示法、过程表示法等。

对同一知识,一般可用多种方法进行表示,但不同的方法对同一知识的表示效果是不一样的,因为不同领域中的知识一般都有不同的特点,而每一种表示方法也各有自己的长处与不足,因而,有些领域的知识可能采用这种表示模式比较合适,而有些领域的知识可能采用另外一种表示模式比较合适,有时还需要把几种表示模式结合起来,作为一个整体来表示领域知识,达到取长补短的效果。

2.2 谓词逻辑表示法

2.2.1 逻辑基础

2.2.1.1 命题与真值

一个陈述句称为一个断言。凡有真假意义的断言称为命题。

命题的意义通常称为真值,真值只有真、假两种情况。当命题的意义为真时,则称该命题的真值为真,记为T;反之,则称该命题的真值为假,记为F。在命题逻辑中,命题通常用大写的英文字母来表示。

一个命题不能同时既为真又为假,但可以在一定条件下为真,在另一种条件下为假。没有真假意义的语句(如感叹句、疑问句等)不是命题。

命题的优点是简单、明确。但其主要缺点是无法描述客观事物的结构及其逻辑特征,也无法表达不同事物间的共同特征。

2.2.1.2 谓词与论域

在谓词逻辑中,命题是用谓词表示的。一个谓词可分为谓词名与个体两个部分,个体表示某个独立存在的事物或某个抽象的概念,谓词名用于刻画个体的性质、状态或个体间的关系。例如,对于命题"黎明是学生"可用谓词表示为STUDENT(Li Ming)。其中,Li Ming是个体,代表王宏;STUDENT是谓词名,说明黎明是学生这一特征。通常,谓词名用大写英文字母表示,个体用小写英文字母表示。

论域是由所讨论对象之全体构成的非空集合。论域中的元素称为个体,论域也常称为个体域。例如,整数的个体域是由所有整数构成的集合,每个整数都是该个体域中的一个个体。

谓词的一般形式为

$$P(x_1, x_2, \cdots, x_n)$$

其中,P是谓词名;$x_1, x_2, \cdots, x_n$是个体。谓词名通常用大写英文字母表示,个体通常用小写英文字母表示。谓词中包含的个体数目称为谓词的元数,例如,$P(x)$是一元谓词,$P(x,y)$是二元谓词,$P(x_1, x_2, \cdots, x_n)$是n元谓词。

谓词中的个体可以是常量,也可以是变元,还可以是一个函数,统称为"项"。例如,对于"小王的父亲是教师",可以表示为Teacher(father(Wang)),其中father(Wang)是一个函数,表示。"小王的父亲",它是谓词

Teacher 的个体。又如,对于“$x<5$”可以表示为 Less(x,5),其中 x 是变元,5 是常量。显然,当谓词中的变元都用特定的个体取代时,谓词就具有一个确定的真值:T 或 F。

需要注意的是,谓词与函数是两个完全不同的概念。谓词的真值是“真”或“假”,而函数的值是个体域中的某个个体,函数只是从一个个体到另一个个体的映射,函数无真值可言。例如,father(Wang)是把个体“小王”映射到“小王的父亲”。为了便于区别函数与谓词,函数用小写英文字母表示。

在谓词 $P(x_1,x_2,\cdots,x_n)$ 中,若 $x_i(i=1,2,\cdots,n)$ 都是个体常量、变元或函数,则称它为一阶谓词。若某个 x_i 本身又是一个一阶谓词,则称 P 为二阶谓词,以此类推。

2.2.1.3 谓词公式

在谓词逻辑中,可以用连词来连接若干谓词组成一个谓词公式,以表示一个比较复杂的含义。在谓词公式中还可以引入量词来刻画谓词与个体间的关系。

(1)连词。在谓词逻辑中,有下述连词:

①非连词¬:表示否定位于后面的命题。当命题 P 为真时,$\neg P$ 为假;当 P 为假时,$\neg P$ 为真。

②或连词∨:表示被它连接的两个命题有“或”关系。用∨连接两个命题称为析取。

③与连词∧:表示被它连接的两个命题有“与”关系。用∧连接两个命题称为合取。

④蕴含连词→:表示被它连接的两个命题有“蕴含”关系。$P\rightarrow Q$ 表示“P 蕴含 Q”即“如果 P,则 Q”,其中 P 称为前件,Q 称为后件。

⑤双条件连词↔:它表示被它连接的两个命题有“当且仅当”关系。$P\leftrightarrow Q$ 表示“P 当且仅当 Q”。

如表 2-1 所示为上述连词的逻辑真值表。

表 2-1 连词的逻辑真值表

P Q	$\neg P$	$P\vee Q$	$P\wedge Q$	$P\rightarrow Q$	$P\leftrightarrow Q$
T T	F	T	T	T	T
T F	F	T	F	F	F
F T	T	T	F	T	F
F F	T	F	F	T	T

(2)量词。在谓词逻辑中,有下述两个量词:

①全称量词($\forall x$):它表示对个体域中的所有(或任一个)个体 x。

②存在量词($\exists x$):它表示在个体域中存在个体 x。

例如,若谓词 $P(x)$ 表示是正数,$F(x,y)$ 表示 x 与 y 是朋友,则:

$(\forall x)P(x)$ 表示个体域中的所有个体 x 都是正数。

$(\forall x)(\exists y)F(x,y)$ 表示对于个体域中的任何个体 x,都存在个体 y,x 与 y 是朋友。

$(\exists x)(\forall y)F(x,y)$ 表示在个体域中存在个体 x,它与个体域中的任何个体 y 都是朋友。

$(\exists x)(\exists y)F(x,y)$ 表示在个体域中存在个体 x 和个体 y,x 与 y 是朋友。

(3)合式公式。由下述规则得到的谓词公式称为合式公式:

①单个谓词是合式公式,称为原子谓词公式。

②若 A 是合式公式,则 $\neg A$ 也是合式公式。

③若 A、B 都是合式公式,则 $A \vee B$、$A \wedge B$、$A \rightarrow B$ 也都是合式公式。

④若 A 是合式公式,x 是任一个体变元,则 $(\forall x)A$ 和 $(\exists x)A$ 也都是合式公式。

在合式公式中,连词的优先级别依次为:$\neg$,$\vee$,$\wedge$,$\rightarrow$,$\leftrightarrow$。

位于量词后面的单个谓词或用括弧括起来的合式公式称为该量词的辖域,辖域内与量词变元同名的变元称为约束变元,不受约束的变元称为自由变元。例如:

$$(\exists x)(P(x,y) \rightarrow Q(x,y)) \wedge R(x,y)$$

其中,$(P(x,y) \rightarrow Q(x,y))$ 是量词 $(\exists x)$ 的辖域,辖域内的变元 x 是受 $(\exists x)$ 约束的变元,而 $R(x,y)$ 中的 x 是自由变元,公式中所有的 y 都是自由变元。

在谓词公式中,可以把一个变元的名字换成另一个名字。但必须注意,当对量词辖域内的约束变元更名时,必须把辖域内同名的约束变元都统一改成相同的名字,且不能与辖域内的自由变元同名;当对辖域内的自由变元改名时,不能改成与约束变元相同的名字。例如,对于公式 $(\forall x)P(x,y)$,可以改名为 $(\forall z)P(z,t)$,这里,把约束变元 x 更名为 z,把自由变元 y 更名为 t。

2.2.2 谓词逻辑表示的方法

谓词逻辑不仅可以用来表示事物的状态、属性、概念等事实性知识,也可以用来表示事物的因果关系，即规则。对事实性知识，通常是用否定、析取或合取符号连接起来的谓词公式表示。对事物间的因果关系，通常用蕴含式表示，例如，对“如果 x，则 y”可表示为“$x \rightarrow y$”。

当用谓词逻辑表示知识时，首先需要根据所表示的知识定义谓词，然后再用连接词或量词把这些谓词连接起来，形成一个谓词公式。

例 2.1 用谓词逻辑表示知识“所有教师都有自己的学生”。

解：首先定义谓词：

$T(x)$：表示 x 是教师。

$S(y)$：表示 y 是学生。

$TS(x,y)$：表示 x 是 y 的老师。

然后将该知识用谓词表示如下：

$$(\forall x)(\exists y)(T(x)) \rightarrow TS(x,y) \wedge S(y))$$

例 2.2 用谓词逻辑表示知识“所有的整数不是偶数就是奇数”。

解：首先定义谓词：

$I(x)$：x 是整数。

$E(x)$：x 是偶数。

$O(x)$：x 是奇数。

然后将该知识用谓词表示如下：

$$(\forall x)(I(x) \rightarrow E(x) \vee O(x))$$

2.3 语义网络表示法

语义网络是奎利恩（J. R. Quillian）于 1968 年提出的一种心理学模型，后来奎利恩又把它用于知识表示。1972 年，西蒙在他的自然语言理解系统中也采用了语义网络表示法。目前，语义网络已成为人工智能中应用较多的一种知识表示方法。

2.3.1 语义网络的网络结构

从结构上来看，语义网络一般由一些最基本的语义单元组成。这些最基本的语义单元被称为语义基元。可用如下三元组来表示：

（节点 1，弧，节点 2）

这三元组可用图 2-3 表示。

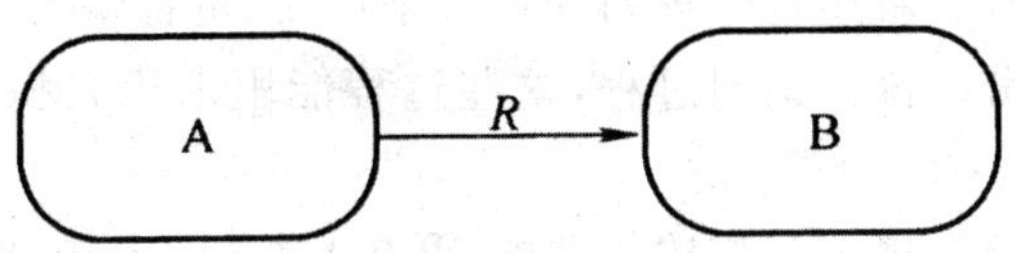

图 2-3 语义网络三元组

图 2-3 中，节点 A、B 表示概念、事物、事件和情况等。弧是有方向的和有标注的。方向体现主次，节点 A 为主，节点 B 为辅。弧上的标注表示节点 A 的属性或节点 A 和节点 B 之间的关系。节点和弧均可带有权值，以表示其有关的重要程度，这种权值表示在不确定性推理中尤为重要。

由数个三元组构成一个语义网络的表示如图 2-4 所示。

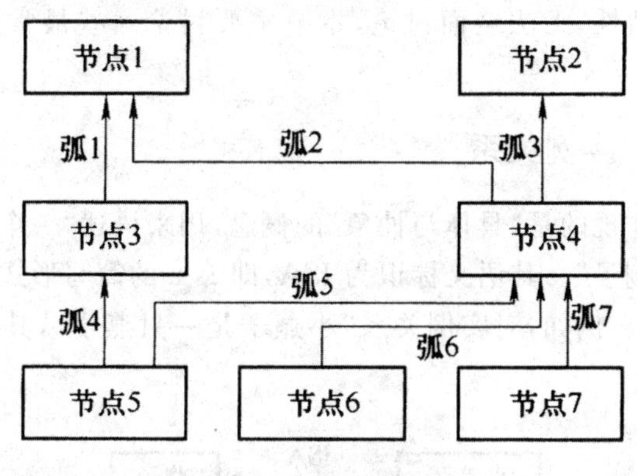

图 2-4 语义网络

从逻辑表示法来看，一个语义网络相当于一组二元谓词。因为三元组(节点 1，弧，节点 2)可写成 P(个体 1，个体 2)，其中个体 1、个体 2 对应节点 1、节点 2，而弧及其上标注的节点 1 与节点 2 的关系由谓词 P 来体现。

语义网络视为一种知识的单位，人脑的记忆是由存储了大量的语义网络来体现的，而产生式表示法是以一条产生式规则作为知识的单位，而各条产生式规则没有直接的联系。

在语义网络中，弧的定义有多种方法，依赖于所表示的知识类型。弧所表示的各种关系可以归纳为类属关系、包含关系、整部关系、属性关系、时序关系和其他语义相关关系等几类(这些关系有时均用 ISA 符号表示，有时用不同符号分别加以表示)。

语义网络表示由下列 4 个相关部分组成：

(1)词法部分。决定词汇表中允许有哪些符号，它涉及各个节点和弧线。

(2)结构部分。叙述符号排列的约束条件,指定各弧线连接的节点对。

(3)过程部分。说明访问过程,这些过程能用来建立和修正描述,以及回答相关问题。

(4)语义部分。确定与描述相关的(联想)意义的方法,即确定有关节点的排列及其占有物和对应弧线。

2.3.2 语义网络的语义关系

从功能上讲,语义网络可以描述任何事物间的任意复杂关系,其方法是通过把许多基本的语义关系关联到一起来实现的。基本语义关系是构成复杂语义关系的基石,也是语义网络知识表示的基础。但由于基本语义关系的多样性和灵活性,无法全面讨论,本节主要讨论一些最常用的基本语义关系。

2.3.2.1 实例关系

实例关系体现的是“具体与抽象”的概念,用来描述“一个事物是另外一个事物的具体例子”。其语义标识为 ISA,即 Is-a 的简写形式,含义为“是一个”“是一只”等。例如,对实例关系“小燕子是一只燕子”,其语义网络可用图 2-5 表示。

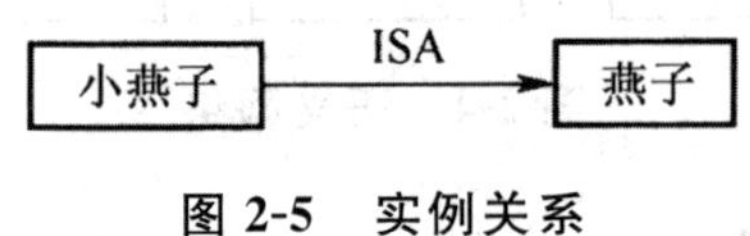

图 2-5 实例关系

2.3.2.2 分类关系

分类关系也称为泛化关系。它体现的是“子类与超类”的概念,用来描述“一个事物是另外一个事物的一种类型”。其语义标识为 AKO,即 A-Kind-of 的缩写,其含义为“是一种”。例如,对分类关系“机器人是一种机器”,其语义网络如图 2-6 所示。

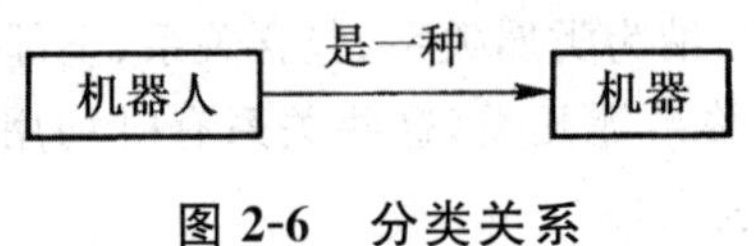

图 2-6 分类关系

2.3.2.3 属性关系

属性关系是指事物与其行为、能力、状态、特征等属性之间的关系。不同事物的属性不同，因此属性关系可以有很多种。例如：

Have，含义是“有”，表示一个节点具有另一个节点所描述的属性。

Can，含义是“能”“会”，表示一个节点能做另一个节点所描述的事情。

Age，含义是“年龄”，表示一个节点是另一个节点在年龄方面的属性。

例如，属性关系“鸟有翅膀”，其语义网络如图 2-7 所示。

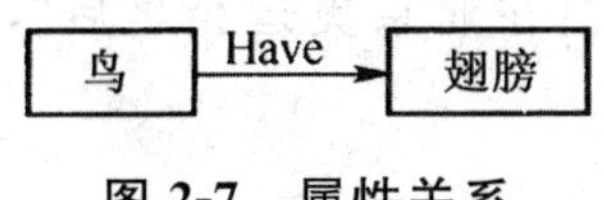

图 2-7 属性关系

2.3.2.4 成员关系

成员关系体现的是“个体与集体”的概念，用来描述“一个事物是另外一个事物的一个成员”，其语义标志为 A-Member-of，含义为“是一员”。例如，对成员关系“张强是共青团员”其语义网络如图 2-8 所示。

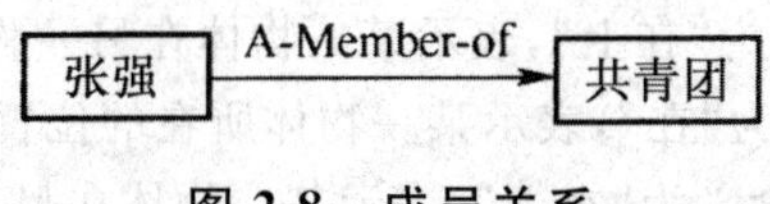

图 2-8 成员关系

前面讨论的实例关系、分类关系和成员关系有时统称为类属关系，它们都具有属性的继承性，处在具体层、子类层和个体层的节点可以继承抽象层、父类层和集体层的属性。例如，小燕子可以继承燕子的会筑巢、会飞等属性，机器人可以继承机器需要动力、能代替人的某些功能等属性，张强可以继承共青团的先锋性等特性。

2.3.2.5 聚类关系

聚类关系也称为包含关系，是指具有组织或结构特征的“部分与整体”之间的关系。它和类属关系的最主要区别是聚类关系一般不具备属性的继承性。常用的聚类关系有：

Part-of，含义为“是一部分”，表示一个事物是另一个事物的一部分。

例如，聚类关系“大脑是人的一部分”，其语义网络如图 2-19 所示。从继承性的角度看，大脑不具有人的各种属性，黑板也不具有墙壁的各种属性。

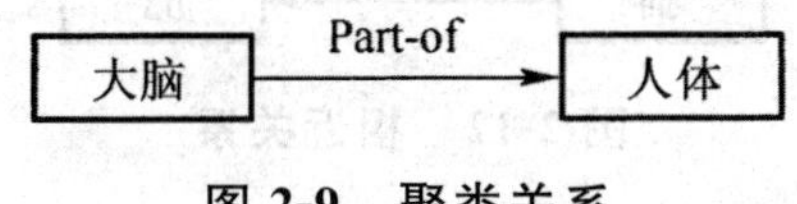

图 2-9 聚类关系

2.3.2.6 时间关系

时间关系是指不同事件在其发生时间方面的先后次序关系。常用的时间关系有 Before,含义为“在前”,表示一个事件在另一个事件之前发生。After,含义为“在后”,表示一个事件在另一个事件之后发生。例如,对时间关系“上海世博会在北京奥运会之后”,其语义网络如图 2-10 所示。

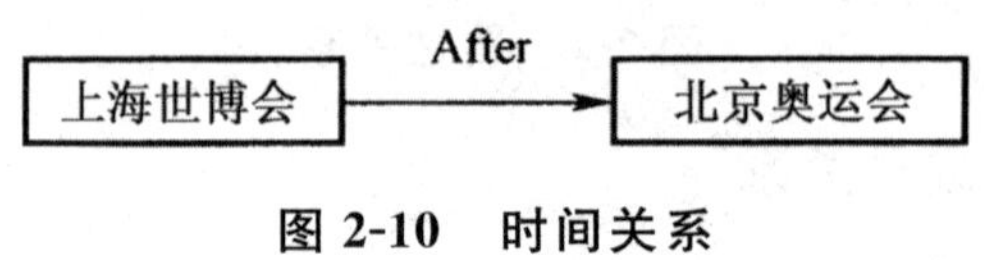

图 2-10　时间关系

2.3.2.7 位置关系

位置关系是指不同事物在位置方面的关系。常用的位置关系有:

Located-on,含义为“在上”,表示某一物体在另一物体之上。

Located-at,含义为“在”,表示某一物体所在的位置。

Located-under,含义为“在下”,表示某一物体在另一物体之下。

Located-inside,含义为“在内”,表示某一物体在另一物体之内。

Located-outside,含义为“在外”,表示某一物体在另一物体之外。例如,位置关系“书在桌子上”,其语义网络如图 2-11 所示。

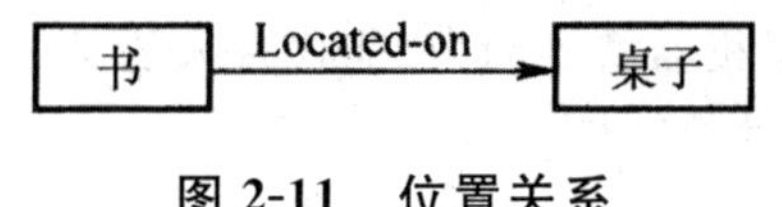

图 2-11　位置关系

2.3.2.8 相近关系

相近关系是指不同事物在形状、内容等方面相似或接近。常用的相近关系有 Similar-to,含义为“相似”,表示某一事物与另一事物相似。Near-to,含义为“接近”,表示某一事物与另一事物接近。例如,相近关系“猫似虎”,其语义网络如图 2-12 所示。

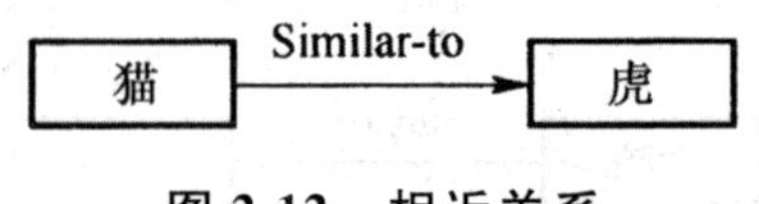

图 2-12　相近关系

2.3.3　语义网络的语义表示

语义网络通常可用一元关系、二元关系、多元关系，以及这些关系的组合来表示。

2.3.3.1　一元关系的语义网络表示

一元关系是指可以用一元谓词 $P(x)$ 表示的关系。其中，个体 x 为实体，谓词名 P 说明实体的性质、属性等。一元关系描述的是一些最简单、最直观的事物或概念，常用“是”“有”“会”“能”等语义关系来说明。例如，“雪的颜色是白色”是一个一元关系。

从形式上看，语义网络最低只能表示到两个节点之间的二元关系。那么，如何用它来表示一元关系呢？常用的做法是用节点 1 表示实体，节点 2 表示实体的性质或属性等，用弧表示节点 1 和节点 2 之间的语义关系。例如，“机器人是一种机器”是一个一元关系。

例如，用语义网络表示“动物能运动、会吃”。

在这个例子中，能运动和会吃是动物的两个属性。其表示方法是在“动物”节点上增加“能运动”和“会吃”这两个属性描述，如图 2-13 所示。

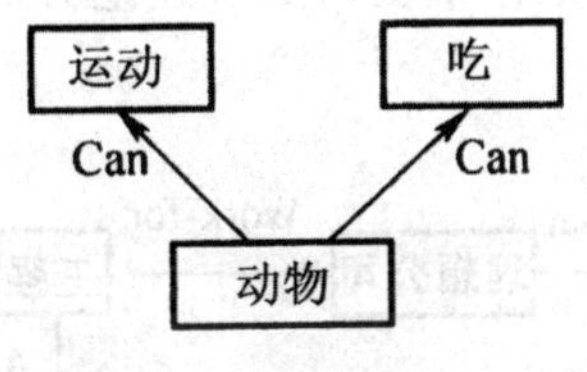

图 2-13　动物属性

2.3.3.2　二元关系的语义网络表示

所谓二元关系是指可以用二元谓词 $P(x,y)$ 表示的关系。其中，个体 x,y 为实体，谓词名 P 说明两个实体之间的关系。用语义网络来表示二元关系比较方便，下面主要基于较复杂的关系来讨论其表示方法。当问题的关系比较复杂时，首先需将其分解为一些相对独立的二元关系或一元关系；然后再给出每个二元关系或一元关系的语义网络表示；最后再将它们关联到一起，得到整个问题的完整表示。

例如，用语义网络表示：

动物能运动、会吃。

鸟是一种动物，鸟有翅膀、会飞。

鱼是一种动物，鱼生活在水中、会游泳。

这一问题存在两种基本关系，一种是各类动物之间的分类关系，另一种是每类动物与其属性之间的属性关系。其语义网络如图 2-14 所示。

图 2-14　动物分类的语义网络

例如，用语义网络表示：

王强是理想公司的经理。

理想公司位于中关村。

王强 28 岁。

这一问题也存在两种基本关系，一种是王强在年龄、工作单位、职务方面的属性关系，另一种是工作单位与其所在地方的位置关系。其语义网络如图 2-15 所示。

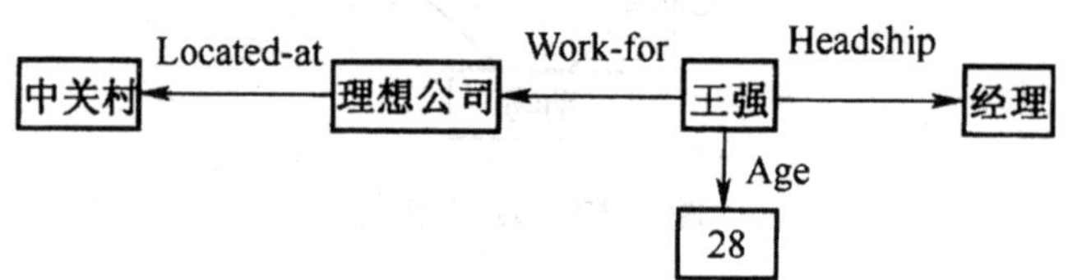

图 2-15　经理王强的语义网络

2.3.3.3　多元关系的语义网络表示

语义网络是一种网络结构。节点之间以链相连。从本质上讲，节点之间的连接是二元关系。如果所要表示的知识是一元关系，例如，要表示李明是一个人，这在谓词逻辑中可表示为 MAN(LI MING)。用语义网络，这就可以表示为 LI MING $\xrightarrow{\text{ISA}}$ MAN。与这样的表示法相等效的关系在谓词逻辑中表示为 ISA(LIMING，MAN)。这说明语义网络可以轻松表示一元关系。

如果所要表示的事实是多元关系的，例如，要表达北京大学（Peking University，PKU）和清华大学（Tsinghua University，TU）两校篮球队在北大进行的一场比赛的比分是 85 比 89。若用谓词逻辑可表示为 SCORE（PKU，TU，(85—89)）。这个表示式中包含 3 项，而语义网络从本质上来说，只能表示二元关系。解决这个矛盾的一种方法是把这个多元关系转化成一组二元关系的组合，或二元关系的合取。具体来说，多元关系 $R(X_1, X_2, \cdots, X_n)$ 总可以转换成 $R_1(X_{11}, X_{12}) \wedge R_2(X_{21}, X_{22}) \wedge \cdots \wedge R_n(X_{n1}, X_{n2})$。例如，三根线 a,b,c 组成一个三角形。这可表示成 TRIANGLE(a, b, c)。这个三元关系可转换成一组二元关系的合取，即

$$\mathrm{CAT}(a,b) \wedge \mathrm{CAT}(b,c) \wedge \mathrm{CAT}(c,a)$$

式中，CAT 表示串行连接。

要在语义网络中进行这种转换需要引入附加节点。对于上述球赛，可以建立一个 G25 节点来表示这场特定的球赛。然后，把有关球赛的信息和这场球赛联系起来。这样的过程如图 2-16 所示。

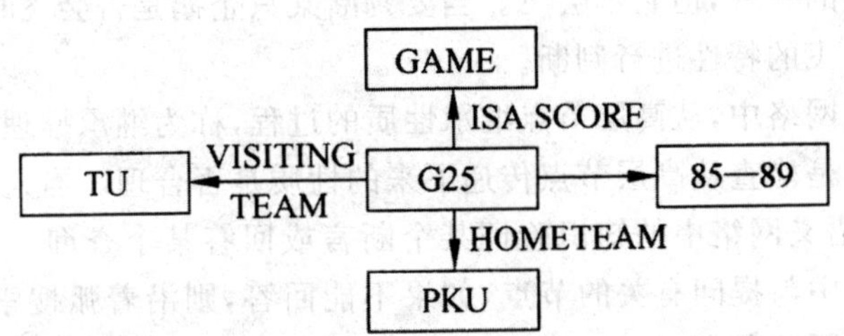

图 2-16　多元关系的语义网络表示

2.3.4　语义网络的推理过程

采用语义网络表示知识的问题求解系统主要由两部分组成，一部分是由语义网络构成的知识库，另一部分是用于问题求解的推理机构。语义网络的推理过程主要有两种，一种是继承，另一种是匹配。

2.3.4.1　继承

继承是指把对事物的描述从抽象节点传递到具体节点。通过继承可以得到所需节点的一些属性值，它通常是沿着 ISA、AKO 等继承弧进行的。继承的一般过程如下。

(1)建立一个节点表，用来存放待求解节点和所有以 ISA、AKO 等继承弧与此节点相连的那些节点。在初始情况下，表中只有待求解节点。

(2)检查表中的第一个节点是否有继承弧。如果有,就把该弧所指的所有节点放入节点表的末尾,记录这些节点的所有属性,并从节点表中删除第一个节点。如果没有,仅从节点表中删除第一个节点。

(3)重复(2),直到节点表为空。此时,记录下来的所有属性都是待求解节点继承来的属性。

弧所表示的属种关系、实例关系及包含关系描述了对象或概念之间的等级关系,它们构成了对象(或概念)的分类层次结构。在这种结构中,低层概念沿着等级关系继承上层概念的所有性质,这一特性称为性质继承。这种性质继承可分为3类。

(1)直接继承。子节点直接把父节点的性质继承过来。

(2)附加继承。子节点把父节点的性质与自身的性质综合起来,只要不发生矛盾,就可推出新的性质。

(3)排斥继承。排斥继承是对例外情况的处理,当子节点性质与父节点性质不相容时,则取子节点的性质,抑制父节点性质的传递。例如,鸟会飞,企鹅是鸟类的一种,但它不会飞。当要判断某只企鹅是否会飞时,则需从企鹅继承不会飞的特性进行判断。

在语义网络中,从高层节点继承性质的过程,称为继承推理。继承推理的主要内容是检查从高层节点传递下来的性质是否合理。当人们提出问题时,要求用语义网络中的知识验证某个断言或回答某个查询。系统首先访问语义网络中与提问有关的节点,如果不能回答,则沿着弧搜索,直至找到可以回答问题的节点。

2.3.4.2 匹配

匹配是指在知识库的语义网络中寻找与待求解问题相符的语义网络模式。其主要过程如下。

(1)根据待求解问题的要求构造一个网络片段,该网络片段中有些节点或弧的标志是空的,称为询问处,它反映的是待求解的问题。

(2)根据该语义片段到知识库中去寻找所需要的信息。

(3)当待求解问题的网络片段与知识库中的某个语义网络片段相匹配时,则与询问处所对应的事实就是该问题的解。

例如,假设存在如图2-17所示的语义网络,问小明居住在那里?

在求解这一问题时,系统先建立如图2-18所示的语义网络片段。

当使用该语义片段与图2-17的语义网络进行匹配时,先找到“小明”所在的节点,由“住在”弧所指的节点可知,小明居住在“长安街”,即为问题匹配的答案。如果还需要知道小明的其他情况,可以通过在语义网络片段中增加相应的空节点来实现。

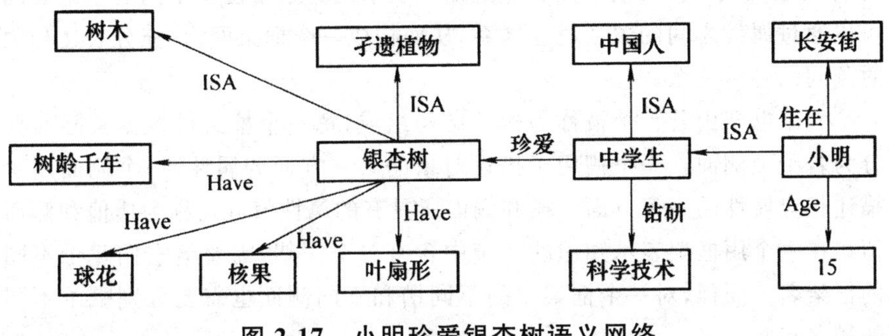

图 2-17　小明珍爱银杏树语义网络

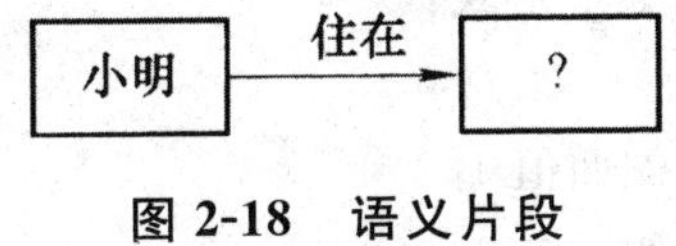

图 2-18　语义片段

2.4　框架表示法

框架表示法是以框架理论为基础发展起来的一种适应性强、概括性高、结构化良好、推理方式灵活，又能把陈述性知识与过程性知识相结合的知识表示方法。

2.4.1　框架与框架系统

2.4.1.1　框架

1975 年，Minsky 在论文《A framework for representing knowledge》中提出了框架理论，该理论针对人们在理解情景、故事时提出的心理学模型，论述的是思想方法而不是具体实现。框架理论的基本观点是人脑已存储有大量的典型情景，当人面临新的情景时，就从记忆中选择（粗匹配）一个称作框架的基本知识结构，这个框架是以前记忆的一个知识空框，而其具体内容依新的情景而改变，对这个空框的细节加工修改和补充，形成对新情景的认识又记忆于人脑中。框架理论将框架视为知识的单位，将一组有关的框架联结起来便形成框架系统。系统中的不同框架可以有共同节点，系统的行为由系统内框架的变化来表现。推理过程是由框架间的协调来完成的。

框架是描述对象（一个事物、一个事件或一个概念）属性的一种数据结构，在框架表示法中，框架被看成是知识表示的基本单位。不同的框架之间可以通过属性之间的关系建立联系，从而构成一个框架网络，充分表达相关对象间的各种关系。

一个框架由若干个被称为槽的结构组成，每一个槽又可根据实际需要分为若干个侧面。一个槽用于描述对象的某一方面的属性，一个侧面用于描述相应属性的一个方面。槽和侧面所具有的属性值分别称为槽值和侧面值。在一个用框架表示知识的系统中含有多个框架，需要给它们赋予不同的框架名。同样，对一个框架内的不同槽和不同侧面也需要分别赋予不同的槽名和侧面名。

一个框架可表示为如下形式：

＜框架名＞

槽名 1：侧面名 1_1：侧面值 1_1

侧面名 1_2：侧面值 1_2

⋮

侧面名 1_n：侧面值 1_n

槽名 k：侧面名 k_1：侧面值 k_1

侧面名 k_2：侧面值 k_2

⋮

侧面名 k_m：侧面值 k_m

2.4.1.2 框架系统

框架表示法是一种层次、组合式的知识表示法，具有面向对象和性质继承等特点。框架方法采用与语义网络相同的图形表示，由一组框架节点及其相互关系组成一个结构化的整体，称为框架系统。框架系统可被组织为严格的层次结构（树结构）或层次的网结构，适合于表示等级结构的知识。

框架系统中的框架节点（简称框架或节点），它是表示知识的单位，可以描述定型的事实、对象和概念。

对于大多数问题，不能这样简单地用一个框架表示出来，必须同时使用许多框架，组成一个框架系统。如图 2-19 所示就是一个立方体视图的框架表示。图中，最高层的框架，用 ISA 槽说明它是一个立方体，并由 region 槽指示出它所拥有的 3 个可见面 A、B、E。而 A、B、E 又分别用 3 个框架来具体描述。用 must-be 槽指示出它们必须是一个平行四边形。

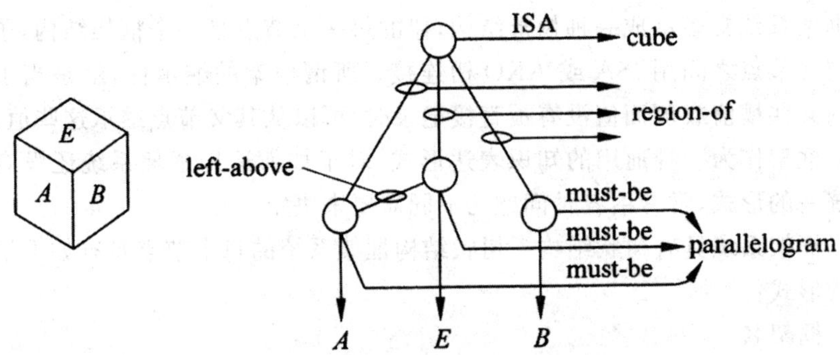

图 2-19　一个立方体视图的框架表示

为了能从各个不同的角度来描述物体，可以对不同角度的视图分别建立框架，然后再把它们联系起来组成一个框架系统。如图 2-20 所示就是从 3 个不同的角度来研究一个立方体的例子。为了简便起见，图中略去了一些细节，在表示立方体表面的槽中，用实线与可见面连接，用虚线与不可见面连接。

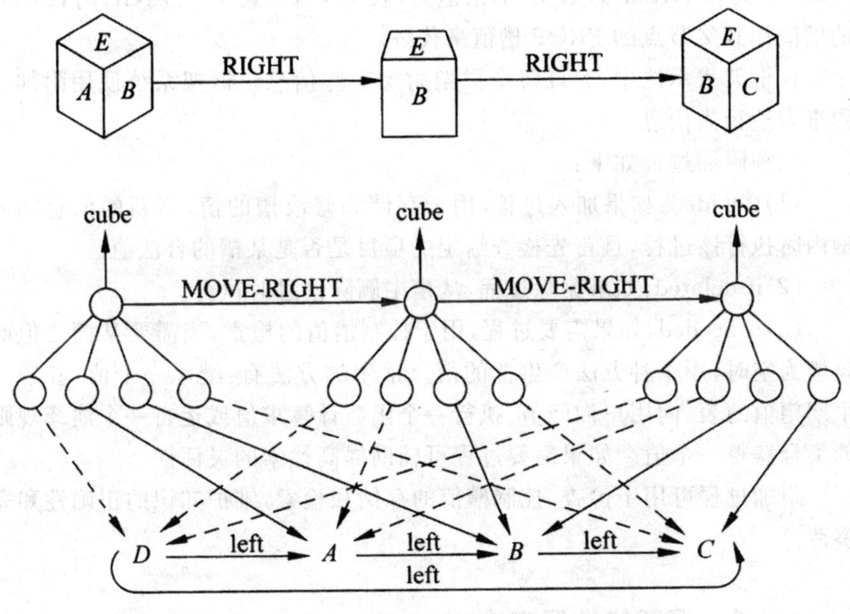

图 2-20　表示立方体的框架系统

由图 2-20 可知，一个框架结构可以是另一个框架的槽值，并且同一个框架结构可以作为几个不同的框架的槽值。这样，一些相同的信息可以不必重复存储，节省了存储空间。框架的一个重要特性是其继承性。为此，一个框架系统常表示成一种树形结构，树的每一个节点是一个框架结构，子节点与父节点之间用 ISA 或 AKO 槽连接。所谓框架的继承性，就是当子节点的某些槽值或侧面值没有被直接记录时，可以从其父节点继承这些值。

框架作为一种通用的知识表达形式，对于如何运用框架系统还没有一种统一的形式，常常由各种问题的不同需要来决定。

框架系统具有树状结构。树状结构框架系统的每个节点具有如下框架结构形式：

框架名

AKO VALUE<值>

PROP DEFAULT<表 1>

SF IF-NEEDED<算术表达式>

CONFLICT ADD<表 2>

其中，框架名用类名表示。AKO 是一个槽，VALUE 是它的侧面，通过填写<值>的内容表示出该框架属于哪一类。PROP 槽用来记录该节点所具有的特性，其侧面 DEFAULT 表示该槽的内容是可以进行缺省继承的，即当<表 1>为非 NIL 时，PROP 的槽值为(表 1)，当<表 1>为 NIL 时，PROP 的槽值用其父节点的 PROP 槽值来代替。

在框架表示法中，允许每个框架附加一些信息。框架系统使用附加过程来表达行为信息。

三种附加过程如下：

(1)if-added：如果加入过程，用于存储和修改槽的值，当新的信息加入槽内时执行该过程，且首先检查给定的项目是否是某槽的合法值。

(2)if-deleted：如果删除过程，从槽中删除信息时执行。

(3)if-needed：如果需要过程，用于控制槽值的检索，当需要某槽之值而该槽为空时，用某种方法产生槽的值。常用的方法有：继承一个值、参考一个期望值的表、向用户询问值、执行一个函数计算求值或运行一个演绎规则的集合获得一个值。如果需要过程可辅助提高检索的灵活性。

附加过程可用于检查、控制槽值的存储和检索，维护知识的正确性和完整性。

2.4.2 框架的推理方法

如前所述，框架是一种复杂结构的语义网络。因此语义网络推理中的匹配和特性继承在框架系统中也可以实行。此外，由于框架用于描述具有固定格式的事物、动作和事件，因此可以在新的情况下，推出未被观察到的事实。框架表示法没有固定的推理机理，但框架系统的推理和语义网络一样遵循匹配和继承的原则，这些推理方法可分为如下 3 种类型。

2.4.2.1　面向检索的继承推理

这是一种以框架间层次关系的性质继承及利用默认值为主的推理策略。它的意思是低层框架可以继承较高层框架的性质。当检索某槽的值时，而该槽为空(默认值)，可从该框架的父辈框架或其祖先框架中继承有关槽值、限制条件或附加过程。

2.4.2.2　面向过程的推理

框架表示法能把描述型知识与过程型知识的表示组合到同一数据结构中。因此，可利用槽中的附加过程(或子程序)实现控制。这个程序体放在另外的地方，供多个框架共同使用。

2.4.2.3　面向规则的推理

这是在综合运用框架方法和产生式规则表示法的机制中使用的推理方式。框架与规则的连接有两种方式：将规则连入框架和将框架连入规则。

(1)将规则连入框架。也就是在框架中包含规则，即用附加过程调用规则集合，来控制信息的存储、检索和推理。但事实上，应用框架中的附加过程执行所有的推理，将起副作用。这种缠结结构产生的后果是，不仅理解和维护是困难的，且效率也低。

(2)将框架连入规则。这种方式将规则中的前提和结论表示为框架。在推理中，应用规则控制推理，而用框架组织智能数据库来维护推理所需要的知识。

组合规则和框架方法，可以建立一种知识表示与推理相结合的综合系统。区别哪种知识在框架中描述、哪种知识在规则中描述及规则与框架的连接方法是关键问题。而框架中如 if-need、if-added 等槽的槽值是附加过程，在推理过程中也起重要作用。

2.5　产生式表示法

1943 年美国数学家 E. Post 提出产生式知识表示方法，他设计的 Post 系统为了构造一种形式化的计算模型，模型中的每一条规则称为一个产生式。因此，产生式表示法又称为产生式规则表示法，它和图灵机有相同的计算能力。目前产生式表示法已成为人工智能中应用最多的一种知识表示方法，许多成功的专家系统，比如费根鲍姆等人研制的化学分子结构专家系统 DENDRAL 等，都是用它来表示知识的。

2.5.1 产生式与产生式系统

2.5.1.1 产生式

产生式通常用于表示具有因果关系的知识，其基本形式为

$$P \rightarrow Q$$

或

$$\text{IF } P \text{ THEN } Q$$

其中，P 是产生式的前提或条件，用于指出该产生式是否可用的条件；Q 是一组结论或动作，用于指出该产生式的前提条件 P 被满足时，应该得出的结论或应该执行的操作。P 和 Q 都可以是一个或一组数据表达式或自然语言。

2.5.1.2 产生式系统

把一组产生式放在一起，让它们相互配合、协同作用，一个产生式生成的结论可以作为另一个产生式的前提使用，以使问题得到解决，这样的系统称为产生式系统。如图 2-21 所示产生式系统通常由规则库、数据库和推理机这三个基本部分组成。

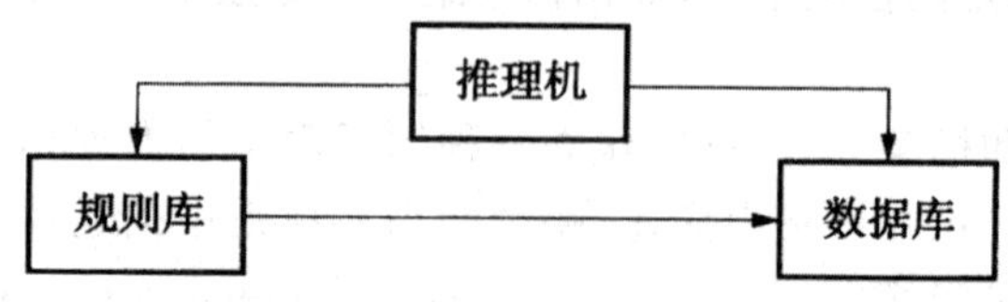

图 2-21　产生式系统的基本结构

(1)规则库。规则库是用于描述某领域内知识的产生式集合，是某领域知识(规则)的存储器，其中的规则是以产生式表示的，规则库中包含着将问题从初始状态转换成目标状态(或解状态)的那些变换规则。规则库是专家系统的核心，也是一般产生式系统赖以进行问题求解的基础，其中知识的完整性和一致性、知识表达的准确性和灵活性以及组织的合理性，都对产生式系统的性能和运行效率产生直接的影响。

(2)数据库。数据库又称为事实库，用来存放输入事实、外部数据库输

入的事实以及中间结果和最后结果。当规则库中某条产生式的前提可与数据库中的某些已知事实匹配时，该产生式被激活，并把用它推出的结论存放到数据库中，作为后面推理的已知事实。显然，数据库中的内容是处在不断变化的动态当中的。

(3)推理机。推理机又称为控制系统，由一组程序组成，用来控制、协调规则库与数据库的运行，包含了推理方式和控制策略。控制策略的作用就是确定选用什么规则或如何运用规则。通常从选择规则到执行操作要分三步完成：匹配、冲突解决和操作。

①匹配。匹配就是将当前数据库中的事实与规则中的条件进行比较，若相匹配，则这一规则称为匹配规则。因为可能同时有几条规则的前提条件与事实相匹配，究竟选哪一条规则去执行呢？这就是规则冲突解决，通过规则冲突解决策略选中的、在操作部分执行的规则称为启用规则。

②冲突解决。冲突解决策略有多种，其中比较常见的冲突解决策略有如下几种。

a. 专一性排序。若一条规则条件部分规定的情况比另一条规则条件部分规定的情况更有针对性，则这条规则具有较高的优先级。

b. 规则排序。规则库中规则的编排顺序本身就表示规则的启用次序。

c. 规模排序。按规则条件部分的规模排列优先级，优先使用较多条件被满足的规则。

d. 就近排序。把最近使用的规则放在最优先的位置，即那些最近经常被使用的规则的优先级较高。这是一种人类解决冲突最常用的策略。

③操作。操作是规则的执行部分，经过操作以后，当前的数据库将被修改，其他的规则有可能成为启用规则。

2.5.2　产生式表示知识的方法

产生式表示方法是一种比较好的表示法，容易描述事实、规则以及它们的不确定性度量，目前应用较为广泛。它适合表示事实性知识和规则性知识，在表示知识时还可以根据知识是确定性的或不确定性的分别进行表示。

2.5.2.1　确定性和不确定性规则知识的产生式表示

确定性规则知识用前面介绍的产生式的基本形式表示即可。对不确定性规则知识的基本形式做一定的扩充，可以用如下形式表示：

$$P \rightarrow Q(\text{可信度})$$

或

$$\text{IF } P \text{ THEN } Q(\text{可信度})$$

其中，P 是产生式的前提或条件，用于指出该产生式是否可用的条件；Q 是一组结论或动作，用于指出该产生式的前提条件 P 被满足时，应该得出的结论或应该执行的操作。这一表示形式主要用在不确定性推理中，当已知事实与前提中的条件不能精确匹配时，只要按照“可信度”的要求达到一定的相似度，就认为已知事实与前提条件匹配，再按照一定的算法将这种可能性(或不确定性)传递到结论。这里“可信度”的表示方法及意义会由于不确定推理算法的不同而不同。

2.5.2.2 确定性和不确定性事实性知识的产生式表示

事实性知识可看成是断言一个语言变量的值或多个语言变量间的关系的陈述句，语言变量的值或语言变量间的关系可以是一个词，不一定是数字。比如“草是绿色的”，其中“草”是语言变量，其值是“绿色的”；“约翰喜欢玛丽”，其中“约翰”“玛丽”是两个语言变量，两者的关系值是“喜欢”。

确定性事实性知识一般使用三元组(对象，属性，值)或(关系，对象 1，对象 2)来表示，其中对象就是语言变量，这种表示的机器内部实现就是一个表。比如事实“老李年龄是 35 岁”，便可以表示成：

(Lee，Age，35)

其中，Lee 是事实性知识涉及的对象，Age 是该对象的属性，而 35 岁是该对象属性的值。而“老李、老张是朋友”，可表示成：

(Friend，Lee，Zhang)

有些事实性知识带有不确定性和模糊性，若考虑不确定性，这种知识就可以用四元组的形式表示如下：

(对象，属性，值，不确定度量值)或(关系，对象 1，对象 2，不确定度量值)

例如，不确定性事实性知识“老李年龄可能是 35 岁”，这里老李是 35 岁的可能性取 90%，便可以表示成：

(Lee，Age，35，0.9)而“老李、老张”是朋友的可能性不大，这里老李、老张是朋友的可能性取 20%，可表示成：

(Friend，Lee，Zhang，0.2)

一般情况下，为求解过程查找的方便，在知识库中可将某类有关事实以网状、树状结构组织在一起，以提高查找的效率。

2.5.3　产生式系统的推理方法

2.5.3.1　正向推理

正向推理是从已知事实出发，通过规则求得结论。数据驱动方式也称作自底向上的方式。其推理过程如下：

(1)规则集中的规则与数据库中的事实进行匹配，得到匹配的规则集合。

(2)使用冲突解决算法，从匹配规则集合中选择一条规则作为启用规则。

(3)执行启用规则的后件。将该启用规则的后件送入数据库。

重复这个过程直至达到目标。

具体来说，如数据库中含有事实 A，而规则库中有规则 A→B，那么这条规则便是匹配规则，进而将后件 B 送入数据库。这样可不断扩大数据库，直至包含目标便成功结束。如有多条匹配规则，需从中选出一条作为启用规则，不同的选择方法直接影响着求解效率，选择规则的问题称为控制策略。正向推理会得出一些与目标无直接关系的事实，属于正常浪费。

2.5.3.2　反向推理

反向推理是从目标(作为假设)出发，反向使用规则，求得已知事实。这种推理方式也称为目标驱动方式或自顶向下的方式，推理过程如下：

(1)规则库中的规则后件与目标事实进行匹配，得到匹配的规则集合。

(2)使用冲突解决算法，从匹配规则集合中选择一条规则作为启用规则。

(3)将启用规则的前件作为子目标。

重复这个过程直至各子目标均为已知事实便成功结束。

如果目标明确，使用反向推理方式效率较高，所以常被人们所使用。

2.5.3.3　双向推理

双向推理是一种既自顶向下、又自底向上的推理方式，推理从两个方向同时进行，直至某个中间界面上两方向结果相符便成功结束。易知，这种双向推理较正向或反向推理形成的推理网络更小，具有更高的推理效率。

2.6 状态空间表示法

对于传统人工智能问题,任何比较复杂的求解技术都离不开两方面的内容——表示与搜索。对于同一问题可以有多种不同的表示方法,这些表示具有不同的表示空间。问题表示的优劣,对求解结果及求解效率影响非常大。其中,状态空间表示法是人工智能中最基本的形式化方法,是讨论其他形式化方法和问题求解技术的出发点。

2.6.1 问题状态描述

自然界的事物都以某种状态存在着,而状态在一定的条件或作用下可以发生改变。例如,水有气态、液态和固态 3 种状态,在温度升高和温度降低条件下可以互相转化。

同样的事物,若从不同的角度观察,对其状态的描述可能不尽相同。例如,考察水在自然界中的状态,在海洋中的状态可以称为海水,如果蒸发到空气中,水就能形成云的状态,云遇到冷空气则形成雨、雪或冰雹的状态降落到地面,形成河水,河水流入大海,盐分增加,成为海水,如图 2-22 所示。

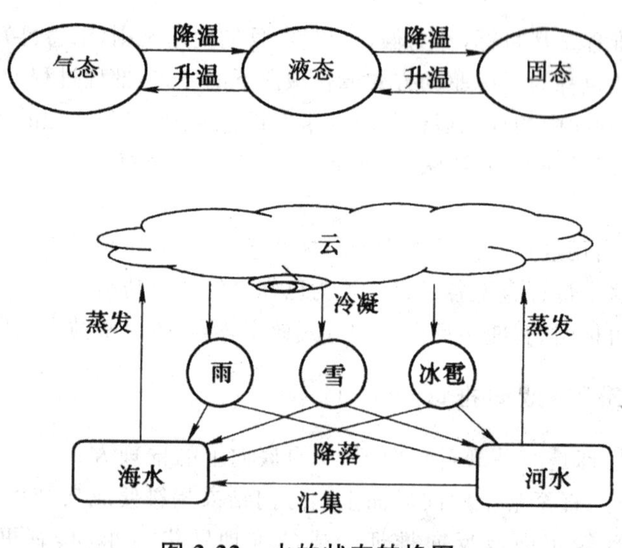

图 2-22 水的状态转换图

上述两例是对于水状态描述的简单的状态空间。对于比较复杂问题的状态空间，要想严格地描述状态及状态的改变，必须引入状态表示相关的 4 个概念：状态、操作、状态空间和问题解。

2.6.1.1　状态与状态空间

状态是为描述某类不同事物间的差别而引入的一组最少变量 $q_0, q_1, \cdots q_n$ 的有序集合，其矢量形式如下：

$$Q=(q_0, q_1, \cdots q_n)^{\mathrm{T}}$$

式中，每个元素 $q_i(i=0,1,\cdots,n)$ 为集合的分量，称为状态变量。给定每个分量的一组值就得到一个具体的状态，如

$$Q_k=(q_{0k}, q_{1k}, \cdots q_{nk})^{\mathrm{T}}$$

使问题从一种状态变化为另一种状态的手段称为操作符或算符。操作符可为走步、过程、规则、数学算子、运算符号或逻辑符号等。

问题的状态空间是一个表示该问题全部可能状态及其关系的图，它包含三种说明的集合，即所有可能的问题初始状态集合 S、操作符集合 F 以及目标状态集合 G。因此，可把状态空间记为三元状态 (S,F,G)。

状态空间的图示形式称为状态空间图，其中节点表示状态，有向箭头表示操作及状态转换过程。

2.6.1.2　操作和问题的解

操作是引起事物状态变化的一种作用。操作可以是一段程序、一个动作或一个数学算子等，只要它能够引起状态分量的改变。

问题的解：为达目标状态 G，如果从问题的初始状态 S 出发，在操作集中 F 经过一系列的操作序列 $(f_1, f_2, f_3\cdots)$ 到达目标集 G 中，则称操作序列 $(f_1, f_2, f_3\cdots)$ 为问题的一个解。

如图 2-23 所示，某椭圆初始状态为：$S=\{Q_1(a,b)\,|\,a=2, b=1\}$，如果希望将这个椭圆变形成为一个圆形，即目标集 $G=\{Q(a,b)\,|\,a=b\}$，可执行的操作集 $F=\{$更改 a 或 b 的长度$\}$，求可能的问题的一个解。

由于圆形是半长轴与半短轴相等的椭圆形的特例，因此只要改变半长轴长度使 $a=b$ 即可得到目标集中的状态圆。图 2-23 中的两种操作“将半长轴 $a=2$ 减小到 $a=1$”与“将半长轴 $b=1$ 增加到 $b=2$”均为该问题的解。显然通过更改 $a=b$ 等于不同的值，该问题的解有无穷多个。

用十五数码难题来说明状态空间表示的概念。十五数码难题由 15 个编有 1 至 15 并放在 4×4 方格棋盘上的可走动的棋子组成。棋盘上总有一格是空的，以便可能让空格周围的棋子走进空格，这也可以理解为移动空

格。十五数码难题如图 2-24 所示。图中绘出了两种棋局,即初始棋局和目标棋局,它们对应于该下棋问题的初始状态和目标状态。

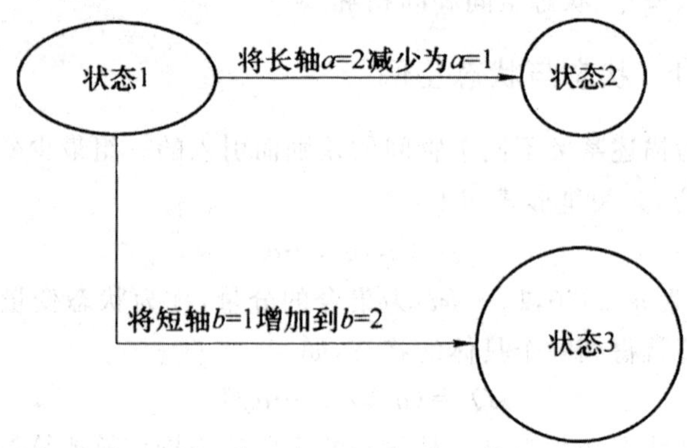

图 2-23　椭圆至圆形问题的解

11	9	4	15
1	3		12
7	5	8	6
13	2	10	14

(a) 初始棋局

1	2	3	4
5	6	7	8
9	10	11	12
13	14	15	

(b) 目标棋局

图 2-24　十五数码难题

如何把初始棋局变换为目标棋局呢?问题的解答就是某个合适的棋子走步序列,如“左移棋子 12,下移棋子 15,右移棋子 4,……”。

十五数码难题最直接的求解方法是尝试各种不同的走步,直到偶然得到该目标棋局为止。这种尝试本质上涉及某种试探搜索。从初始棋局开始,试探由每一合法走步得到的各种新棋局,然后计算再走一步而得到的下一组棋局。这样继续下去,直至达到目标棋局为止。把初始状态可达到的各状态所组成的空间设想为一幅由各种状态对应的节点组成的图。这种图称为状态图或状态空间图。图 2-25 说明了十五数码难题状态空间图的一部分。图中每个节点标有它所代表的棋局。首先把适用的算符用于初始状态,以产生新的状态;然后,再把另一些适用算符用于这些新的状态;这样继续下去,直至产生目标状态为止。

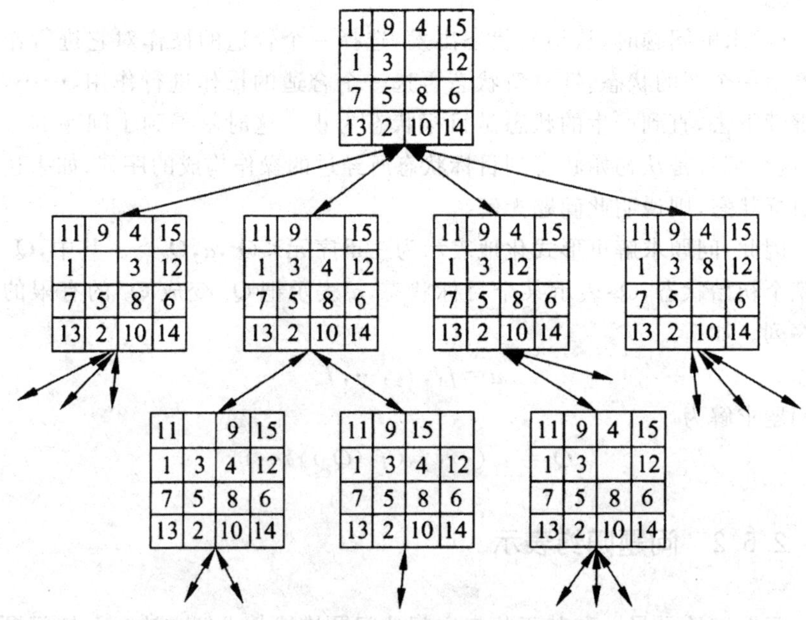

图 2-25 十五数码难题部分状态空间图

一般用状态空间法这一术语来表示下述方法:从某个初始状态开始,每次加一个操作符,递增地建立起操作符的试验序列,直到达到目标状态为止。

寻找状态空间的全部过程包括从旧的状态描述产生新的状态描述,以及此后检验这些新的状态描述,看其是否描述了该目标状态。这种检验往往只是查看某个状态是否与给定的目标状态描述相匹配。不过,有时还要进行较为复杂的目标测试。对于某些最优化问题,仅仅找到到达目标的任一路径是不够的,还必须找到按某个准则实现最优化的路径。

可见要完成某个问题的状态描述,必须确定三件事:(1)该状态描述方式,尤其是初始状态描述;(2)操作符集合及其对状态描述的作用;(3)目标状态描述的特性。

综上可总结状态空间表示法求解问题的一般步骤如下:

(1)定义问题状态的描述形式,即确定状态的分量。一个独立的分量表示问题的某一方面的性质。

(2)把问题所有可能的状态都表示出来,并确定问题的初始状态和目标状态集合描述。这里需要注意,并不是所有的状态都是逻辑上合理的,要去掉那些不合理的状态。

(3)定义一组操作,使得利用这组操作可把问题从一种状态转变到另一种状态。

(4)求解问题时,从初始状态出发,选择一个合适的操作对它进行作用以产生一个新的状态,针对新状态再选一个合适的操作进行作用,……,这样继续下去,直到产生的状态是目标状态为止。这时就得到了问题的一个解,这个解就是从初始状态到目标状态所经过的操作构成的序列;如果达不到目标状态,则说明此问题无解。

因此,问题求解可形式化地表示为三重序元$<Q_s,a,Q_g>$。其中,Q_s表示某个初始状态,Q_g表示某个目标状态,a表示把Q_s变成Q_g的有限的操作序列。如

$$a=f_1,f_2,\cdots,f_n$$

则问题求解为

$$Q_g=f_n(\cdots(f_2(f_1(Q_s)))\cdots)$$

2.6.2 问题归约表示

问题归约是另一种基于状态空间的问题描述与求解方法。已知问题的描述,通过一系列变换把此问题最终变为一个子问题集合;这些子问题的解可以直接得到,从而解决了初始问题。

问题归约表示可由下列 3 部分组成:

(1)一个初始问题描述。

(2)一套把问题变换为子问题的操作符。

(3)一套本原问题描述。

从目标(要解决的问题)出发逆向推理,建立子问题以及子问题的子问题,直至最后把初始问题归约为一个平凡的本原问题集合。这就是问题归约的实质。

2.6.2.1 问题归约描述

(1)梵塔难题。为了证明如何用问题归约法求解问题,考虑另一种难题——“梵塔难题”具体如下:有 3 个柱子(1,2 和 3)和 3 个不同尺寸的圆盘(A,B 和 C)。在每个圆盘的中心有个孔,圆盘可以堆叠在柱子上。最初,全部 3 个圆盘都堆在柱子 1 上:最大的圆盘 C 在底部,最小的圆盘 A 在顶部。要求把所有圆盘都移到柱子 3 上,每次只许移动一个,而且只能先搬动柱子顶部的圆盘,还不许把尺寸较大的圆盘堆放在尺寸较小的圆盘上。这个问题的初始配置和目标配置如图 2-26 所示。

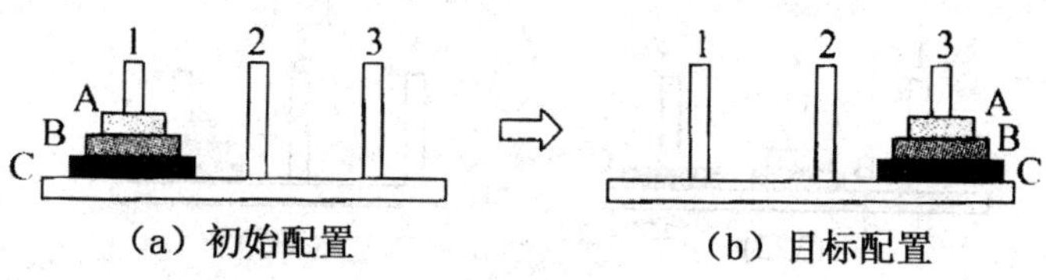

图 2-26　梵塔难题

若采用状态空间法来求解这个问题，其状态空间图含有 27 个节点，每个节点代表柱子上圆盘的一种正当配置。

也可以用简单的问题归约法来求解此问题。把图 2-26 所示的原始问题归约为一个较简单的问题集合：

①要把所有圆盘都移至柱子 3，必须首先把圆盘 C 移至柱子 3；而且在移动圆盘 C 至柱子 3 之前，要求柱子 3 必须是空的。

②只有在移开圆盘 A 和 B 之后，才能移动圆盘 C；而且圆盘 A 和 B 最好不要移至柱子 3，否则就不能把圆盘 C 移至柱子 3。因此，首先应该把圆盘 A 和 B 移到柱子 2 上。

③然后才能够进行关键的一步，把圆盘 C 从柱子 1 移至柱子 3，并继续解决难题的其余部分。

上述论证允许把原始难题归约(简化)为下列 3 个子难题：

①移动圆盘 A 和 B 至柱子 2 的双圆盘难题，如图 2-27(a)所示。

②移动圆盘 C 至柱子 3 的单圆盘难题，如图 2-27(b)所示。

③移动圆盘 A 和 B 至柱子 3 的双圆盘难题，如图 2-27(c)所示。

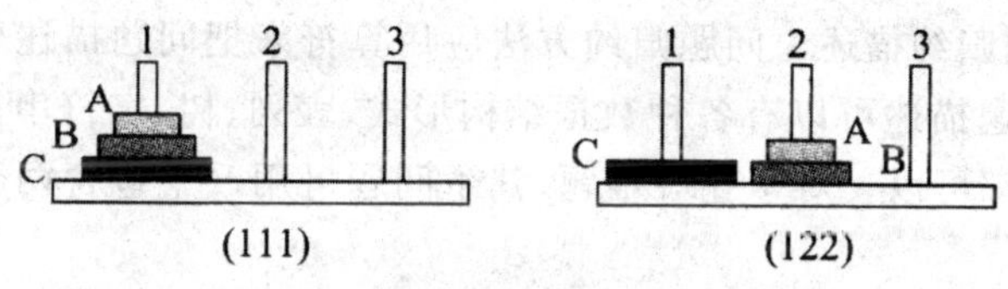

(a) 移动圆盘A和B至柱子2

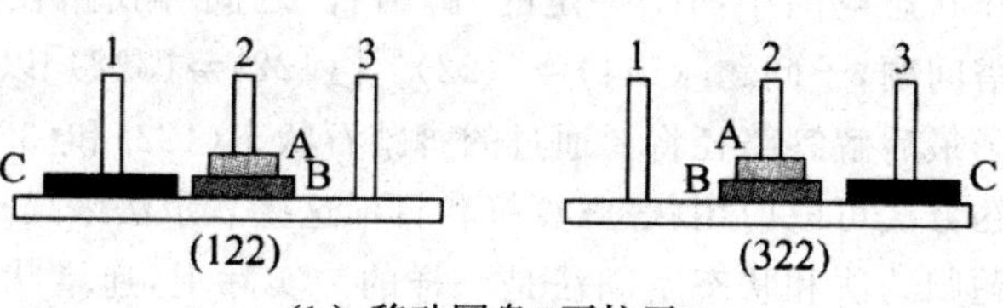

(b) 移动圆盘C至柱子3

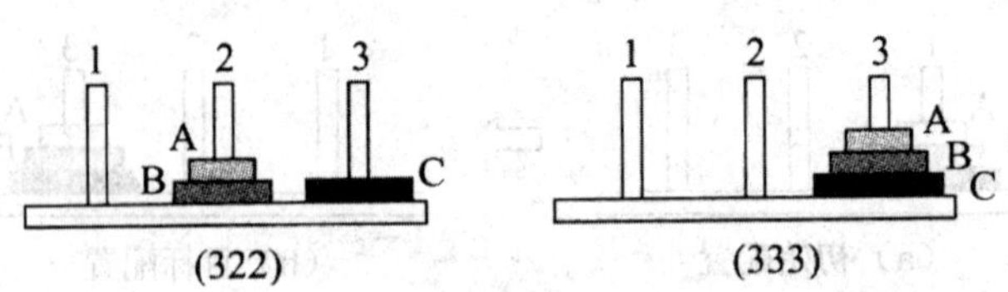

(c) 移动圆盘A和B至柱子3

图 2-27 梵塔问题的归约

由于3个简化了的难题中的每一个都是较小的。子问题2可作为本原问题考虑,因为它的解只包含一步移动。应用一系列相似的推理,子问题1和子问题3也可被归约为本原问题,如图2-28所示。这种图式结构叫作与或图(AND/OR graph)。它能有效地说明如何由问题归约法求得问题的解答。

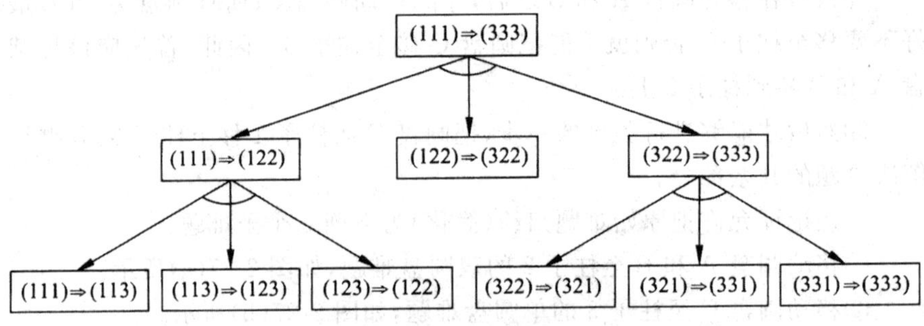

图 2-28 梵塔问题的归约图

(2)问题归约描述。问题归约方法应用算符来把问题描述变换为子问题描述。问题描述可以有各种数据结构形式,表列、树、字符串、矢量、数组和其他形式都可以。对于梵塔难题,其子问题可用一个包含两个数列的表列来描述。

可以用状态空间表示的三元组合(S,F,G)来规定与描述问题。有关子问题可当作状态空间中两个一定的“脚踏石”之间寻找路径的问题来辨别。对于梵塔问题,子问题[(111)⇒(122)],[(122)⇒(322)]以及[(322)⇒(333)]规定了最后解答路径将要通过的脚踏石状态(122)和(322)。

问题归约方法可以应用状态、算符和目标这些表示法来描述问题,这并不意味着问题归约法和状态空间法是一样的。实际上,递增状态空间搜索应用某个问题归约的普通形式,而且问题归约法是比状态空间法更通用的一种问题求解方法。

把一个问题描述变换为一个归约或后继问题描述的集合,这是由问题归约算符进行的。变换得到的所有后继问题的解就是父辈问题的一个解。

所有问题归约的目的是最终产生具有明显解答的本原问题。这些问题可能是能够由状态空间搜索中走动一步来解决的问题，或者可能是其他具有已知解答的更复杂的问题。本原问题除了对终止搜索过程起着明显的作用外，有时还被用来限制归约过程中产生后继问题的替换集合。当一个或多个后继问题属于某个本原问题的指定子集时，就会出现这种限制。

2.6.2.2　与或图表示

与或图表示能够方便地用一个类似于图的结构来表示把问题归约为后继问题的替换集合，画出归约问题图。例如，设想问题 A 既可由求解问题 B 和 C，也可由求解问题 D、E 和 F，或者由单独求解问题 H 来解决。这一关系可由图 2-29 所示的结构来表示。图中各节点由它们所表示的问题来标记。

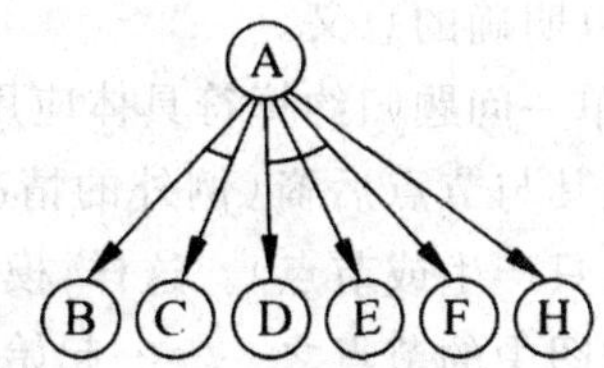

图 2-29　子问题替换集合结构图

问题 B 和 C 构成后继问题的一个集合；问题 D、E 和 F 构成另一后继问题集合；而问题 H 则为第三个集合。对应于某个给定集合的各节点，用一个连接它们的弧线的特别标记来指明。

通常把某些附加节点引入此结构图，以便使含有一个以上后继问题的每个集合能够聚集在它们各自的父辈节点之下。根据这一约定，图 2-29 的结构变为图 2-30 所示的结构。其中，标记为 N 和 M 的附加节点分别作为集合{B,C)和{D,E,F)的唯一父辈节点。如果 N 和 M 理解为具有问题描述的作用，那么可以看出，问题 A 被归约为单一替换子问题 N、M 和 H。因此，把节点 N、M 和 H 叫作或节点(OR node)。然而，问题 N 被归约为子问题 B 和 C 的单一集合，要求解 N 就必须求解所有的子问题。因此，把节点 B 和 C 叫作与节点(AND node)。同理，把节点 D、E 和 F 也叫作与节点。各个与节点用跨接指向它们后继节点的弧线的小段圆弧加以标记。把这种结构图叫作与或图。

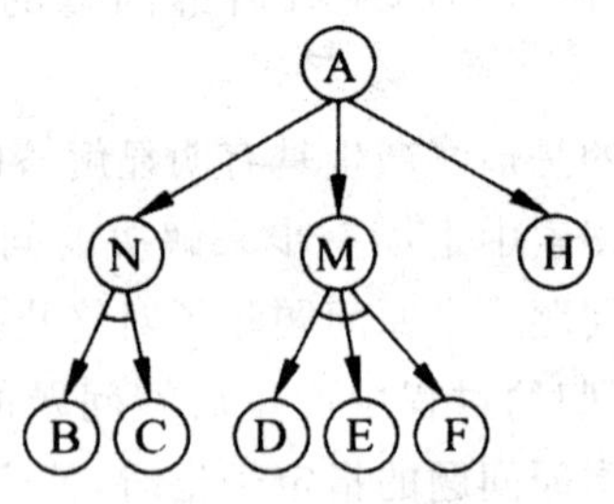

图 2-30　与或图

在与或图中，若一个节点具有后继节点，那么这些后继节点既可全为或节点，也可全为与节点。在特殊情况下，根本不出现任何与节点。在状态空间搜索中，就是应用这种普通图的。由于在与或图中出现了与节点，其结构与普通图的结构大为不同。与或图有其特有的搜索技术，而且是否存在与节点也就成为区别两种问题求解方法的主要依据。

在描述与或图时，将继续采用如父辈节点、后继节点和连接两节点的弧线之类的术语，给予它们以明确的意义。

通过与或图，把某个单一问题归约算符具体应用于某个问题描述，依次产生出一个中间或节点及其与节点后裔(例外的情况是当子问题集合只含有单项时，在这种情况下，只产生或节点)。这样，模拟问题归约方法的相关结构是一个与或图。与或图中的节点之一——起始节点对应于原始问题描述，而对应于本原问题的节点叫作终叶节点。

在与或图上执行的搜索过程，其目的在于表明起始节点是有解的。与或图中一个可解节点的一般定义可以归纳如下：

(1)终叶节点是可解节点。

(2)如果某个非终叶节点含有或后继节点，那么只有当其后继节点至少有一个是可解的，此非终叶节点才是可解的。

(3)如果某个非终叶节点含有与后继节点，那么只要当其后继节点全部为可解的，此非终叶节点才是可解的。

于是，一个解图被定义为那些可解节点的子图，这些节点能够证明其初始节点是可解的。

第 3 章　知识推理技术

3.1　知识推理概述

3.1.1　推理的方式

推理方法主要解决在推理过程中前提与结论之间的逻辑关系，以及在不确定性推理中不确定性的传递问题。由于人类智能活动的思维方式有许多种，因此，作为对人类智能的模拟，人工智能也相应地会有多种不同的处理方式。下面根据不同的分类方法逐一进行讨论。

3.1.1.1　演绎推理、归纳推理

按推理的逻辑基础划分，常用的推理方法可分为演绎推理和归纳推理。

(1)演绎推理。演绎推理是从已知的一般性知识出发推出适合于某种个别情况的结论。它是一种由一般到个别的推理方法。

演绎推理的核心是三段论。常用的三段论包括：一个大前提、一个小前提和一个结论。其中，大前提是已知的一般性知识或假设；小前提是关于某种具体情况或某个具体实例的判断；结论是由大前提推出的且适合于小前提的新判断。因此，演绎推理就是从已知的大前提中推导出适应于小前提的结论，即从已知的一般性知识中抽取所包含的特殊性知识。由此可见，正确的大前提和小前提推出正确的结论。

演绎推理是人工智能中一种重要的推理方式，在许多智能系统中都有使用。

(2)归纳推理。归纳推理是从一类事物的大量具体事例出发归纳出该类事物的一般性结论的推理过程。它是一种由个别到一般的推理方法。归纳推理的基本思想是：先从已知事实中猜测出一个结论，然后对这个结论的正确性加以证明确认。

①归纳推理如果按照所选事例的广泛性划分又可分为完全归纳推理和不完全归纳推理。

a. 完全归纳推理。完全归纳推理是指在进行归纳时需要考察相应事物的全部对象，并根据这些对象是否都具有某种属性，来推出该类事物是否具有此属性。例如，某公司购进一批产品，如果对每个产品都进行了质量检验，并且都合格，则可得出结论：这批产品的质量是合格的。

b. 不完全归纳推理。不完全归纳推理是指在进行归纳时只考察了相应事物的部分对象，就得出了关于该事物的结论。例如，某公司购进一批产品，如果只是随机地抽查了其中的部分产品，只要它们合格，便得出结论：整批产品的质量是合格的。

②归纳推理如果按照推理所使用的方法划分又可分为枚举归纳推理和类比归纳推理。

a. 枚举归纳推理。枚举归纳推理是指在进行归纳时，如果已知某类事物的有限可数个具体事物都具有某种属性，则可推出该类事物都具有此种属性。例如，设有如下事例：

王强是计算机系学生，他会编程序。

高华是计算机系学生，她会编程序。

当这些具体事例足够多时，就可归纳出一个一般性的知识：

“凡是计算机系的学生，就一定会编程序。”

b. 类比归纳推理。类比归纳推理是指在两个或两类事物有许多属性都相同或相似的基础上，推出它们在其他属性上也相同或相似的一种推理方法。其推理模式可表示为

IF A 有属性 abc AND B 有属性 ab THEN B 可能有属性 c

归纳推理是人类思维活动中最基本，也是最常用的一种推理方式。人们在由个别到一般的思维过程中经常要用到它。

3.1.1.2 确定性推理、不确定性推理

按所用知识的确定性划分，推理可分为确定性推理和不确定性推理。

(1)确定性推理。确定性推理是指推理所使用的知识和推出的结论都是可以精确表示的，其真值要么为真，要么为假，不会存在第三种情况。本章重点介绍这类推理。

经典逻辑推理是一类最先提出的推理方法，它是根据经典逻辑的逻辑规则进行的一种推理，包括自然演绎推理、归结演绎推理及与/或形演绎推理等。这种推理是基于逻辑推理的，真值只有“真”和“假”两种，因此，它属于确定性推理。

(2)不确定性推理。不确定性推理是指推理所用的知识不都是确定的，推出的结论也不完全是确定的，其真值会处于真与假之间。

由于现实世界中的大多数事物都具有一定程度的不确定性，很难用精确的数学模型来表示或处理。不确定性推理又分为似然推理与近似推理或模糊推理，人们经常需要在知识不完全、不精确的情况下进行推理，因此，不确定性推理具有更重要的实际意义。

3.1.1.3　单调推理、非单调推理

按推理过程的单调性，或者说按照推理过程所得到的结论是否越来越接近目标划分，推理可分为单调推理与非单调推理。

(1)单调推理。单调推理是指在推理过程中，随着推理向前及新知识的加入，所得到的结论会越来越接近目标，而不会出现反复情况，即不会由于新知识的加入否定了前面推出的结论，从而使推理过程又退回到先前的某一步。

(2)非单调推理。非单调推理是指在推理过程中，由于新知识的加入，不但不会加强已推出的结论，反而会否定它，使推理过程退回到先前的某一步，不得不重新开始。

非单调推理往往是在知识不完全的情况下发生的。在这种情况下，为使推理能够进行下去，就需要先进行某些假设，并在此假设的基础上进行推理。但是，当后来由于新的知识加入发现原来的假设不正确时，就需要撤销原来的假设及由此假设为基础推出的一切结论，再运用新知识重新进行推理。

3.1.2　推理的控制策略

推理过程是一个求解问题的过程。问题求解的质量与效率不仅依赖于所采用的求解方法(如匹配方法、不确定性的传递算法等)，而且还依赖于求解问题的策略，即推理的控制策略。

推理的控制策略主要包括推理方向、搜索策略、冲突消解策略、求解策略及限制策略等。搜索策略在后面的章节中会详细介绍，这里不再赘述。推理的求解策略是指，推理是只求一个解还是求所有解以及最优解等。推理的限制策略是指，为了防止无穷的推理过程，以及由于推理过程太长而增加时间及空间的复杂性，可以在控制策略中指定推理的限制条件，从而限制推理的深度、宽度、时间、空间等。下面重点讨论推理方向。

推理方向主要是用于确定推理的驱动方式，可分为正向推理、逆向推理、混合推理及双向推理四种。不管是按照何种方向进行推理，系统都应当具备：一个存放知识的知识库、一个存放初始已知事实及问题状态的数据库、一个用于推理的推理机。

3.1.2.1 正向推理

正向推理是以已知事实作为出发点的一种推理。它也可称为数据驱动推理、前向链推理、模式制导推理或文件推理等。

正向推理的基本思想是:从用户提供的初始已知事实出发,在知识库 KB 中找出当前可适用的知识,构成可适用知识集 KS,然后按某种冲突消解策略从 KS 中选出一条知识进行推理,并将推出的新事实加入到数据库中作为下一步推理的已知事实,此后再在知识库中选取可适用知识进行推理,如此重复这一过程,直到求得了问题的解或者知识库中再无可适用的知识为止。

为了实现正向推理,有许多具体问题需要解决。正向推理的推理过程可用图 3-1 表示。

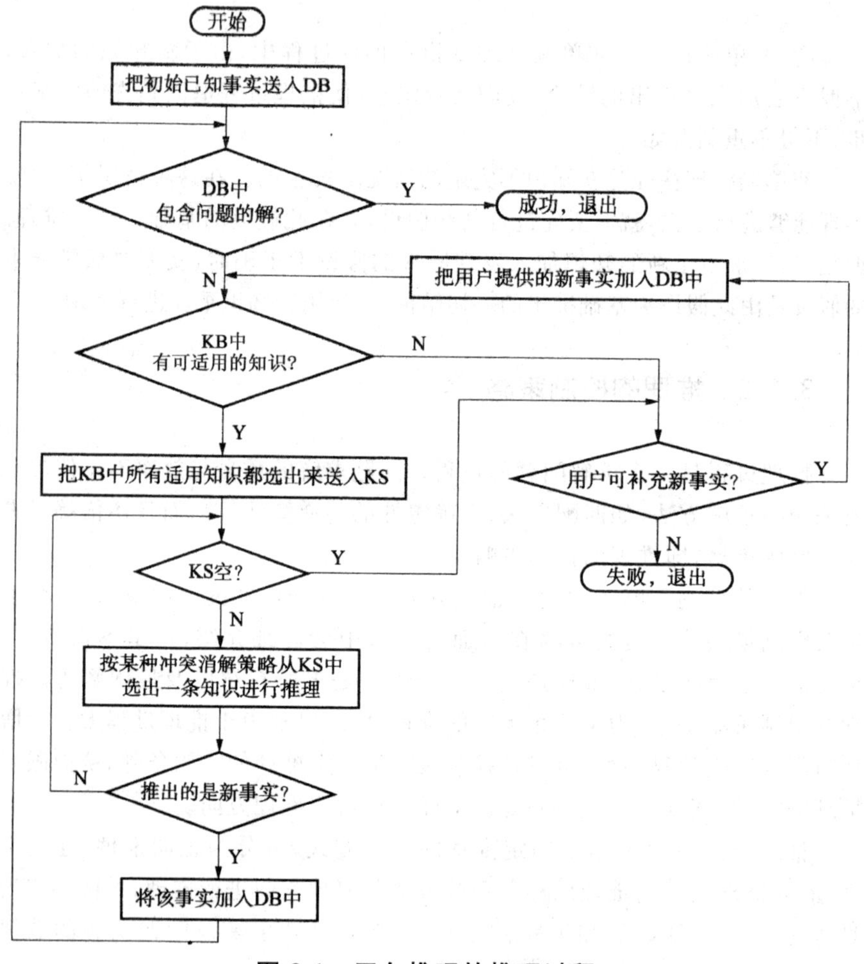

图 3-1 正向推理的推理过程

具体推理过程如下：

(1)将用户提供的初始已知事实送入数据库DB。

(2)检查数据库DB是否已经包含了问题的解，若有，则求解结束，并成功退出；否则，执行下一步。

(3)根据数据库DB中的已知事实，扫描知识库KB，检查KB中是否有可适用（即可与DB中已知事实匹配）的知识，若有，则转向(4)，否则转向(6)。

(4)把KB中所有的适用知识都选出来，构成可适用知识集KS。

(5)若KS不空，则按某种冲突消解策略从中选出一条知识进行推理，并将推出的新事实加入DB中，然后转向(2)；若KS空，则转向(6)。

(6)询问用户是否可进一步补充新的事实，若可补充，则将补充的新事实加入DB中，然后转向(3)；否则表示求不出解，失败退出。

3.1.2.2 逆向推理

逆向推理是以某个假设目标作为出发点的一种推理。它也可称为目标驱动推理、逆向链推理、目标制导推理或后件推理等。

逆向推理的基本思想是：首先选定一个假设目标，然后寻找支持该假设的证据，若所需的证据都能找到，则说明原假设成立；若无论如何都找不到所需要的证据，说明原假设不成立；为此需要另做新的假设。

逆向推理的推理过程可用图3-2表示。

具体推理过程如下：

(1)提出要求证的目标（假设）。

(2)检查该目标是否已在数据库中，若在，则该目标成立，退出推理或者对下一个假设目标进行验证；否则，转下一步。

(3)判断该目标是否是证据，即它是否为应由用户证实的原始事实，若是，则询问用户；否则，转下一步。

(4)在知识库中找出所有能导出该目标的知识，形成适用的知识集KS，然后转下一步。

(5)从KS中选出一条知识，并将该知识的运用条件作为新的假设目标，然后转向(2)。

逆向推理比正向推理更为复杂，以上只是对其大致过程的描述，许多细节问题并没有得到体现。逆向推理的主要优点是不必使用与目标无关的知识，目的性强，有利于向用户提供解释；主要缺点是起始目标的选择有盲目性，若不符合实际，就要多次提出假设，影响到系统的效率。

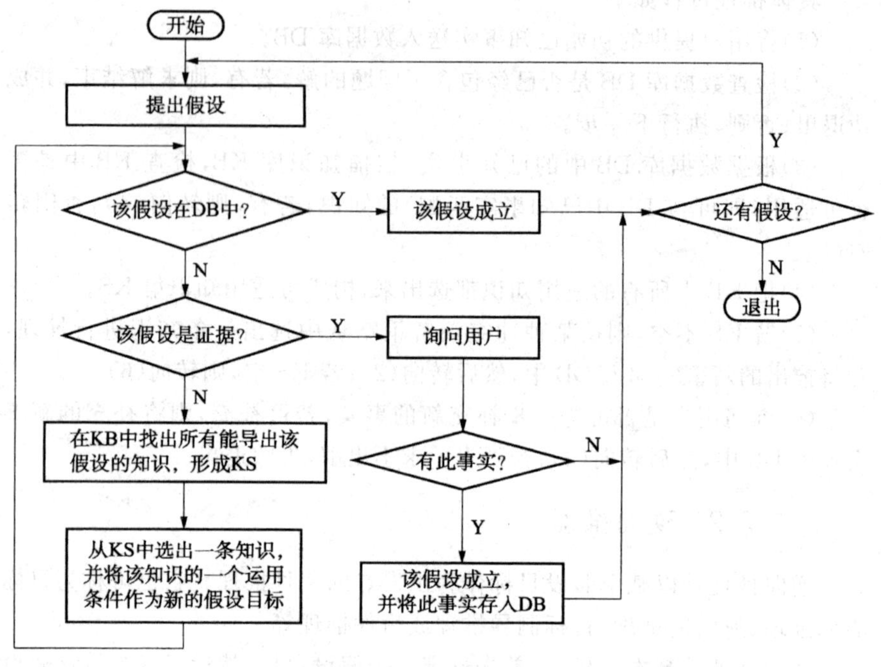

图 3-2　逆向推理的推理过程

3.1.2.3　混合推理

正向推理和逆向推理都存在一定的缺陷，例如，正向推理盲目、效率低，推理过程中可能会推出许多与问题无关的子目标；逆向推理中如果提出的假设目标不符合实际，会使系统的效率降低。

为了能够使二者更好地各自发挥自己的优势，取长补短，可以把正向推理与逆向推理结合起来。这种既有正向又有逆向的推理称为混合推理。比较适合使用混合推理的有以下几种情况：

(1)已知的事实不够充分。当数据库中的已知事实不够充分时，若用这些事实与知识的运用条件匹配进行正向推理，可能连一条适用知识都选不出来，导致推理无法进行。此时，可采用的做法为：通过正向推理先把其运用条件不能完全匹配的知识都找出来，并把这些知识可导出的结论作为假设，然后分别对这些假设进行逆向推理。由于在逆向推理中可以向用户询问有关证据，这就有可能使推理进行下去。

(2)由正向推理推出的结论可信度不高。用正向推理进行推理时，虽然推出了结论，但可信度可能不高，达不到预定的要求。因此为了得到一个可信度符合要求的结论，可采用的做法为：用这些结论作为假设，然后进行逆向推理，通过向用户询问进一步的信息，有可能得到一个可信度较高的结论。

(3)希望得到更多的结论。在逆向推理过程中，由于要与用户进行对话，有针对性地向用户提出询问，这就有可能获得一些原来不掌握的有用信息。这些信息不仅可用于证实要证明的假设，同时还有助于推出一些其他结论。因此，可采用的做法是：在用逆向推理证实了某个假设之后，可以再用正向推理推出另外一些结论。例如，在医疗诊断系统中，先用逆向推理证实某患者患有某种病，然后再利用逆向推理过程中获得的信息进行正向推理，就有可能推出该患者还患有别的病。

通过分析可得，混合推理分为以下两种情况：

(1)先进行正向推理，帮助选择某个目标，即从已知事实演绎出部分结果，然后再用逆向推理证实该目标或提高其可信度。如图 3-3 所示为先正向后逆向混合推理示意图。

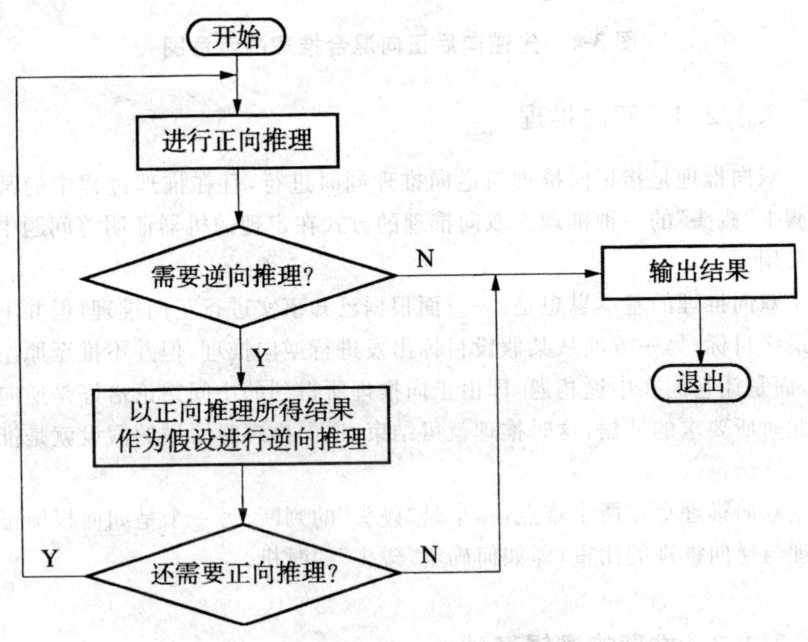

图 3-3 先正向后逆向混合推理的示意图

(2)先假设一个目标进行逆向推理，然后再利用逆向推理中得到的信息进行正向推理，以推出更多的结论。如图 3-4 所示为先逆向后正向混合推理示意图。

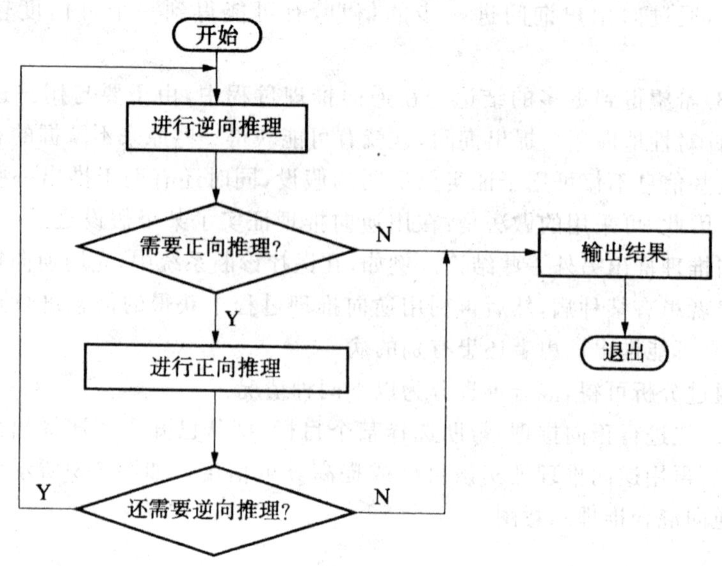

图 3-4 先逆向后正向混合推理的示意图

3.1.2.4 双向推理

双向推理是指正向推理与逆向推理同时进行,且在推理过程中的某一步骤上"碰头"的一种推理。双向推理的方式在定理的机器证明等问题中经常采用。

双向推理的基本思想是:一方面根据已知事实进行正向推理,但并不推到最终目标;另一方面从某假设目标出发进行逆向推理,但并不推至原始事实,而是让它们在中途相遇,即由正向推理所得到的中间结论恰好是逆向推理此时所要求的证据,这时推理就可结束,逆向推理时所做的假设就是推理的最终结论。

双向推理存在两个难点:一个是"碰头"的判断;另一个是如何权衡正向推理与逆向推理的比重,即如何确定"碰头"的时机。

3.1.3 推理的逻辑基础

3.1.3.1 命题公式的解释

在命题逻辑中,命题公式的一个解释就是对该命题中各个命题变元的一次真值指派。有了命题公式的解释,就可以以此为依据求出该命题公式的真值。

由于谓词公式中可能会包含个体常量、变元或函数，所以，首先应当考虑这些个体常量和函数在个体域上的取值，这样才能根据它们的具体取值为谓词分别指派真值。

定义 3.1 假设 D 是谓词公式 P 的非空个体域，若对 P 中的个体常量、函数和谓词按如下规定赋值：

(1)为每个个体常量指派 D 中的一个元素；

(2)为每个 n 元函数指派一个从 D_n 到 D 的一个映射，其中

$$D_n=\{(x_1,x_2,\cdots,x_n)\mid x_1,x_2,\cdots,x_n\in D\}$$

(3)为每个 n 元谓词指派一个从 D_n 到{F，T}的一个映射，

则称这些指派为 P 在 D 上的一个解释 I。

定义 3.2 对谓词公式 P，如果至少存在 D 上的一个解释，使公式 P 在此解释下的真值为 T，则称公式 P 在 D 上是可满足的。

谓词公式的可满足性又称为兼容性。

谓词公式的等价性和永真蕴含性可以分别用相应的等价式和永真蕴含式来表示，这些等价式和永真蕴含式都可以作为演绎推理的重要依据，因此也被称为推理规则。

3.1.3.2 等价式

定义 3.3 设 P 与 Q 是 D 上的两个谓词公式，如果 P 与 Q 对 D 上的任意解释都有相同的真值，则称 P 与 Q 在 D 上是等价的。如果 D 是任意非空个体域，则称 P 与 Q 是等价的，记为 $P\Leftrightarrow Q$。

以下是常用的谓词公式等价式：

(1)双重否定律。

$$\neg(\neg P)\Leftrightarrow P$$

(2)交换律。

$$(P\vee Q)\Leftrightarrow(Q\vee P),(P\wedge Q)\Leftrightarrow(Q\wedge P)$$

(3)结合律。

$$(P\vee Q)\vee R\Leftrightarrow P\vee(Q\vee R)$$

$$(P\wedge Q)\wedge R\Leftrightarrow P\wedge(Q\wedge R)$$

(4)分配律。

$$P\vee(Q\wedge R)\Leftrightarrow(P\vee Q)\wedge(P\vee R)$$

$$P\wedge(Q\vee R)\Leftrightarrow(P\wedge Q)\vee(P\wedge R)$$

(5)摩根定律。

$$\neg(P\vee Q)\Leftrightarrow\neg P\wedge\neg Q$$

$$\neg(P\wedge Q)\Leftrightarrow\neg P\vee\neg Q$$

(6)吸收律。

$$P \vee (P \wedge Q) \Leftrightarrow P$$
$$P \wedge (P \vee Q) \Leftrightarrow P$$

(7)补余律。

$$P \vee P \Leftrightarrow \mathrm{T}, P \wedge P \Leftrightarrow \mathrm{F}$$

(8)连词化规律。

$$P \rightarrow Q \Leftrightarrow \sim P \vee Q$$
$$P \leftrightarrow Q \Leftrightarrow (P \rightarrow Q) \wedge (Q \rightarrow P)$$
$$P \leftrightarrow Q \Leftrightarrow (P \wedge Q) \vee (Q \wedge P)$$

(9)量词转换律。

$$\neg (\exists x) P \Leftrightarrow (\forall x)(\neg P)$$
$$\neg (\forall x) P \Leftrightarrow (\exists x)(\neg P)$$

(10)量词分配律。

$$(\forall x)(P \wedge Q) \Leftrightarrow (\forall x) P \wedge (\forall x) Q$$
$$(\exists x)(P \vee Q) \Leftrightarrow (\exists x)(P) \vee (\exists x) Q$$

3.1.3.3 永真蕴含式

定义 3.4 对于谓词公式 P 与 Q，如果 $P \rightarrow Q$ 永真，则称 P 永真蕴含 Q，并且 Q 为 P 的逻辑结论，P 为 Q 的前提，记为 $P \Rightarrow Q$。

以下是常用的永真蕴含式：

(1)化简式。

$$P \wedge Q \Rightarrow P, P \wedge Q \Rightarrow Q$$

(2)附加式。

$$P \Rightarrow P \vee Q, Q \Rightarrow P \vee Q$$

(3)析取三段论。

$$\neg P, P \vee Q \Rightarrow Q$$

(4)假言推理。

$$P, P \rightarrow Q \Rightarrow Q$$

(5)拒取式。

$$\neg Q, P \rightarrow Q \Rightarrow \neg P$$

(6)假言三段论。

$$P \rightarrow Q, Q \rightarrow R \Rightarrow P \rightarrow R$$

(7)二难推理。

$$P \vee Q, P \rightarrow R, Q \rightarrow R \Rightarrow R$$

(8)全称固化。

$$(\forall x)P(x)\Rightarrow P(y)$$

其中,y 是个体域中的任一个体,以此可消去谓词公式中的全称量词。

(9)存在固化。

$$(\exists x)P(x)\Rightarrow P(y)$$

其中,y 是个体域中的某一个可以使 $P(y)$ 为真的个体,以此可消去谓词公式中的存在量词。

3.1.3.4 前束范式与 Skolem 范式

这里所说的范式,实际上就是谓词公式的一种标准形式。在谓词逻辑中,有前束范式与 Skolem 范式这两种范式。

(1)前束范式。

定义 3.5 设 F 为一谓词公式,如果其中的所有量词均非否定地出现在公式的最前面,且它们的辖域为整个公式,则称 F 为前束范式。它的一般形式为

$$(Q_1x_1)\cdots(Q_nx_n)M(x_1,x_2,\cdots,x_n)$$

式中,$Q_i(i=1,2,\cdots,n)$ 为前缀,表示一个由全称量词或存在量词组成的量词串;$M(x_1,x_2,\cdots,x_n)$ 为母式,表示一个不含任何量词的谓词公式。

任何一个谓词公式都可以化为与其对应的前束范式。

(2)Skolem 范式。

定义 3.6 如果前束范式中所有的存在量词都位于全称量词之前,则称这种形式的谓词公式为 Skolem 范式。

同样,任何一个谓词公式都可以化为与其对应的 Skolem 范式。

3.1.3.5 置换与合一

在不同的谓词公式中,难免会出现谓词名称相同但其个体不同的情况,这时候不能直接对推理过程进行匹配,而需要首先进行置换。

例如,根据全称固化推理和假言推理,由谓词公式 $W_1(A)$ 和 $(\forall x)(W_1(x)\rightarrow W_2(x))$ 可以推出 $W_2(A)$。

对于谓词 $W_1(A)$ 可以看作是由全称固化推理(即 $(\forall x)(W_1(x)\rightarrow W_2(x))$)推出的,其中 A 是任意个体常量。如果使用假言推理,首先需要找到项 A 对变元 x 的置换,使 $W_1(A)$ 与 $W_1(x)$ 一致。这种寻找项对变元的置换,使谓词一致的过程叫作合一的过程。

下面对置换与合一的有关概念和方法进行介绍。

(1)置换。置换又称为替换或代换。可以将置换简单地理解为:一个谓词公式中用置换项去替换变量。它的目的是在若干个看起来个体变量完全不相同的子句中,通过置换手段使不同子句变量表达符号一致,从而便于找到消解式,便于归结求解的进行。

定义 3.7 置换是形如$\left\{\frac{t_1}{x_1},\frac{t_2}{x_2},\cdots,\frac{t_n}{x_n}\right\}$的有限集合。其中,$t_1,t_2,\cdots,t_n$是项 $x_1,x_2,\cdots,x_n$ 互不相同的变元;$\frac{t_i}{x_i}$表示用 t_i 替换 x_i 且两者不能相同,x_i 不能循环地出现在另一个 t_i 中。

定义 3.8 设 $\theta=\left\{\frac{t_1}{x_1},\frac{t_2}{x_2},\cdots,\frac{t_n}{x_n}\right\}$是一个置换,$F$ 是一个谓词公式,当把公式 F 中出现的所有 x_1 都换成 $t_i(i=1,2,\cdots,n)$,就会得到一个新的公式 G,可以记为 $G=F\theta$,称 G 为 F 在置换 θ 下的例示。

一个谓词公式的任何例示都是该公式的逻辑结论。

定义 3.9 设

$$\theta=\left\{\frac{t_1}{x_1},\frac{t_2}{x_2},\cdots,\frac{t_n}{x_n}\right\}$$

$$\lambda=\left\{\frac{u_1}{y_1},\frac{u_2}{y_2},\cdots,\frac{u_n}{y_m}\right\}$$

是两个置换,则 θ 与 λ 的合成也是一个置换,可以记为 $\theta\circ\lambda$。它是从集合

$$\left\{t_1\frac{\lambda}{x_1},t_2\frac{\lambda}{x_2},\cdots,t_n\frac{\lambda}{x_n},\frac{u_1}{y_1},\frac{u_2}{y_2},\cdots,\frac{u_m}{y_m}\right\}$$

中删掉以下两种元素:

①当 $t_i\lambda=x_i$ 时,删掉 $t_i\frac{\lambda}{x_i}(i=1,2,\cdots,n)$;

②当 $y_i\in\{x_1,x_2,\cdots,x_n\}$时,删掉$\frac{u_j}{y_j}(j=1,2,\cdots,m)$,

最后剩下的元素所构成的集合。

(2)合一。可以将合一理解为:寻找项对变量的置换,使两个谓词公式一致。

定义 3.10 设有公式集 $F=\{F_1,F_2,\cdots,F_n\}$,如果存在一个置换 λ,可以使

$$F_1\lambda=F_2\lambda=\cdots=F_n\lambda$$

那么,称 λ 是 F 的一个合一,并且,称 $F_1,F_2,\cdots,F_n$ 是可合一的。

定义 3.11 设 σ 是公式集 F 的一个合一,如果对于 F 的任何一个合一 θ 都存在一个置换 λ 满足 $\theta=\sigma\circ\lambda$,那么可以称 σ 是一个最一般的合一。

需要注意的是,一个公式集的最一般的合一是唯一的。如果用最一般

合一去置换那些可合一的谓词公式或子句,可以使它们变成完全一致的形式。由此可见,为了使两个知识模式完成匹配,可以用最一般合一对它们进行替换。这里不再介绍如何求取最一般合一的问题。

3.2　确定性推理方法

3.2.1　自然演绎推理

自然逻辑推理是指从一组已知事实为真的事实出发,直接运用经典逻辑的推理规则推出结论的过程。其中,基本的推理规则是 P 规则、T 规则、假言推理、拒取式推理等。

前面已经提到,假言推理的一般形式为

$$P, P \rightarrow Q \Rightarrow Q$$

它表示:由 $P \rightarrow Q$ 及 P 是真的,可以推出 Q 是真的。例如,"如果 x 是金属,则 x 能导电"及"铁是金属",那么就可以推出"铁可以导电"的结论。

拒取式推理的一般形式为

$$P \rightarrow Q, \neg Q \Rightarrow \neg P$$

它表示:由 $P \rightarrow Q$ 是真的,Q 是假的,可以推出 P 是假的。例如,"如果下雨,地面会湿"及"地面没有湿",那么就可以推出"没有下雨"的结论。

需要注意的是,应当避免如下两类错误:

(1)肯定后件(Q)的错误。肯定后件,就是指当 $P \rightarrow Q$ 为真时,希望通过肯定后件 Q 为真来推出前件 P 为真,这是不允许的。

(2)否定前件(P)的错误。否定前件,就是指当 $P \rightarrow Q$ 为真时,希望通过否定前件 P 来推出后件 Q 为假,这也是不允许的。

例 3.1　已知以下事实:

(1)凡是容易的课程小张(Zhang)都喜欢;

(2)C 班的课程都非常容易;

(3)D_s 是 C 班的一门课程。

求证:小张喜欢 D_s 这门课程。

证明:首先需要定义谓词:

EASY(x):x 是容易的;LIKE(x,y):x 喜欢 y;C(x):x 是 C 班的一门课程。

使用谓词公式把上述已知事实及待求证的问题用谓词公式表示出来,

具体如下：

(1)凡是容易的课程小张(Zhang)都喜欢，可表示为：EASY(x)→LIKE(Zhang，y)。

(2)C 班的课程都非常容易，可表示为：$(\forall x)(C(x)\rightarrow \mathrm{EASY}(x))$。

(3)D_s 是 C 班的一门课程，可表示为：$C(D_s)$。

小张喜欢 D_s 这门课程(待求证问题)，可表示为：LIKE(Zhang，D_s)。

应用推理规则进行推理，可得

$$(\forall x)(C(x)\rightarrow \mathrm{EASY}(x))$$

则通过全称固化，可得

$$C(y)\rightarrow \mathrm{EASY}(y)$$

再利用 P 规则和假言推理，可得

$$C(D_s),C(y)\rightarrow \mathrm{EASY}(y)\Rightarrow \mathrm{EASY}(D_s)$$

最后，通过 T 规则和假言推理，可得

$$\mathrm{EASY}(D_s),\mathrm{EASY}(x)\rightarrow \mathrm{LIKE}(\mathrm{Zhang},y)\Rightarrow \mathrm{LIKE}(\mathrm{Zhang},D_s)$$

从而得出小张喜欢 D_s 这门课程。

自然演绎推理具有如下优点：表达定理证明过程自然，容易理解，并且其推理规则丰富，推理过程灵活，便于在推理规则中嵌入领域启发式知识；不足之处在于：容易产生组合爆炸，推理过程中得到的中间结论的数量可能呈指数形式递增，这非常不利于一个大的复杂问题的推理求解。

3.2.2 归结演绎推理

自动定理证明是人工智能的一个重要研究领域，其实质是对已知前提 P 和待证结论 Q 证明 $P\rightarrow Q$ 的永真性。但实际上，要想证明一个谓词公式的永真性是非常困难的，甚至在有些情况下是不可能的。研究发现，可以应用反证法的思想将关于永真性的证明转化为不可满足性的证明，也就是说，要想证明 $P\rightarrow Q$ 的永真性，只要证明 $P\wedge \neg Q$ 是不可满足的就可以了。海伯伦(Herbrand)和鲁宾逊(Robinson)对于不可满足性的证明都先后进行了研究，并取得一定成效，提出了相应的理论和方法。海伯伦的定理和鲁宾逊的归结原理都是以子句集为背景开展研究的。

3.2.2.1 子句集

在谓词逻辑中，把原子谓词公式及其否定统称为文字。

定义 3.12 任何文字的析取式称为子句。

例如，$P\vee 0$、$\neg P(x,f(x),y)\vee Q(y)\vee R(f(x))$都是子句。

定义 3.13 不包含任何文字的子句称为空子句,表示为 NIL。

需要注意的是,空子句是永假的,不可满足的,因为它不包含有文字,不能被任何解释满足。

定义 3.14 由子句或空子句所构成的集合称为子句集。

在谓词逻辑中,任何一个谓词公式都可以化成一个子句集。下面介绍其具体步骤。

(1)消去连接词。反复使用等价公式

$$P \to Q \Leftrightarrow \neg P \vee Q \text{ 和 } P \leftrightarrow Q \Leftrightarrow (P \wedge Q) \vee (VP \wedge \neg Q)$$

消去谓词公式中的连接词→和↔。

例如,公式

$$(\forall x)((\forall y)P(x,y) \to \neg(\forall y)(Q(x,y) \to R(x,y)))$$

经过等价变换后为

$$(\forall x)(\neg(\forall y)P(x,y) \vee \neg(\forall y)(\neg Q(x,y) \vee R(x,y))) \quad (3\text{-}1)$$

(2)减少否定符号的辖域。反复使用双重否定律

$$\neg(\neg P) \Leftrightarrow P$$

摩根定律

$$\neg(P \vee Q) \Leftrightarrow \neg P \wedge \neg Q$$

$$\neg(P \wedge Q) \Leftrightarrow \neg P \vee \neg Q,$$

量词转换律

$$\neg(\exists x)P \Leftrightarrow (\forall x)(\neg P)$$

$$\neg(\forall x)P \Leftrightarrow (\exists x)(\neg P)$$

将每个否定符号"¬"移到仅靠谓词的位置上,使得每个否定符号最多只作用于一个谓词。

例如,式(3-1)经过变换后为

$$(\forall x)((\exists y)\neg P(x,y) \vee (\exists y)(Q(x,y) \wedge \neg R(x,y))) \quad (3\text{-}2)$$

(3)对变元标准化。在一个量词的辖域内,把谓词公式中受该量词约束的变元全部用另外一个没有出现过的任意变元代替,使不同量词约束的变元有不同的名字。

例如,式(3-2)经过变换后为

$$(\forall x)((\exists y)\neg P(x,y) \vee (\exists z)(Q(x,z) \wedge \neg R(x,z))) \quad (3\text{-}3)$$

(4)化为前束范式。把所有量词都移到公式的左边,并且在移动时不能改变其相对顺序。由于上一步中已经对变元进行了标准化,每个量词都有自己的变元,从而消除了任何由变元引起冲突的可能,因此,这种移动是可行的。

例如,式(3-3)化为前束范式后为

$$(\forall x)(\exists y)(\exists z)(\neg P(x,y) \vee (Q(x,z) \wedge \neg R(x,z))) \quad (3\text{-}4)$$

(5)消去存在量词。一般情况下,存在两种情况:

①若存在量词不出现在全称量词的辖域内(也就是说它的左边没有全称量词),只需要用一个新的个体常量替换该存在量词约束的变元,就可以消去该存在量词。(因为若原公式为真,则总能找到一个个体常量,替换后仍使公式为真)

②若存在量词位于一个或多个全称量词的辖域内,例如:

$$(\forall x_1)\cdots(\forall x_n)(\exists y)P(x_1,x_2,\cdots,x_n,y)$$

就需要用 Skolem 函数 $f(x_1,x_2,\cdots,x_n)$ 来替换受该存在量词约束的变元 y,然后再消去该存在量词。

例如,式(3-4)中存在量词$(\exists y)$、$(\exists z)$都位于$(\forall x)$的辖域内,所以,都需要用 Skolem 函数替换。假设替换 y 和 z 的 Skolem 函数分别为 $f(x)$ 和 $g(x)$,那么替换后就会得到

$$(\forall x)(\neg P(x,f(x)) \vee (Q(x,g(x)) \wedge \neg R(x,g(x)))) \quad (3\text{-}5)$$

(6)把全称量词全部移到公式的左边。如果在公式内部有全称量词,则需要将它们都移到公式的左边。式(3-5)中由于只有一个全称量词,且已经位于公式的左边,所以,这里可省去此步骤。

(7)化为 Skolem 标准形。Skolem 标准形的一般形式为

$$(\forall x_1)\cdots(\forall x_n)M(x_1,x_2,\cdots,x_n)$$

式中,$M(x_1,x_2,\cdots,x_n)$是 Skolem 标准形的母式,它是由子句的合取所构成的。

标准化过程需要用到下述定价关系:

$$P \vee (Q \wedge R) \Leftrightarrow (P \vee Q) \wedge (P \vee R)$$

例如,式(3-5)化为 Skolem 标准形后为

$$(\forall x)(\neg P(x,f(x)) \vee Q(x,g(x)) \wedge (\neg P(x,f(x)) \vee \neg R(x,g(x)))) \quad (3\text{-}6)$$

(8)消去全称量词。由于母式中全部变元都受到全称量词的约束,并且全称量词的次序已经无关紧要,这时可省掉全称量词。对于剩下的母式,仍然假设其变元是被全称量词量化的。

例如,式(3-6)消去全称量词后为

$$(\neg P(x,f(x)) \vee Q(x,g(x)) \wedge (\neg P(x,f(x)) \vee \neg R(x,g(x)))) \quad (3\text{-}7)$$

(9)消去合取词。在母式中消去合取词,把母式用子句集的形式表示出来。其中,子句集中的每一个元素都是一个子句。

例如，式(3-7)的子句集中包含以下两个子句：

$$\neg P(x,f(x)) \vee Q(x,g(x)) \tag{3-8}$$

$$\neg P(x,f(x)) \vee \neg R(x,g(x)) \tag{3-9}$$

(10)更换变量名称。对子句集中的某些变量重新命名，使任何两个子句中都没有相同的变量名存在。由于每一个子句都对应着母式中的一个合取元，并且所有变元均由全称量词量化，因此，实际上在两个不同子句的变量之间并不存在任何关系。由此，变量名称的更换并不会对公式的真值产生影响。

例如，式(3-8)和式(3-9)中，可以把第二个子句中的变元名 x 更换为 y，这时候可得到如下子句集：

$$\neg P(x,f(x)) \vee Q(x,g(x)) \tag{3-10}$$

$$\neg P(y,f(y)) \vee \neg R(y,g(y)) \tag{3-11}$$

以上便是将谓词公式化成子句集的全过程。

在使用归结原理进行推理时，总是首先将谓词公式集化为子句集，如果谓词公式是不可满足的，那么其子句集一定也是不可满足的；反之亦然。可以证明，用子句集表示公式是一个完备的一般形式。

在上述的简化过程中，化简后的标准子句集并非唯一的，这主要是因为在消去存在量词时可以使用不同的 Skolem 函数。

通过上述分析，可得出以下结论：当原谓词公式为非永假时，它与其标准子句集并不等价；但是，当原谓词公式为永假(或不可满足)时，其标准子句集一定是永假的，即 Skolem 化并不影响谓词公式的永假性。这个结论是归结原理的重要依据，可以用定理的形式来描述，其具有重要意义。

定理 3.1 设有谓词公式 F，其标准子句集为 S，则 F 是不可满足的充要条件为 S 是不可满足的。

证明：为了证明该定理，首先需要作如下说明。

为了便于讨论，这里假设给定的谓词公式 F 已经为前束形

$$(Q_1x_1)\cdots(Q_rx_r)\cdots(Q_nx_n)M(x_1,x_2,\cdots,x_n)$$

其中，$M(x_1,x_2,\cdots,x_n)$已化为合取范式。由于将 F 化为这种前束形是一种很容易实现的等价运算，因此，这种假设是可以的。

又假设(Q_rx_r)是第一个出现的存在量词$(\exists x_r)$，即 F 为

$$F=(x_1)\cdots(x_{r-1})(\exists x)(Q_{r+1}x_{r+1})\cdots(Q_nx_n)$$
$$M(x_1,\cdots,x_{r-1},x_r,x_{r+1},\cdots,x_n)$$

为了把 F 化为 Skolem 形，需要先消去这个$(\exists x_r)$，并引入 Skolem 函数，这时有

$$F_1=(x_1)\cdots(x_{r-1})(Q_{r+1}x_{r+1})\cdots(Q_nx_n)$$
$$M(x_1,\cdots,x_{r-1},x_r,x_{r+1},\cdots,x_n)$$

如果能够证明

$$F\text{ 不可满足}\Leftrightarrow F_1\text{ 不可满足}$$

那么,同理就可以证明:

$$F_1\text{ 不可满足}\Leftrightarrow F_2\text{ 不可满足}$$

不断重复,直到能够证明:

$$F_{m-1}\text{ 不可满足}\Leftrightarrow F_m\text{ 不可满足}$$

为止。这时,F_m 已经是 F 的 Skolem 标准形。而 S 只不过是 F_m 的一种集合表示形式。因此会有

$$F_m\text{ 不可满足}\Leftrightarrow S\text{ 不可满足}$$

下面使用反证法进行证明:

$$F\text{ 不可满足}\Leftrightarrow F_1\text{ 不可满足}$$

充分性。已知 F 不可满足,假设 F_1 可满足,那么就会存在这样一个解释 I 能够使 F_1 在解释 I 下为真。也就是对任意 $x_1,\cdots,x_{r-1}$ 在 I 的设定下都有一个 $f(x_1,\cdots,x_{r-1})$ 使

$$(Q_{r+1}x_{r+1})\cdots(Q_nx_n)M(x_1,\cdots,x_{r-1},f(x_1,\cdots,x_{r-1}),x_{r+1},\cdots,x_n)$$

为真。即在 I 下有

$$(\forall x_1)\cdots(\forall x_{r-1})(\exists x_r)(Q_{r+1}x_{r+1})\cdots(Q_nx_n)$$
$$M(x_1,\cdots,x_{r-1},x_r,x_{r+1},\cdots,x_n)$$

为真,即 F 在 I 下为真。但这与前提 F 是不可满足的是相矛盾的,因此,假设 F_1 可满足是不成立的,从而得出"若 F 不可满足,则必有 F_1 不可满足"。

必要性。已知 F_1 不可满足,假设 F 可满足。那么就会存在这样一个解释 I 能够使 F 在解释 I 下为真。也就是对任意 $x_1,\cdots,x_{r-1}$ 在 I 的设定下都有一个 x_r 使

$$(Q_{r+1}x_{r+1})\cdots(Q_nx_n)M(x_1,\cdots,x_{r-1},x_r,x_{r+1},\cdots,x_n)$$

为真。若扩充 I,使它包含一个函数 $f(x_1,\cdots,x_{r-1})$,并且有 $x_r=f(x_1,\cdots,x_{r-1})$,这样,就可以把所有的 $f(x_1,\cdots,x_{r-1})$ 映射到 x_r,从而得到一个新的解释 I',并且在这个新解释下对任意的 $x_1,\cdots,x_{r-1}$ 都有

$$(Q_{r+1}x_{r+1})\cdots(Q_nx_n)M(x_1,\cdots,x_{r-1},f(x_1,\cdots,x_{r-1}),x_{r+1},\cdots,x_n)$$

为真,也就是在 I' 下有

$$(\forall x_1)\cdots(\forall x_{r-1})(Q_{r+1}x_{r+1})\cdots(Q_nx_n)$$
$$M(x_1,\cdots,x_{r-1},f(x_1,\cdots,x_{r-1}),x_{r+1},\cdots,x_n)$$

为真。这就说明了 F_1 在 I' 下为真。但同样,这与前提 F_1 是不可满足的相矛盾,因此,假设 F 可满足是不成立的,从而得出"若 F_1 不可满足,则必有 F 不可满足"。

证毕。

通过定理 3.1 可知，如果要证明一个谓词公式是不可满足的，只要证明其相应的标准子句集是不可满足的就可以了。而该如何证明一个子句集的不可满足性，通过下面的 Herbrand(海伯伦)定理和 Robinson(鲁宾逊)归结原理来解决即可。

3.2.2.2　Herbrand(海伯伦)定理

关于不可满足性的证明，对于一个谓词公式来说是很困难的。主要原因就在于个体变量论域 D 的任意性，以及解释的个数的无限性。例如：

$P(x)$：代表 x 是偶数。

若 x 的论域为 $D=\{2,4,6,8\}$，则 P 是永真式，是可以满足的；

若 x 的论域为 $D=\{1,3,5,7\}$，则 P 是永假式，是不可满足的；

若 x 的论域为 $D=\{1,2,5,8\}$，则 P 的真值与其论域 D 上的解释相关。

(1)H 域。海伯伦证明，对于一个具体的谓词公式若存在一个比较简单的特殊论域，使得只要在这个论域上该公式是不可满足的，便能保证该公式在任一论域上都是不可满足的。这是一个非常重要的性质，而所要建立的 Herbrand 域(简称 H 域)就具有这样的性质。

定义 3.15(H 域)　假设 G 为谓词公式，定义在论域 D 上，令 H_0 是 G 中所出现的所有常量的集合。如果 G 中没有常量出现，就任取常量 $a\in D$，并规定 $H_0=\{a\}$；令

$$H_i=H_{i-1}\cup\{\text{所有形如 } f(t_1,\cdots,t_n) \text{ 的元素}\}$$

式中，$f(t_1,\cdots,t_n)$是出现于 G 中的任意一个函数符号，而 $t_1,\cdots,t_n$ 是 H_{i-1} 的元素，$i=1,2,\cdots$。

规定 H_∞ 为 G 的 H 域，或者说，是相应的子句集 S 的 H 域。

很容易能够看出，H 域是直接依赖于 G 的最多只有可数个元素。

例 3.2　求下列子句集的 H 域。

(1)$S=\{P(x)\vee Q(x),R(f(y))\}$；

(2)$S=\{P(a),Q(f(x)),R(g(y))\}$；

(3)$S=\{P(x),Q(y)\vee R(y)\}$。

解：(1)根据 H 域的定义，由于该例中没有个体常量，可以在子句集 S 的论域中任意指定一个常量 a 作为个体常量，由此可得

$$H_0=\{a\}$$

$$H_1=\{a,f(a)\}$$

$$H_2=\{a,f(a),f(f(a))\}$$

$$H_3=\{a,f(a),f(f(a)),f(f(f(a)))\}$$

$$\cdots$$

$$H_\infty = \{a, f(a), f(f(a)), f(f(f(a))), \cdots\}$$

(2)根据H域的定义,可得

$$H_0 = \{a\}$$

$$H_1 = \{a, f(a), g(a)\}$$

$$H_2 = \{a, f(a), g(a), f(a(a)), g(f(a)), f(f(a)), g(g(a))\}$$

$$\cdots$$

$$H_\infty = \{a, f(a), g(a), f(a(a)), g(f(a)), f(f(a)), g(g(a)), \cdots\}$$

(3)该子集没有个体常量,也无复合谓词,这时可在子句集S的论域中任意指定一个常量a作为个体常量,从而得到

$$H_0 = H_1 = \cdots H_\infty = \{a\}$$

也就是说,其H域为常量$\{a\}$。

在子句集S中,如果用H域中的元素替换S的变元,那么得到的子句就称为基子句,基子句的集合则称为基子句集,又称为S的基例集;其中的谓词称为基原子,基原子的集合称为原子集。

显然,每一个基子句连同其真值指派都是子句集S在H域中的一个解释。

定义3.16 如果子句集S的原子集为A,那么对于A中各元素的真假值的一个具体设定就是S的一个H域解释。

由子句集S建立H域、原子集A,对S在一般论域D上为真的解释I进行讨论,可以依赖于在H域上的某个解释I^*来实现。也就是说,子句集S在D上的不可满足问题转化成为在H域上的不可满足问题。由于所有的解释可以代表全部的情况,通过穷举,能够解决问题。因此,对于所有的解释,全是假才可以判定。以下定理保证了归结法的正确性。

定理3.2 设I是S的论域D上的解释,存在对应于I的H域解释I^*,使得若存在$S|I=T$,则必定存在$S|I^*=T$。

定理3.3 子句集S是不可满足的,当且仅当所有的S的H域中的所有解释为假。

定理3.4 子句集S是不可满足的,当且仅当对每一个解释I下,至少有S的某个子句的某个基例为假。

例3.3 $S=\{P(x), Q(y, f(y, a))\}$的$I^*$解释。

解:

$$H = \{a, f(a,a), f(a, f(a,a)), f(f(a,a),a), f(f(a,a), f(a,a))\cdots\}$$

$$A = \{P(a), Q(a,a), P(f(a,a)), Q(a, f(a,a)), Q(f(a,a),a), Q(f(a,a), f(a,a))\cdots\}$$

设论域 $D=\{1,2\}$，解释 I 作如下设定：

a	$f(1,1)$	$f(1,2)$	$f(2,1)$	$f(2,2)$	$P(1)$	$P(2)$	$Q(1,1)$	$Q(1,2)$	$Q(2,1)$	$Q(2,2)$
2	1	2	2	1	T	T	F	T	T	F

因此，会有 $x=1,y=1;x=1,y=2;x=2,y=1;x=2,y=2$。

$$S|I=P(1)\wedge Q(1,f(1,2))\wedge P(1)\wedge Q(2,f(2,1))\wedge P(2)\wedge Q(1,f(1,2))\wedge P(2)\wedge Q(2,f(2,2))=\mathrm{T}$$

可以按照下列方法来选取相应的 I^*。

$$a\to 2$$
$$f(a,a)\to f(2,2)\to 1$$
$$f(a,f(a,a))\to f(2,1)\to 2$$
$$f(f(a,a),a)\to f(f(2,2),2)\to f(1,2)\to 2$$
$$f(f(a,a),f(a,a))\to f(1,1)\to 1$$
$$\cdots$$
$$P(a)\to P(2)\to \mathrm{T}$$
$$Q(a,a)\to Q(2,2)\to \mathrm{F}$$
$$P(f(a,a))\to P(1)\to \mathrm{T}$$
$$Q(a,f(a,a))\to Q(2,1)\to \mathrm{T}$$
$$Q(f(a,a),a)\to Q(1,2)\to \mathrm{T}$$
$$Q(f(a,a),f(a,a))\to Q(2,2)\to \mathrm{F}$$
$$\cdots$$

于是得到相应的 H 域下的解释 I^* 为

$$I^*=\{P(a),\neg Q(a,a),P(f(a,a)),Q(a,f(a,a)),Q(f(a,a),a),\neg Q(f(a,a),f(a,a)),\cdots\}$$

很明显，有 $S|I^*=\mathrm{T}$。

(2)海伯伦定理。

定理 3.5　设有谓词公式 F，其标准形的子句集为 S，则 F 不可满足的充要条件是 S 不可满足。

该定理表明，假如一个谓词公式是不满足的，其子句集一定也具有不可满足的特点；反之，同样成立。

对于海伯伦定理的一般通俗性解释为：如果一个一阶谓词公式是永真的，那么，该公式的机器定理证明求解计算可以在有限步内实现证明；如果该公式不是永真的，那么，就无法在有限步内实现证明。

在语义树的功能解释中，可以将 S 的全部解释都展现在一个二叉树上(这是一个完全的二叉树)，这样有利于 S 不可满足性问题的讨论，不过这

需要依赖于 S 的 H 域解释和 S 的原子集 A。

例 3.4 画出子句集 $S=\{\neg P(x)\lor Q(x),P(f(y)),\neg Q(f(y))\}$ 相应的语义树。

解:因为

$$H=\{a,f(a),f(f(a)),\cdots\}$$

$$A=\{P(a),Q(a),P(f(a)),Q(f(a)),P(f(f(a))),Q(f(f(a))),\cdots\}$$

可以从 A 出发画出 S 的语义树,而且是无限树。

通过观察 S 的完全语义树可以看到 S 的所有解释,这个树的每个直到叶节点的分支都对应于 S 的一个解释。尤其是对于有限树,如果 N 是叶节点,那么 $I(N)$ 便是 S 的一个解释。通过计算语义树每个分支的 S 值,来实现对于 S 不可满足性的讨论。

在有些情况下,并不需要无限延伸某个分支来确定在相应解释下 S 取假值。例如,当某个分支延伸到节点 N 时,$I(N)$ 已经使 S 的某个字句的某一基例为假,这时就不需要对 N 进行延伸了。这里,可以说 N 是一个失败的节点。

如果在 S 的完全语义树的每个分支上都存在一个失败节点,就可以说它是一个封闭树,也就是 S 的不可满足性⇔S 的语义树是封闭语义树。在图 3-5 中,如果画出完全语义树,那么每个分支上都有失败节点,则它是一个封闭的树,从而可以证明 S 不可满足。

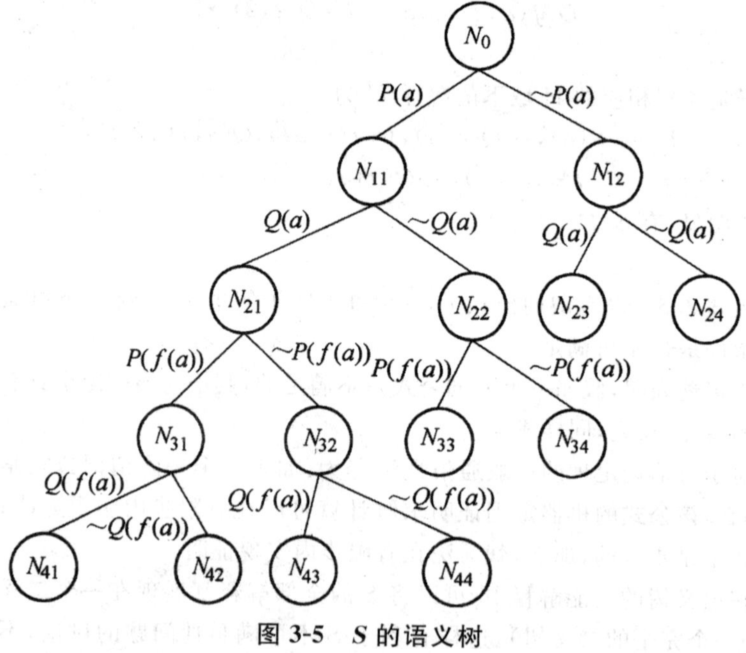

图 3-5 S 的语义树

例如，$I(N_{42})=\{P(a),Q(a),P(f(a)),\neg Q(f(a))\}$，它使得子句集 S 的一个子句 $\neg Q(f(y))$ 的一个基例 $\neg Q(f(a))$ 为假，故子句集 S 为假，因此，N_{42} 为一个失败节点。同样，可以分析得出，在每个分支上都存在失败节点。

因此，Herbrand（海伯伦）定理用于语义解释有：

定理 3.6 子句集 S 是不可满足的，当且仅当对应于 S 的完全语义树都是一个有限的封闭语义树。

定理 3.7 子句集 S 是不可满足的，当且仅当存在不可满足的有限基例集（即存在有限个失败点）。

3.2.2.3 Robinson（鲁宾逊）归结原理

虽然说 Herbrand（海伯伦）定理给出了推理算法，但是这种方法需要逐次生成基例集 $S'_0,S'_1,\cdots$，然后才能检验 S'_i 的不可满足性，通常情况下，这是难以实现的。

例如，

$$S=\{P(x,g(x),y,h(x,y),z,k(x,y,z)),\neg P(u,v,e(v),w,f(v,w),x)\}$$

有

$$H_0=\{a\}$$

$$S'_0=\{P(a,g(a),a,h(a,a),a,k(a,a,a)),\neg P(a,a,e(a),a,f(a,a),a)\}$$

$$H_1=\{a,g(a),h(a,a),k(a,a,a),e(a),f(a,a)\}$$

共包含 6 个元素。

S'_1：对 S 中文字 P 的变量 x、y、z 均可取值于 H_1 的 6 个元素，从而对文字 P 可以构成 6^3 种可能的形式。对文字 $\neg P$ 的变量 u、v、w、x 也可取值于 H_1 的 6 个元素，从而对文字 $\neg P$ 可以构成 6^4 种可能的形式。也就是说，S 有 $6^3+6^4=1512$ 个元素。S'_0,S'_1 是可满足的基例集，必须建立 S'_2。由于变量最多的函数是 $k(x,y,z)$，三个变量都可以取值于 H_1 的 6 个元素，因此，会有：

H_2：元素个数有 6^3 数量级

S'_2：元素个数有 $(6^3)^4$ 数量级

同样，S'_2 是可满足的基例集，还要以同样的方式，继续建立 S'_3、S'_4，直到 S'_5 才是不可满足的。但是，在这时候，S'_5 的元素个数已经达到了 $(10^{6^4})^4$ 的数量级上，已经超出了计算机的处理能力。

以上只是一个十分简单的例子，使用 Herbrand（海伯伦）定理就已经无法处理，也就是说，Herbrand（海伯伦）定理所给的算法尚且不能直接应用。

在这一背景下，1965 年，J. A. Robinson 提出了一种 Herbrand 理论基

础之上的基于逻辑的、采用反证法的推理方法，这就是著名的归结原理，也可称消解原理。它理论上的完备性，使其成为机器定理证明的主要方法。

对于前面所介绍的置换与合一，可将置换简单地理解为在一个在谓词公式中用置换项去置换变量；将合一简单地理解为寻找变量的置换，使两个谓词公式一致。

(1)命题逻辑中的归结原理。

定义 3.17 若 P 是原子谓词公式或原子命题，那么称 P 与 $\neg P$ 为互补文字。

定义 3.18 设 C_1 与 C_2 为子句集中的任意两个子句，若 C_1 中的文字 L_1 与 C_2 中的文字 L_2 互补，则从 C_1 和 C_2 中分别可以消去 L_1 和 L_2，并将两个子句中余下的部分做析取构成一个新的子句 C_{12}，这个过程就称作归结；所得到的子句 C_{12} 称为 C_1 和 C_2 的归结式，而 C_1 和 C_2 为 C_{12} 的亲本子句。

例 3.5 $S=\{C_1,C_2\}$：$S=\{P(x)\vee Q(x),\neg P(a)\vee R(y)\}$，求 C_1、C_2 的归结式。

解：$L_1=P(x)$，$L_2=\neg P(a)$，那么，L_1 与 L_2 的最一般合一(MGU)：

$$\delta=\left\{\frac{a}{x}\right\}$$

$$\begin{aligned}\{C_1\delta-L_1\delta\}\cup\{C_2\delta-L_2\delta\}&=\{P(a)\vee Q(a)\}-\{P(a)\}\cup\\&\quad\{\neg P(a)\vee R(y)\}-\{\neg P(a)\}\\&=\{Q(a)\vee R(y)\}\end{aligned}$$

即

$$R(C_1,C_2)=Q(a)\vee R(y)$$

定理 3.8 归结式 C_{12} 是亲本子句 C_1 和 C_2 的逻辑结论。

推论 3.1 设 C_1 和 C_2 是子句集 S 上的子句，C_{12} 是 C_1 和 C_2 的归结式。如果把 C_{12} 加入子句集 S 后得到新子句集 S_1，那么 S_1 和 S 在不可满足的意义下是等价的，也就是说

$$S\text{ 是不可满足的}\Leftrightarrow S_1\text{ 是不可满足的}$$

根据上述定理，有归结推理，故子句集 S 不可满足性的推理过程具体如下：

①对于子句集 S 的各子句间使用归结推理规则。

②将归结所得的归结式放入子句集 S 中，得到新的子句集 S'。

③检查子句集 S' 中是否有空子句(NIL)，如果有，则停止推理；否则，继续进行④。

④置 $S=S'$，转步骤①。

(2)一阶谓词逻辑中的归结原理。

定义 3.19 设 C_1 与 C_2 是两个不存在相同变元的子句，L_1 和 L_2 分别为 C_1 与 C_2 的文字，如果 L_1 与 $\neg L_2$ 有最一般合一 δ，则把

$$C_{12}=(C_1\delta-\{L_1\delta\})\cup(C_2\delta-\{L_2\delta\})$$

称为子句 C_1 与 C_2 的一个二元归结式，而 L_1 和 L_2 是被归结的文字。

为了便于说明，可以将 $C_i\delta$ 和 $L_i\delta$ 写成集合的形式，然后再写成子句形式。

根据上述定理 3.8，可知：谓词逻辑中的归结式是它的亲本子句的逻辑结果，即

$$C_1\wedge C_2\Rightarrow(C_1\delta-\{L_1\delta\})\cup(C_2\delta-\{L_2\delta\})$$

这就是谓词逻辑的归结原理。

3.2.2.4 归结演绎推理的归结策略

(1)删除策略。

定义 3.20(归类) 假设有两个子句 C 和 D，若有置换 σ 使得 $C\sigma\subset D$ 成立，那么，称子句 C 把子句 D 归类。

对上述定义的通俗理解为，小集合可以代表大集合，故可用小的吃掉大的。

归结过程在寻找可归结子句时，子句集中的子句数量与所付出的代价是成正比的。如果能删掉其中一些无用的子句，就会缩小搜索的范围，减少比较的次数，从而使归结效率提高。这是删除策略的主要思路。

对阻止不必要的归结式的产生，从而缩短归结过程而言，删除策略是非常有效的。但是，只有在归结式 C_j 产生后才能判别是否可以将其删除，可见，这部分还是要花费一定的计算量，所节省的只是被删除的子句又生成的归结式。不过，删除策略的使用并不影响空子句的产生，所以说，它的归结推理是完备的。

所谓归结推理的完备，是指采用归结策略进行的归结过程没有破坏归结法的完备性。这里需要指出的是，不能归结的谓词公式都可以采用删除策略来进行处理，从而加快归结的速度。这主要是由于该谓词公式中如果没有可删除的子句是无法使用删除策略的。

例如，$P(x)$类含有 $P(a)\vee Q(y)$，取 $\theta=\{a/x\}$，或者说 $P(x)$把 $P(a)\vee Q(y)$归类；又如，$P(a,x)\vee P(y,b)$类含有 $P(a,b)$，取 $\theta=\{b/x,a/y\}$。

对于纯文字，即在子句集中无补的文字。如下列子句集：

$\{P(x)\vee Q(x,y)\vee R(x),\neg P(a)\vee Q(u,v)\}$中的文字 $R(x)$就是一个纯文字。

在归结的过程中删除以下子句：

①含有纯文字的子句。这主要是因为在归结的过程中纯文字是永远都不会消失的，如果用包含它的子句进行归结不可能得到空子句。

②含有永真式的子句。这主要是因为永真式对子句集的不可满足性不能起到任何作用。

③子句集中被别的子句类含的子句。这主要是因为被类含的子句是类含它的子句的逻辑蕴含，它是多余的。

例 3.6 利用删除策略对下列子句集进行归结：

①$P \vee Q$；②$\neg P \vee Q$；③$P \vee \neg Q$；④$\neg P \vee \neg Q$。

解：归结如下：

⑤Q，①②归结，它们被子句⑤类含，这时归结在③④⑤之间进行。

⑥$\neg Q$，③④归结。

⑦NIL，⑤⑥归结。

归结完毕。

(2)语义归结策略。

语义归结策略是指按照一定的语义将子句 S 分成两个部分，并约定每个部分内的子句间不可做归结；同时引入文字次序，约定归结时其中的一个子句的被归结文字只能是该子句中的“最大”的文字。

同样，语义归结策略也是完备的。故，所有可归结的谓词公式都可以采用语义归结策略达到最快归结速度的目的。如何寻找合适的语义分类方法并根据其含义将子句集两个部分中的子句进行排序是问题的关键所在。文字次序的引入在解决这一问题上具有重要意义。

例 3.7 利用语义归结策略对下列子句集进行归结：

$$S=\{\neg P \vee \neg Q \vee R, P \vee R, Q \vee R, \neg R\}$$

解：规定 S 中文字依次出现的顺序为 P,Q,R，再选取 S 的一个解释如下：

$$I=\{\neg P, \neg Q, \neg R\}$$

用它将 S 分成两个部分。在解释 I 下为假的子句放入 S_1' 中，在解释 I 下为真的子句放入 S_2' 中，从而得到

$$S_1'=\{P \vee R, Q \vee R\}$$

$$S_2'=\{\neg P \vee \neg Q \vee R, \neg R\}$$

规定：在 S_1' 内部的子句不允许归结，S_1' 与 S_2' 子句间的归结必须为 S_2' 中的最大文字方可进行。这样所得的归结式仍按解释 I 放入 S_1' 或 S_2'。

归结如下：

①$\neg P \vee \neg Q \vee R$

②$P \vee R$

③$Q \vee R$

④$\neg R$

⑤$\neg Q \vee R$，②①归结，选取 S_1' 的最大文字方向

⑥$\neg P \vee R$，③①归结，选取 S_1' 的最大文字方向

⑦R，②⑥归结

⑧NIL，⑦④归结

归结完毕。

从上述过程中可以看出，归结次数明显减少，①④归结由于是 S_2' 内部子句而被阻止，②④归结由于不是最大文字方向而被阻止。

(3)线性归结策略。

线性归结策略是指在归结过程中除了第一次归结可以使用给定的子句集 S 中子句(即顶子句)外，其后的各次归结至少要有一个亲本子句是上次归结的结果。顶子句的选择对归结效率有直接影响。

例 3.8　使用线性归结策略对下列子句集进行归结：

$$S=\{P \vee Q, \neg P \vee Q, P \vee \neg Q, \neg P \vee \neg Q\}$$

解：选取顶子句 $C_0 = P \vee Q$。

归结如下：

①$P \vee Q$

②$\neg P \vee Q$

③$P \vee \neg Q$

④$\neg P \vee \neg Q$

⑤Q，①②归结

⑥P，⑤③归结

⑦$\neg Q$，⑥④归结

⑧NIL，⑦⑤归结

归结完毕。

(4)单元归结策略。

单元归结是指每次归结都有一个子句是单元(只含有一个文字即原子或其否定)子句或单元的因子时的归结。

通常，两个子句归结式所含文字的个数多于这两个子句的每个所含文字的个数。由于归结过程空子句的产生必须来自两个只有单元文字的子句，如 P 和 $\neg P$，因此，归结式所含文字的个数对于归结效率具有直接的影响。单元归结下的归结式所含文字的个数一定是较长的那个被归结子句所含文字的个数减 1，因此，单元归结具有较高的效率。单元归结策略也是不完备的，例如，S 是不可满足的，但不含单元子句时无法使用单元归结。

例 3.9 使用单元归结策略对下列子句集进行归结：

$$S=\{P\vee Q,\neg P\vee R,\neg Q\vee R,\neg R\}$$

解：归结如下：

①$P\vee Q$

②$\neg P\vee R$

③$\neg Q\vee R$

④$\neg R$

⑤$\neg P$，④②归结

⑥$\neg Q$，④③归结

⑦Q，⑤①归结

⑧P，⑥①归结

⑨R，⑦③归结

⑩NIL，⑦⑥归结

归结完毕。

(5)输入归结策略。

输入归结策略是指每次参加归结的两个亲本子句必须至少有一个子句是初始子句集 S 中的子句。输入归结策略是不完备的。例如，子句集 $S=\{P\vee Q,\neg P\vee Q,P\vee\neg Q,\neg P\vee\neg Q\}$ 是不可满足的，但是无法使用该策略导出空子句。

例 3.10 使用输入归结策略对下列子句集进行归结：

$$S=\{P\vee Q,\neg P\vee R,\neg Q\vee R,\neg R\}$$

解：归结如下：

①$P\vee Q$

②$\neg P\vee R$

③$\neg Q\vee R$

④$\neg R$

⑤$Q\vee R$，①②归结

⑥R，③⑤归结

⑦NIL，④⑥归结

归结完毕。

3.2.2.5 应用归结原理实现定理证明

归结原理给出了证明子句集不可满足的理论基础，它与反证法的基本思想相似。对于给定的一个谓词公式集 F，要想证明它能够推导出目标公式 G，可以应用归结原理进行证明，具体步骤如下：

(1)否定结论 G,得到 $\neg G$。

(2)把前提条件 F 和 $\neg G$ 转化为子句集 S。

(3)应用归结原理,对子句集 S 反复进行归结,如果能够归结出空子句,那么就能够证明子句集 S 的不可满足性,也即 $F \rightarrow G$ 为真。

例 3.11　若 A、B 为两个集合,试着证明 $A \cap B \subseteq A$。

证明:首先写出逻辑描述,建立子句集,然后使用归结推理过程。

交集定义 A_1:

$$(\forall x)(\forall A)(\forall B)(x \in A \wedge x \in B \leftrightarrow x \in A \cap B)$$

相应子句集 S_1:

$\{x \notin A \vee x \notin B \vee x \in A \cap B, x \in A \vee x \notin A \cap B, x \in B \vee x \notin A \cap B\}$

集合从属定义 A_2:

$$(\forall A)(\forall B)(\forall x)(x \in A \rightarrow x \in B) \leftrightarrow A \subseteq B$$

相应子句集 S_2:

$\{x \notin A \vee x \in B \vee A \not\subset B, f(A,B) \in A \vee A \subseteq B, f(A,B) \notin B \vee A \subseteq B\}$

否定结论 $\neg B$:

$$\neg(A)(B)(A \cap B \subseteq A)$$

子句集 $S \neg B$:

$$C \cap D \not\subset C$$

下面使用归结推理进行证明:

①$x \notin A \vee x \notin B \vee x \in A \cap B$

②$x \in A \vee x \notin A \cap B$

③$x \in B \vee x \notin A \cap B$

④$x \notin A \vee x \in B \vee A \not\subset B$

⑤$f(A,B) \in A \vee A \subseteq B$

⑥$f(A,B) \notin B \vee A \subseteq B$

⑦$C \cap D \not\subset C$

⑧$f(C \cap D, C) \in C \cap D$,⑤⑦归结

⑨$f(C \cap D, C) \notin C$,⑥⑦归结

⑩$f(C \cap D, C) \in C$,②⑧归结

⑪NIL,⑨⑩归结

至此,原题得以证明。

3.2.2.6　应用归结原理求解问题的答案

应用归结原理求解问题的基本思想为:将待求解问题的否定表示与一个谓词结论构成析取式,然后进行归结推导。其具体过程如下:

(1)用谓词公式把已知前提条件表示出来，并化成相应的子句集，设该子句集的名字为 S_1。

(2)同样，用谓词公式把待求解的问题表示出来，然后将其否定，并与一谓词 ANSWER 构成析取式。谓词 ANSWER 专为求解问题而设置，其变量应与问题公式的变量保持一致。

(3)将问题公式与谓词 ANSWER 构成的析取式化为子句集，并把该子句集与 S_1 合并构成子句集 S。

(4)应用谓词归结原理，对子句集 S 进行归结，归结过程中通过合一置换能够改变 ANSWER 中的变元。

(5)如果得到归结式 ANSWER，那么就会在 ANSWER 谓词中存在问题的答案。

例 3.12 任何兄弟都有同一个父亲，大明和小明是兄弟，并且大明的父亲是老张，那么，小明的父亲是谁？

解：(1)使用谓词公式将已知条件都表示出来，并化成子句集，在此之前要定义谓词。

设 Father(x,y)表示 x 是 y 的父亲；Brother(x,y)表示 x 和 y 是兄弟。

使用谓词公式把上述已知事实及待求证的问题用谓词公式表示出来，具体如下：

任何兄弟都有同一个父亲，可表示为

$$(x)(y)(z)(\mathrm{Brother}(x,y) \wedge \mathrm{Father}(z,x) \rightarrow \mathrm{Father}(z,y))$$

大明和小明是兄弟可表示为

$$\mathrm{Brother}(\mathrm{Dming},\mathrm{Xming})$$

大明的父亲是老张可表示为

$$\mathrm{Father}(\mathrm{Lzhang},\mathrm{Dming})$$

上述公式转化成子句集可得：

$$S_1=\{\neg \mathrm{Brother}(x,y) \vee \neg \mathrm{Father}(z,x) \vee \mathrm{Father}(z,y),\ \mathrm{Brother}(\mathrm{Dming},\mathrm{Xming}),\ \mathrm{Father}(\mathrm{Lzhang},\mathrm{Dming})\}$$

(2)使用谓词公式将问题表示出来，并将其否定与谓词 ANSWER 作析取。

假设小明的父亲是 u，则有 Father$(u$, Xming)。

将其否定与谓词 ANSWER 作析取得：

$$\neg \mathrm{Father}(u,\mathrm{Xming}) \vee \mathrm{ANSWER}(u)$$

(3)将上述析取式化为子句集 S_2，并将 S_1 和 S_2 合并到 S。

$$S_2=\{\neg \mathrm{Father}(u,\mathrm{Xming}) \vee \mathrm{ANSWER}(u)\}$$

$$S=S_1 \cup S_2$$

现将 S 中各子句列出如下：

①$\neg$ Brother(x,y) $\vee$ $\neg$ Father(z,x) $\vee$ Father(z,y)

②Brother(Dming,Xming)

③Father(Lzhang,Dming)

④$\neg$ Father(u,Xming) $\vee$ ANSWER(u)

(4)应用归结原理，对上述子句进行归结。

⑤ $\neg$ Brother(Dming, y) $\forall$ Father(Lzhang, y)，①③归结{Lzhang/z, Dming/x}

⑥$\neg$ Brother(Dming,Xming) $\vee$ ANSWER(Lzhang)，④⑤归结{Lzhang/u, Xming/y}

⑦ANSWER(Lzhang)，②⑥归结

(5)上一步中已经得到了归结式 ANSWER(Lzhang)，其中包含着问题的答案，所以说 u=Lzhang。从而求得小明的父亲是老张。

3.2.3 基于规则的演绎推理

归结原理也存在着不足之处，在变换成子句集的过程中丢失了原公式中的许多重要语义信息，所保留的仅仅是形式上的一种逻辑关系，这对于应用启发式搜索和人机交互而言是非常不利的。另外，在归结过程中虽然使用了各种归结策略，但组合爆炸仍然是一个十分严重的问题。

基于规则的演绎推理的特别之处就在于，它尽量保持了知识的原始逻辑形态，把领域知识和已知事实分别用规则形式(即蕴含式)以及与或形表示出来，然后通过运用规则进行演绎推理。采用基于规则的演绎推理便于应用人类的推理经验来设计启发函数，且整个推理过程比较直观并便于理解。

基于规则的演绎推理按照使用规则形式及推理方向的不同，可以分为三类：正向演绎推理、反向演绎推理和双向演绎推理。

3.2.3.1 正向演绎推理

正向演绎推理，即从已知的事实出发，正向地多次使用 F-规则进行演绎推理，直到满足终止条件的目标谓词出现为止。在推理前事实和 F-规则均需按照要求的形式进行变换。

(1)事实变换为与或形。事实可以是任意的谓词公式，它不需要变化为子句集形式，而是变换为任意与或形。步骤如下：

①依据蕴含表达式和等值表达式将蕴含词“→”和等值词“↔”消去。

②依据双重否定律、摩根律和量词转换律缩小否定词的作用范围，使其

仅作用于原子公式。

③引入斯柯林函数将存在量词消去。

④将全称量词消去。

⑤变量更名,使主要合取项变量不同。

得到的事实的与或形表示可以用与或图来表示:在正向演绎推理中规定,表达式的析取部分用与节点表示,每一个析取项是它的一个子节点;合取部分用或节点表示,每一个合取项是它的一个子节点。

(2)F-规则的变换方法。F-规则要求是具有如下形式的逻辑蕴含式:

$$L \rightarrow W$$

其中,L 是单一文字,W 是任意与或形谓词公式。对一些复杂规则,如可以将下式

$$L_1 \vee L_2 \vee \cdots \vee L_n \rightarrow W$$

化简为

$$L_1 \rightarrow W, L_2 \rightarrow W, \cdots, L_n \rightarrow W$$

因此,规则中的单一文字限制并不会影响到推理系统的表达能力,但是可以简化应用规则的过程。

对任意谓词公式,变换为 F-规则的步骤如下:

①依据蕴含表达式和等值表达式,将蕴含词"→"和等值词"↔"暂时消去。

②依据双重否定律、摩根定律和量词转换律缩小否定词的作用范围,使否定词仅作用于原子公式。

③引入斯柯林函数将存在量词消去。

④变量改名,与其他公式不同。

⑤恢复蕴含式形式。

(3)目标公式的变换方法。对任意谓词公式,目标公式通过以下步骤进行变换:

①依据蕴含表达式和等值表达式,将蕴含词"→"和等值词"↔"暂时消去。

②依据双重否定律、摩根定律和量词转换律缩小否定词的作用范围,使否定词仅作用于原子公式。

③引入斯柯林函数将存在量词消去。

④将全称量词消去。

⑤变量改名,与其他公式不同。

通过上述步骤可以得到文字的析取式,其中的每个文字称为目标文字。否则,基于规则的正向推理就无法进行。

(4)推理过程。应用 F-规则进行推理的目的在于证明某个目标公式。从已知事实的与或形出发,通过运用 F-规则最终推理出了要证明的目标公式,表明了推理的成功结束。

推理过程如下:

①首先用与或形把已知事实表示出来。

②用 F-规则的左部和与或形的叶节点进行匹配,然后将匹配成功的 F-规则的后件加入到与或树中,增长与或树。

③重复②,直到产生一个含有以目标节点作为终止节点的一致解为止。

按照 F-规则进行事实匹配方法如下:

如果有某 F-规则 $L\rightarrow W$,并且其前件文字 L 恰巧同与或图中的某个叶节点的文字相同,就确定这条规则与该叶节点匹配,可把这条规则后件加入事实与或图中,分解 F-规则后件 W,直到单个文字,同时前件与叶节点匹配时,它们之间画双箭头作为匹配标记。目标文字本身也可以看作一条规则 $G\rightarrow G$ 作用在与或图上。

例 3.13　已知如下事实和规则:

$F_0: \forall x(P(x)\rightarrow(Q(x)\wedge R(x)))$

$F_1: \forall x(P(x)\vee\neg S(x))$

$F_2: \forall x(Q(x)\rightarrow N(x))$

求证:$G: \forall x(\neg S(x)\vee N(x))$。

构造一个正向的演绎推理系统来求解。

证明:首先预处理 F_0 为事实表达式,将公式化成任意与或形前束范式,每个否定词仅管辖一个谓词;用 Skolem 函数去掉存在量词并改名使主合取项之间无相同变量;隐去全称量词。

这时候得到如下事实:

$$F_0': \neg P(x)\vee(Q(x)\wedge R(x))$$

通过暂时消去→,可以将已知事实 F_1 和 F_2 处理成 F-规则的形式;将公式化为前束范式,一个否定词管辖一个谓词;用 Skolem 变换消去存在量词;改变变量名称使其与其他公式不同;恢复蕴含式,得到规则:

$$F_1': \neg P(y)\rightarrow\neg S(y)$$

$$F_2': Q(z)\rightarrow N(z)$$

目标公式 G 的预处理方法恰恰相反,它用 Skolem 变换消去全称量词,然后隐去存在量词,可得

$$G': \neg S(a)\vee N(a)$$

构造一个正向演绎推理系统,其中事实为 F_0',规则为 F_1'、F_2',目标公式为 G'。如图 3-6 表示推理过程。

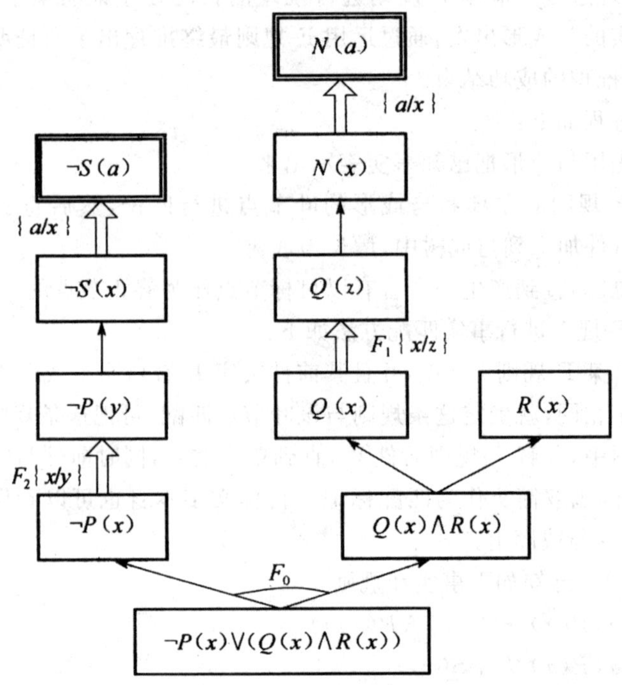

图 3-6 正向推理的过程

图 3-6 中，双线矩形框中的文字表示目标文字，节点称为终止节点，按照事实与或图的逻辑关系，可以得到目标 $\neg S(a) \vee N(a)$ 中的文字作为终止节点的解树。从该推理过程可以看出，匹配的过程需要经过变量替换后才能实现。

3.2.3.2 反向演绎推理

反向演绎推理，即从目标出发，反向地多次使用 B-规则进行演绎推理，直到满足终止条件的初始事实出现为止。在推理前对于目标和 B-规则均需按照要求的形式进行变换。

(1)目标公式变换为与或形。反向演绎推理中目标公式的变换过程大致类似于正向演绎推理中的事实与或形的变换步骤，但任意谓词公式，需要用 Skolem 变换消去全称量词，然后，隐去存在量词；改名时，公式中主要析取项的变量应不相同。

同样，可以用与或图来表示得到的目标公式的与或形：在与或图中，规定与节点代表合取关系，每一个合取项都是它的一个子节点；或节点代表析取关系，每一个析取项是它的一个子节点，图中根节点的任何后裔都称为子目标。

(2)B-规则的变换方法。B-规则是具有如下形式的一个谓词公式：

$$W \to L$$

其中，W 是任意一个与或形谓词公式(其变量都受到全称量词约束)，L 是一个单一文字。如果规则后件为多个单文字的合取时，如

$$W \to L_1 \wedge L_2 \wedge \cdots \wedge L_n$$

可以将转换为 n 个单文字后件的 B-规则，即

$$W \to L_1, W \to L_2, \cdots, W \to L_n$$

如果后件是文字的合取，如

$$W \to L_1 \vee L_2$$

可以转换为

$$W \wedge \neg L_1 \to L_2 \text{ 或 } W \wedge \neg L_2 \to L_1$$

B-规则的变换方法类似于 F-规则标准化过程，也是通过去掉蕴含符号；缩小否定符号辖域；引入 Skolem 函数，使变量标准化；变为前束范式并隐去全称量词；最后恢复蕴含而变换成标准 B-规则。

(3)已知事实的表示形式。反向演绎推理中，要求已知事实是文字的合取式，即形如：

$$F_1 \wedge F_2 \wedge \cdots \wedge F_n$$

在问题求解过程中，每个 $F_i(i=1,2,\cdots,n)$ 都能单独起作用，故，可将上式表示成事实的集合：

$$\{F_1, F_2, \cdots, F_n\}$$

(4)推理过程。基于 B-规则的反向推理基本过程如下：

①将目标公式化为标准与或形，画出相应的目标与或树。

②把所有推理规则变换为标准的 B-规则。

③按先事实、后规则的顺序，对于目标与或图，若找到事实匹配，作相应标记；若找到 B-规则匹配，则把此 B-规则添加到目标与或图中，作相应的匹配标记。

④检查目标与或图，如果所有叶节点都匹配到事实文字，则目标公式得到证明。

在③中，如果表示目标谓词的公式与或图中有一节点 L'，且与 B-规则 $W \to L$ 中的 L 可合一，则可将规则 $W \to L$ 作用在该与或树上。其结果是在与或树上从 L' 引出一个匹配弧，连接一个以 L 为根、表示 $W\sigma$ 的与或图，并将 σ 标注在匹配弧旁。当与或树的一致解树的各个叶节点都终止在事实节点时，表明了推理过程的成功完成。

例 3.14 已知如下事实和规则：

F_1:$DOG(FIDO)$,FIDO 是一只狗

F_2:$\neg BRAKS(FIDO)$,FIDO 不吠叫

F_3:$WAGS\text{-}TAIL(FIDO)$,FIDO 摇尾巴

F_4:$MEOWS(MYRTLE)$,MYRTLE 喵喵叫

已知规则:

R_1:$WAGS\text{-}TAIL(x_1) \wedge DOG(x_1) \to FRIENDLY(x_1)$,摇尾巴的狗是友好的

R_2:$FRIENDLY(x_2) \wedge \neg BARKS(x_2) \to \neg AFRAID(y_2, x_2)$,凡是不吠叫的友好的东西都不可怕

R_3:$DOG(x_3) \to ANIMAL(x_3)$,狗是动物

R_4:$CAT(x_4) \to ANIMAL(x_4)$,猫是动物

R_5:$MEOWS(x_5) \to CAT(x_5)$,会喵喵叫的是猫

构造反向演绎推理系统证明:存在猫不怕狗的现象,即

$$\exists x \exists y(CAT(x) \wedge DOG(y) \wedge \neg AFRAID(x, y))$$

证明:如图 3-7 表示了反向推理的过程。

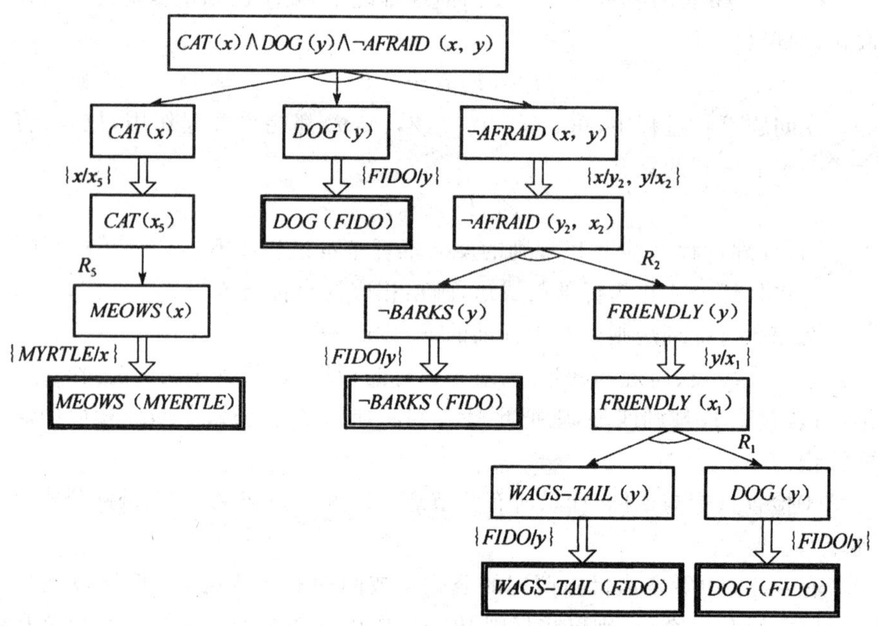

图 3-7　反向推理的过程

图 3-7 中,双线框表示事实节点。为了证实这个解树是一致的,需要计算所有代换

$$\{\{x/x_5\},\{MYRTLE/x\},\{FIDO/y\},\{FIDO/y\},\{x/y_2,y/x_2\},\{y/x_1\},\{FIDO/y\},\{FIDO/y\}\}$$

的合一复合

$$\{\{MYRTLE/x_5\},\{MYRTLE/x\},\{MYRTLE/y_2\},\{FIDO/y\},\{FIDO/x_2\},\{FIDO/x_1\}\}$$

把其应用到目标表达式中会得到如下结论:

$$(CAT(MYRTLE) \wedge DOG(FIDO) \wedge \neg AFRAID(MYRTLE,FIDO))$$

3.2.3.3 双向演绎推理

双向演绎推理,即分别从基于事实的 F-规则出发正向推理,也从基于目标的 B-规则出发反向推理,即同时进行双向演绎推理。

在实际中,有时候仅仅使用 F-规则的正向演绎推理或 B-规则的反向演绎推理都会在证明中遇到难以克服的困难,例如,一个系统给出了事实表达式,且给出的规则既有 F-规则,又有 B-规则,并给出了系统要证明的目标公式的情况。这时候就需要采用基于规则的双向演绎推理来解决问题。

正向推理和反向推理互相完全匹配,也就是说,正向推理所得到的与或树的叶节点,正好与反向推理得到的与或图的叶节点一一对应匹配,这是双向推理终止的条件。

3.3 不确定性推理方法

3.3.1 不确定性推理要解决的基本问题

在不确定性推理中,知识和证据都具有某种程度的不确定性,这就使推理机的设计和实现的复杂度和难度增大。它除了必须解决推理方向、推理方法以及控制策略等问题外,一般还要解决证据及知识的不确定性的度量及表示问题、不确定性知识(或规则)的匹配问题、不确定性传递算法,以及多条证据同时支持结论的情况下不确定性的合成问题。

3.3.1.1 不确定性的量度

在知识的表示和推理过程中,不同的知识和不同的证据,其不确定性的

程度一般是不同的。推理所得结论的不确定性也会随之变化,需要用不同的数值对它们的不确定性程度进行表示,同时还需对它的取值范围进行规定。只有这样每个数值才会有确切的含义。不确定性的量度是指用一定的数值来表示知识、证据和结论的不确定程度时,这种数值的取值方法和取值范围。在确定一种量度方法及其范围时,需要注意以下几点:

(1)量度要能充分表达相应知识及证据的不确定性程度。

(2)量度的确定应当是直观的,同时应当有相应的理论依据。

(3)量度范围的指定应便于领域专家及用户对证据或知识不确定性的估计。

(4)量度要便于不确定性的推理计算,而且所得到的结论的不确定值应落在不确定性量度所规定的范围之内。

3.3.1.2 不确定性的表示

不确定性主要包括两个方面,一是证据的不确定性,一是知识的不确定性。因而,不确定性的表示问题就包括证据表示和知识表示。

(1)证据不确定性的表示。在推理过程中,证据的来源一般有两个。一是通过观察而得到的所要求解问题的初始证据。例如,在解决医疗诊断问题时,当前患者的某些症状、化验结果等都是初始证据。由于观察本身的不精确性,由此所得的初始证据具有不确定性。另一个来源则是,在推理过程中利用前面推理得出的结论作为当前新的推理证据。由于在前面推理中,所使用的初始证据的不确定性,以及在推理过程中所利用知识的不确定性,都导致所推结果的不确定性,也就是说,当前推理所依赖的证据必然具有一定的不确定性。

证据不确定性的表示应包括基本证据的不确定性表示和组合证据的不确定性计算。

①基本证据的不确定性表示。其表示方法通常应该与知识的不确定性表示方法保持一致,以便推理过程能对不确定性进行统一处理。常用的表示方法有:可信度方法、概率方法、模糊集方法等。

②组合证据的不确定性计算。多个基本证据的组合方式可以是析取关系,也可以是合取关系。当一个知识的前提条件是由多个基本证据组合而成时,各个基本证据的不确定性表示方式同上,组合证据的不确定性可在各基本证据的基础上由最大最小方法、概率方法和有界方法等计算得到。

证据不确定性的表示通常为一个数值,用以表示相应证据的不确定性程度。对于由观察所得到的初始证据,其值一般由用户或专家给出;而对于用前面推理所得结论作为当前推理的证据,其值则是由推理中的不确定性传递算法计算得到的。

(2)知识不确定性的表示。实际生活中,那些具有不确定性的知识如何表示呢?在表示具有不确定性的知识时,要考虑两个方面的因素:

①将领域问题的特征比较准确地描述出来,满足问题求解的需要。

②要便于推理过程中对不确定性的推算。

只有考虑好这两方面因素,相应的表示方法才能使用。通常,专家系统中的知识的不确定性要由领域专家给出,以一个数值表示,该数值表示了相应知识的不确定程度。

3.3.1.3　不确定性知识的匹配

推理过程实际上是一个不断寻找和运用可用知识的过程。所谓可用知识,是指其前提条件可与综合数据库中的已知事实相匹配的知识。只有匹配成功的知识才可以被使用。

在不确定性推理中,由于知识和证据都是不确定的,而且知识所要求的不确定性程度与证据实际所具有的不确定性程度不一定相同,那么,怎样才算匹配成功呢?这是一个需要解决的问题。目前常用的方法是:设计一个用来计算匹配双方相似程度的算法,并给出一个相似的限度,若匹配双方的相似程度落在规定的限度内,则可称匹配双方是可匹配的,否则不可匹配。

3.3.1.4　不确定性传递算法

已知证据 E 的不确定性量度为 $CF(E)$,而规则 $E \rightarrow H$ 的不确定性量度为 $CF(H,E)$,那么如何计算结论 H 的不确定性程度 $CF(H)$,即如何将证据 E 的不确定性和规则 $E \rightarrow H$ 的不确定性传递到结论 H 上。

3.3.1.5　不确定性的合成

在不确定性推理过程中,很可能会出现多个不同知识推出同一结论,并且推出的结论的不确定性程度各不相同。对此需要采用某种算法对这些不同的不确定性进行合成,求出该结论的综合不确定性。

(1)证据不确定性的合成问题。如果支持结论的证据不止一个,而是几个,这几个证据间可能是AND或OR的关系,如何由 $CF(E_1)$ 和 $CF(E_2)$ 来计算 $CF(E_1 \wedge E_2)$ 和 $CF(E_1 \vee E_2)$。

(2)结论不确定性的合成问题。如果有两个证据分别由两条规则支持结论,如何根据这两个证据和两条规则的不确定性确定结论的不确定性。即

已知 $E_1 \rightarrow H$　$CF(E_1), CF(H,E_1)$

$E_2 \rightarrow H$　$CF(E_2), CF(H,E_2)$

如何计算 CF(H)。

以上问题是不确定性推理中需要考虑的一些基本问题，但也并非每种不确定性推理方法都必须全部包括这些内容。实际上，不同的不确定性推理方法所包括的内容可以不同，并且对这些问题的处理方法也可以不同。

3.3.2 主观 Bayes 方法

1976 年杜达(R. O. Duda)等人提出主观 Bayes 方法，它是一种不确定性推理模型，也是对概率论中基本 Bayes 公式的改进，是一种基于概率逻辑的方法。该方法在地矿勘探专家系统 PROSPECTOR 中得到了成功的应用。由于主观 Bayes 方法是对概率论中基本 Bayes 公式的改进，所以在讨论主观 Bayes 不确定性推理模型之前，先介绍下概率论中的基本 Bayes 公式。

3.3.2.1 基本 Bayes 公式

在实际生活中，经常会出现这样的问题，假设有几种疾病 $A_1, A_2, \cdots, A_n$，它们可能引起的症状都是 B，如果有一个患者目前患了疾病，所表现的症状就是 B，那么他究竟患了哪一种疾病呢？其可信的程度又如何呢？这是一个不确定性问题，可以直接引用概率论中的 Bayes 定理来求解。

设事件 $B_1, B_2, \cdots, B_n$ 是彼此独立、互不相容的事件 $B_1 \cup B_2 \cup \cdots \cup B_n = \Omega$(全集)，且 $P(B_i) > 0 (i=1,2,\cdots,n)$。对于任一事件 A，能且只能与 $B_1, B_2, \cdots, B_n$ 中的一个同时发生，而且 $P(A) > 0$，则有

$$P(B_i \mid A) = \frac{P(A \mid B_i)P(B_i)}{\sum_{j=1}^{n} P(A \mid B_j)P(B_j)} (i = 1,2,\cdots,n)$$

其中，$P(B_i)$是事件 B_i 的先验概率；$P(A|B_i)$是事件 B_i 发生条件下事件 A 的条件概率；$P(B_i|A)$是在事件 A 发生条件下事件 B_i 的条件概率。

这个公式将出现病症 A 时患病 B_i 的概率计算问题转化为 $P(A|B_i)$和 $P(B_i)$的计算问题，即患了疾病 B_i 时表现为症状 A 的概率和患疾病 B_i 的概率的计算。如果将 A 出现情况下可能患有疾病 B_i 的不确定性度量看作条件概率 $P(B_i|A)$，便可依据 Bayes 公式进行计算。

如果用产生式规则：

IF E THEN H_i

中的前提条件 E 代替 Bayes 公式中的 A，用 H_i 代替公式中的 B_i，就可得到：

$$P(H_i \mid E) = \frac{P(E \mid H_i)P(H_i)}{\sum_{j=1}^{n} P(E \mid H_j)P(H_j)} (i = 1,2,\cdots,n)$$

这就是说，当已知结论 H_i 的先验概率 $P(H_i)$和已知结论 $H_i(i=1,2,\cdots,n)$成立时前提条件 E 所对应的证据出现的条件概率 $P(E|H_i)$，就可用上式求出相应证据出现时结论 H_i 的条件概率 $P(H_i|E)$。

直接依据 Bayes 公式进行计算简单明了，并且它具有较强的理论背景和良好的数学特性。但是，要求 $B_1,B_2,\cdots,B_n$ 相互无关，这实际上是难以得到保证的，若证据间出现依赖关系，就不能直接使用这个公式。另外，$P(A|B_i)$和 $P(B_i)$的计算也是有困难的。所以在求解不确定性推理问题时，还不能直接使用 Bayes 公式，而是使用对其经过改进的主观 Bayes 公式。

3.3.2.2　主观 Bayes 方法及其推理网络

主观 Bayes 方法在 PROSPECTOR 系统中得到成功的应用。在 PROSPECTOR 系统中，为了进行不确定性推理，把所有的知识规则(或称决策规划)连接成一个有向图，图中的各节点代表假设结论，弧则代表规则，并引入两个数值(LS,LN)与每一条弧相联系，用来度量规则成立的充分性和必要性。LS 表示规则成立的充分性，LN 表示规则成立的必要性，把这样的有向图称为推理网络。如图 3-8 所示就是一个推理网络。

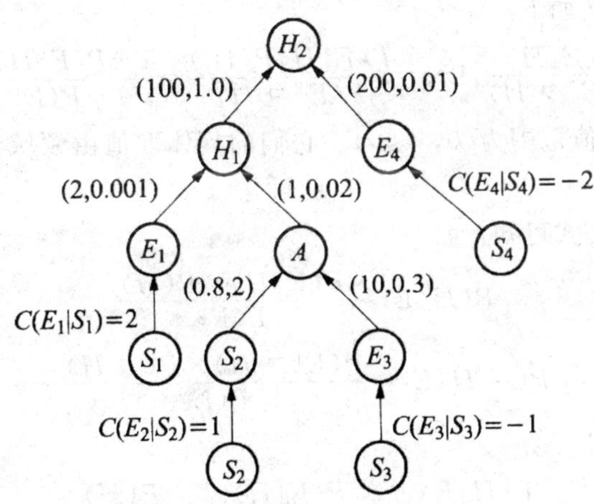

图 3-8　主观 Bayes 方法的推理网络

推理网络把一些证据和一些重要的假设结论连接起来。图中的端点或“叶”节点是向用户提问获取的证据，其他节点就是假设结论。虽然假设结论是一些可真可假的陈述，但在给定的条件下，它们总是出现一个真或假的确定程度。推理开始时，每一个陈述的真、假是未知的。当获得一个证据后，有些结论就被明确地建立起来，而其他结论也有了某种程度的接近。一般地，给每个结论 H 附上一个概率值 $P(H)$，称为先验概率，推理网络中的连接实际上就是测定一个结论的概率变化如何影响其他结论。

在推理网络中，证据和结论是相对的，一个结论对于进一步的推理来说，可以把它看作证据，对于其下一级的推理，又可以把它看作结论。推理网络中的每一个节点 H 都有一个先验概率 $P(H)$，每条规则都有一个数值对(LS,LN)表示规则强度。每条规则的(LS,LN)值以及每个节点的先验概率 $P(H)$ 均由领域专家给出。

3.3.2.3 主观 Bayes 方法推理模型

(1)知识不确定性的表示。在主观 Bayes 方法中，知识(规则)就是推理网络中的一条弧，它的不确定性是以一个数值对(LS,LN)来进行描述的。若以产生式规则的形式表示，则具体为

$$\text{IF } E \text{ THEN(LS,LN)} H(P(H))$$

其中：

①(LS,LN)是为度量产生式规则的不确定性而引入的一组数值，LS 表示规则成立的充分性，用于指出证据 E 对结论 H 为真的支持程度；而 LN 则表示规则成立的必要性，用于指出证据 E 对结论 H 为真的必要性程度。它们的定义如下：

$$\text{LS}=\frac{P(E|H)}{P(E|\neg H)},\text{LN}=\frac{P(E|H)P(H_i)}{P(E|\neg H)}=\frac{1-P(E|H)P(H_i)}{1-P(E|\neg H)}$$

LS 和 LN 的取值范围为[0,+∞)。它们的具体取值由领域专家根据实际经验给出。

由 Bayes 公式可知：

$$P(H|E)=\frac{P(E|H)\times P(H)}{P(E)}$$

$$P(\neg H|E)=\frac{P(E|\neg H)\times P(\neg H)}{P(E)}$$

将两式相除可得

$$\frac{P(H|E)}{P(\neg H|E)}=\frac{P(E|H)}{P(E|\neg H)}\times\frac{P(H)}{P(\neg H)} \tag{3-12}$$

②E 是该条知识的前提条件。它既可以是一个简单条件，也可以是用 AND 或 OR 把多个简单条件连接起来的复合条件。

③H 是结论。$P(H)$ 是 H 的先验概率，它指出在没有任何专门证据的

情况下结论 H 为真的概率。$P(H)$的值由领域专家根据以往的实践及经验给出。

为方便讨论，下面引入几率函数

$$O(X)=\frac{P(X)}{1-P(X)} \text{或} O(X)=\frac{P(X)}{P(\neg X)} \tag{3-13}$$

可见，X 的几率等于 X 出现的概率与 X 不出现的概率之比。显然，随着 $P(X)$的增大，$O(X)$也在增大，并且

$$P(X)=0 \text{ 时有 } O(X)=0$$

$$P(X)=1 \text{ 时有 } O(X)=+\infty$$

将几率和概率的关系代入关系式(3-12)，可得

$$O(H|E)=\frac{P(E|H)}{P(E|\neg H)}\times O(H)$$

将 LS 代入上式，可得

$$O(H|E)=\text{LS}\times O(H) \tag{3-14}$$

类似可得 LN 的公式

$$O(H|\neg E)=\text{LN}\times O(H) \tag{3-15}$$

式(3-14)和式(3-15)就是修改的 Bayes 公式。从这两个公式可以看出：当 E 为真时，可以利用 LS 将 H 的先验几率 $O(H)$更新为其后验几率 $O(H|E)$；当 E 为假时，可以利用 LN 将 H 的先验几率 $O(H)$更新为其后验几率 $O(H|\neg E)$。

④LS 和 LN 的性质如下：

a. 当 LS>1 时，$O(H|E)>O(H)$，说明 E 支持 H；LS 越大，$O(H|E)$比 $O(H)$大得越多，即 LS 越大，E 对 H 的支持越充分。当 LS→∞时，$O(H|E)\to\infty$，表示由于 E 的存在，将导致 H 为真。

b. 当 LS=1 时，$O(H|E)=O(H)$，说明 E 对 H 没有影响。

c. 当 LS<1 时，$O(H|E)<O(H)$，说明 E 不支持 H。

d. 当 LS=0 时，$O(H|E)=0$，说明 E 的存在使 H 为假。

由上述分析可以看出，LS 反映的是 E 的出现对 H 为真的影响程度。因此，称 LS 为知识的充分性度量。

a. 当 LN>1 时，$O(H|\neg E)>O(H)$，说明 $\neg E$ 支持 H，即由于 E 的不出现，增大了 H 为真的概率。并且，LN 越大，$P(H|\neg E)$就越大，即 $\neg E$ 对 H 为真的支持就越强。当 LN→∞时，$O(H|\neg E)\to\infty$，即 $P(H|\neg E)\to 1$，表示由于 $\neg E$ 的存在，将导致 H 为真。

b. 当 LN=1 时，$O(H|\neg E)=O(H)$，说明 $\neg E$ 对 H 没有影响。

c. 当 LN<1 时，$O(H|\neg E)<O(H)$，说明 $\neg E$ 不支持 H，即由于 $\neg E$

的存在，将使 H 为真的可能性下降，或者说由于 E 不存在，将反对 H 为真。当 LN→0 时，$O(H|\neg E)\to 0$，即 LN 越小，E 的不出现就越反对 H 为真，这说明 H 越需要 E 的出现。

d. 当 LN=0 时，$O(H|\neg E)=0$，说明 $\neg E$ 的存在（即 E 不存在）将导致 H 为假。

由上述分析可以看出，LN 反映的是当 E 不存在时对 H 为真的影响。因此，称 LN 为知识的必要性度量。

（2）证据不确定性表示。在主观 Bayes 方法中，证据 E 的不确定性是用其概率或几率来表示的。概率与几率之间的关系为

$$O(E)=\frac{P(E)}{1-P(E)}=\begin{cases}0\text{，当 }E\text{ 为假时}\\ \infty\text{，当 }E\text{ 为真时}\\ (0,+\infty)\text{，当 }E\text{ 非真也非假时}\end{cases}$$

上式给出的仅是证据 E 的先验概率与其先验几率之间的关系，仅在有些情况下，除了需要考虑证据 E 的先验概率与先验几率外，往往还需要考虑在当前观察下证据 E 的后验概率或后验几率。以概率情况为例，对初始证据 E，用户可以根据当前观察 S 将其先验概率 $P(E)$ 更改为后验概率 $P(E|S)$，即相当于给出证据 E 的动态强度。不过，由于概率的确定比较困难，因而在实际应用中多采用某种变换的方式。例如，在 PROSPECTOR 系统中，为方便用户，引入了可信度 $C(E/S)$ 的概念。PROSPECTOR 系统中的可信度 $C(E/S)$ 用 -5 到 5 之间的 11 个整数来表示，它和 $P(E/S)$ 之间保持大小次序一致的对应关系，即

$C(E|S)=5$，表示在观察 S 下证据 E 肯定不存在，即 $P(E|S)=0$。

$C(E|S)=0$，表示观察 S 与 E 无关，即 $P(E|S)=P(E)$。

$C(E|S)=5$，表示在观察 S 下证据 E 肯定存在，即 $P(E|S)=1$。

$C(E|S)$ 为其他值时，它与 $P(E|S)$ 的对应关系可通过对上述 3 个点进行分段线性插值得到。$C(E|S)$ 与 $P(E|S)$ 之间的分段插值关系如图 3-9 所示。而 $C(E/S)$ 与 $P(E/S)$ 对应关系的解析表达式为

$$C(E/S)=\begin{cases}5\times\dfrac{P(E/S)-P(E)}{1-P(E)}\text{，当 }P(E)<P(E/S)\leqslant 1\\[2ex] 5\times\dfrac{P(E/S)-P(E)}{P(E)}\text{，当 }0\leqslant P(E/S)\leqslant P(E)\end{cases}$$

为此，只要给出了 $C(E|S)$，系统就会把它转化为 $P(E|S)$，也就相当于给出了证据 E 的概率 $P(E|S)$。由 $C(E|S)$ 求 $P(E|S)$ 的解析表达式为

$$P(E|S)=\begin{cases}\dfrac{C(E|S)+P(E)\times(5-C(E|S))}{5},当\ 0\leqslant C(E|S)\leqslant 5\\ \dfrac{P(E)\times(5+C(E|S))}{5},当-5\leqslant C(E|S)<0\end{cases}$$

$C(E|S)$是 PROSPECTOR 中使用的可信度，它和 MYCIN 中使用的可信度不同。在 MYCIN 中，可信度 $\mathrm{CF}(E,S)=\mathrm{MB}(E,S)-\mathrm{MD}(E,S)$其中

$$\mathrm{MB}(E,S)=\begin{cases}0,当\ 0\leqslant P(E|S)\leqslant P(E)\\ \dfrac{P(E|S)-P(E)}{1-P(E)},当\ P(E)\leqslant P(E|S)\leqslant 1\end{cases}$$

$$\mathrm{MD}(E,S)=\begin{cases}\dfrac{P(E)-P(E|S)}{P(E)},当\ 0\leqslant P(E|S)<P(E)\\ 0,当\ P(E)\leqslant P(E|S)\leqslant 1\end{cases}$$

可见，$C(E|S)=5\times\mathrm{CF}(E,S)$。可见 PROSPECTOR 使用的可信度 $C(E|S)$，恰好是 MYCIN 使用的可信度 $\mathrm{CF}(E,S)$的5倍。

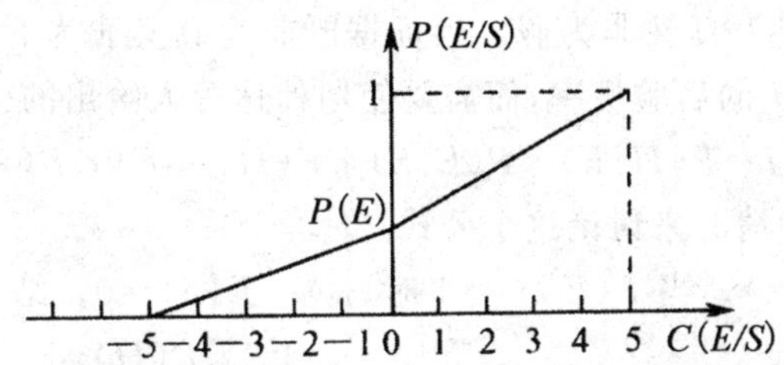

图 3-9 $C(E|S)$与$P(E|S)$的对应关系

(3)组合证据不确定性的计算。无论组合证据有多么复杂，其基本组合形式只有合取与析取两种。当组合证据是多个单一证据的合取时，即

$$E=E_1\ \mathrm{AND}\ E_2\ \mathrm{AND}\cdots\mathrm{AND}\ E_n$$

如果已知在当前观察 S 下，每个单一证据 E_i 有概率 $P(E_1|S)$，$P(E_2|S)$，…，$P(E_n|S)$，则

$$P(E|S)=\min\{P(E_1|S),P(E_2|S),\cdots,P(E_n|S)\}$$

当组合证据是多个单一证据的析取时，即

$$E=E_1\ \mathrm{OR}\ E_2\ \mathrm{OR}\ \cdots\ \mathrm{OR}\ E_n$$

如果已知在当前观察 S 下，每个单一证据 E_i 有概率 $P(E_1|S)$，$P(E_2|S)$，…，$P(E_n|S)$，则

$$P(E|S)=\max\{P(E_1|S),P(E_2|S),\cdots,P(E_n|S)\}$$

(4)不确定性的更新。

①证据肯定为真。当证据 E 肯定为真时，$P(E)=P(E|S)=1$。将 H 的先验几率更新为后验几率的公式为

$$O(H|E)=\mathrm{LS}\times O(H)$$

如果是把 H 的先验概率更新为其后验概率，则可将式(3-13)关于几率和概率的对应关系代入式(3-14)，得

$$P(H|E)=\frac{\mathrm{LS}\times P(H)}{(\mathrm{LS}-1)\times P(H)+1}$$

这是把先验概率 $P(H)$ 更新为后验概率 $P(H|E)$ 的计算公式。

②证据肯定为假。当证据 E 肯定为假时，$P(E)=P(E|S)=0$，$P(\neg E)=1$。将 H 的先验几率更新为后验几率的公式为式(3-15)，即

$$O(H|\neg E)=\mathrm{LN}\times O(H)$$

如果是把 H 的先验概率更新为其后验概率，则可将式(3-13)关于几率和概率的对应关系代入式(3-15)，得

$$P(H|\neg E)=\frac{\mathrm{LN}\times P(H)}{(\mathrm{LN}-1)\times P(H)+1}$$

这是把先验概率 $P(H)$ 更新为后验概率 $P(H|\neg E)$ 的计算公式。

③证据既非为真又非为假。当证据既非为真又非为假时，不能再用上面的方法计算 H 的后验概率，而需要使用杜达等人给出的公式

$$P(H|S)=P(H|E)\times P(E|S)+P(H|\neg E)\times P(\neg E|S)$$

下面分 4 种情况来讨论这个公式。

a. $P(E|S)=1$。当 $P(E|S)=1$ 时，$P(\neg E|S)=0$。结合上式可得

$$P(H|S)=P(H|E)=\frac{\mathrm{LS}\times P(H)}{(\mathrm{LS}-1)\times P(H)+1}$$

这实际上就是证据肯定存在的情况。

b. $P(E|S)=0$。当 $P(E|S)=0$ 时，$P(\neg E|S)=1$。由式(3-14)和式(3-15)可得

$$P(H|S)=P(H|\neg E)=\frac{\mathrm{LN}\times P(H)}{(\mathrm{LN}-1)\times P(H)+1}$$

这实际上是证据肯定不存在的情况。

c. $P(E|S)=P(E)$。当 $P(E|S)=P(E)$ 时，表示 E 与 S 无关。由上式和全概率公式可得

$$\begin{aligned}P(H|S)&=P(H|E)\times P(E|S)+P(H|\neg E)\times P(\neg E|S)\\&=P(H|E)\times P(E)+P(H|\neg E)\times P(\neg E)\\&=P(H)\end{aligned}$$

通过上述分析，已经得到了 $P(E|S)$ 上的 3 个特殊值：0、$P(E)$ 和 1，并分别取得了对应值 $P(H|\neg E)$、$P(H)$ 和 $P(H|E)$，这样就构成了 3 个特殊点。

d. $P(E|S)$ 为其他值。当 $P(E|S)$ 为其他值时，$P(H|S)$ 的值可通过上

述 3 个特殊点的分段线性插值函数求得。该分段线性插值函数 $P(H|S)$如图 3-10 所示，函数的解析表达式为

$$P(H|S)=\begin{cases}P(H|\neg E)+(P(E)-P(H|\neg E))\times\left(\frac{1}{5}C(E|S)+1\right), \\ \text{若 } C(E|S)\leqslant 0 \\ P(H)+(P(H|E)-P(H))\times\frac{1}{5}C(E|S), \text{若 } C(E|S)>0\end{cases}$$

该公式称为 EH 公式。

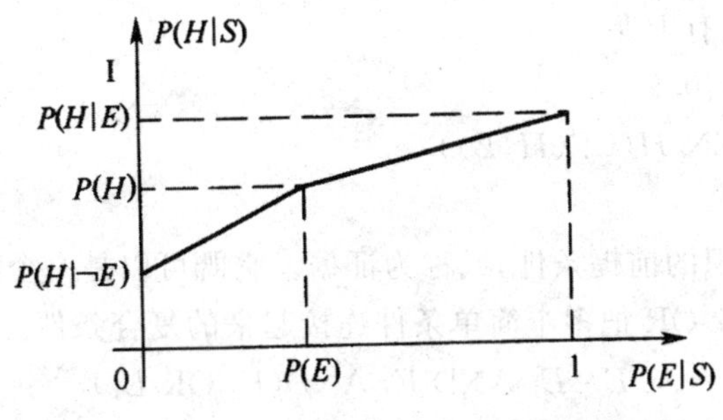

图 3-10 分段线性插值函数

3.3.3 可信度方法

3.3.3.1 可信度的概念

所谓可信度，是指人们根据以往经验对某个事物或现象为真的程度的一个判断，或者说是人们对某个事物或现象为真的相信程度。例如，李强昨天没来上课，理由是头疼。就此理由而言，只有以下两种可能：一种是李强真的头疼了，即理由为真；另一种是李强根本没有头疼，只是找个借口而已，即理由为假。但就听话的人来说，对李强的理由可能完全相信，也可能完全不信，还可能是在某种程度上相信，这与李强过去的表现和人们对他积累起来的看法有关。这里的相信程度就是我们所说的可信度。

显然，可信度具有较大的主观性和经验性，其准确性是难以把握的。但是，对某一具体领域而言，由于该领域专家具有丰富的专业知识及实践经验，要给出该领域知识的可信度还是完全有可能的。因此，可信度方法不失为一种实用的不确定性推理方法。

可信度方法是美国斯坦福大学肖特里菲(E. H. Shortliffe)等人于 1975 年在其提出的确定性理论的基础上，结合概率论等提出的一种不确定性推理方法。也称为 CF(Certainty Factor)模型，该方法于 1976 年首次在血液病诊断

专家系统 MYCIN 中得到了成功应用。可信度方法是不确定性推理中使用最早且又十分有效的一种方法，其应用十分广泛。

3.3.3.2 基于可信度的不确定性推理模型

(1)知识不确定性的表示。在基于可信度的 CF 模型中，知识是用产生式规则表示的，知识的不确定性则是以可信度 CF(H,E)表示的，其一般形式为

E：小张头疼

H：小张没有上课

CF(H,E)：0.9

IF E THEN H(CF(H,E))

其中：

①E 是知识的前提条件，或称为证据。它既可以是一个简单条件，也可以是用 AND 及 OR 把多个简单条件连接起来的复合条件。例如：

$$E=E_1\ \text{AND}\ E_2\ \text{AND}(E_3\ \text{OR}\ E_4)$$

②H 是结论，它可以是一个单一的结论，也可以是多个结论。

③CF(H,E)是该条知识的可信度，称为可信度因子(Certainty Factor)或规则强度。在专家系统 MYCIN 中，CF(H,E)被定义为

$$\text{CF}(H,E)=\begin{cases}\dfrac{P(H|E)-P(H)}{1-P(H)}, & P(H|E)\geqslant P(H)\\[2ex] \dfrac{P(H|E)-P(H)}{P(H)}, & P(H|E)<P(H)\end{cases} \tag{3-16}$$

CF(H,E)的取值范围是$[-1,1]$。

当 $0<\text{CF}(H,E)\leqslant 1$ 时，有 $P(H|E)>P(H)$，表明证据 E 的出现增加了结论 H 为真的概率，即增加了 H 为真的可信度。CF(H,E)的值越大，增加 H 为真的可信度就越大。特殊地，若 $\text{CF}(H,E)=1$，则可推出 $P(H|E)=1$，即证据 E 的出现使得结论 H 必为真。

当 $-1\leqslant\text{CF}(H,E)<0$ 时，有 $P(H|E)<P(H)$，表明证据 E 的出现减小了结论 H 为真的概率，即增加了 H 为假的可信度。CF(H,E)的值越小，增加 H 为假的可信度就越大。特殊地，若 $\text{CF}(H,E)=-1$，则可推出 $P(H|E)=0$，即证据 E 的出现使得结论 H 必为假。

当 $\text{CF}(H,E)=0$ 时，有 $P(H|E)=P(H)$，表明证据 E 与结论 H 无关，即证据 E 的出现结论 H 没有影响。

要运用式(3-16)计算 CF(H,E)，就要知道 $P(H)$和 $P(H|E)$。然而，在实际应用中要想获知 $P(H)$，$P(H|E)$的值是很难的。因此，$P(H|E)$的值一般

由领域专家直接给出，而不是通过上述公式计算出来，在为 CF(H,E)指定值时，应遵循这样的原则：如果证据 E 的出现增加了 H 为真的可信度，则 CF(H,E)>0，并且这种支持的力度越大，就使 CF(H,E)的值越大；相反，如果证据 E 的出现增加了 H 为假的可信度，则 CF(H,E)<0，并且这种支持的度越大，就使 CF(H,E)的值越小；若证据 E 的出现与结论 H 无关，则 CF(H,E)$=0$。

(2)证据不确定性的表示。在 CF 模型中，证据的不确定性也是用可信度因子表示的。例如，CF(E)$=0.3$ 表示 E 的可信度为 0.3。

证据 E 的可信度 CF(E)在$[-1,1]$上取值。

几个特殊值规定如下：

①E 肯定为真时，CF(E)$=1$。

②E 肯定为假时，CF(E)$=-1$。

③E 以某种程度为真，则取 CF(E)为$(0,1)$中的某一个值，即 $0<$ CF(E)<1。

④E 以某种程度为假，则取 CF(E)为$(-1,0)$中的某一个值，即$-1<$ CF(E)<0。

⑤对 E 一无所知时，CF(E)$=0$。

在该模型中，尽管知识的静态强度与证据的动态强度都是用可信度因子 CF 表示的，但它们所表示的意义不相同。静态强度 CF(H,E)表示的是知识的强度，即当 E 所对应的证据为真时对 H 的影响程度，而动态强度 CF(E)表示的是证据 E 当前的不确定性程度。

实际使用时，将证据可信度值的确定分为两种情况：第一种情况是证据为初始证据，其可信度的值一般由提供证据的用户直接指定；第二种情况就是用推出的结论作为当前推理的证据，对于这种情况的证据，其可信度的值在推出该结论时通过不确定传递算法得到。

(3)组合证据不确定性的算法。如果支持结论的证据有多条，那么这多个证据的关系有可能是合取的关系，也有可能是析取的关系，要分别讨论。当证据是多个单一证据的合取时，即

$$E=E_1 \wedge E_2 \wedge E_3 \wedge \cdots \wedge E_n$$

若 $E_1,E_2,E_3,\cdots,E_n$ 各证据的可信度分别为 $CF(E_1),CF(E_2),CF(E_3),\cdots,CF(E_n)$则

$$CF(E)=\min\{CF(E_1),CF(E_2),CF(E_3),\cdots,CF(E_n)\}$$

当证据是多个单一证据的析取时，即

$$E=E_1 \vee E_2 \vee E_3 \vee \cdots \vee E_n$$

若 $E_1,E_2,E_3,\cdots,E_n$。各证据的可信度分别为 $CF(E_1),CF(E_2),CF(E_3),\cdots$,

$CF(E_n)$则

$$CF(E)=\max\{CF(E_1),CF(E_2),CF(E_3),\cdots,CF(E_n)\}$$

(4)不确定性的传递算法。CF 模型中的不确定性推理从不确定的初始证据出发，通过运用相关的不确定性知识最终推出结论并求出结论的可信度值。其中，结论 H 的可信度由下式计算：

$$CF(H)=CF(H,E)\times\max\{0,CF(E)\}$$

由上式可以看出，当相应证据以某种程度为假，即 $CF(E)<0$ 时，则

$$CF(H)=0$$

这说明在该模型中没有考虑证据为假时对结论 H 所产生的影响。另外，当证据为真，即 $CF(E)=1$ 时，由上式可推出：

$$CF(H)=CF(H,E)$$

这说明知识中的规则强度 $CF(H,E)$ 实际上就是在前提条件对应的证据为真时结论日的可信度。或者说，当知识的前提条件所对应的证据存在且为真时，结论 H 有 $CF(H,E)$ 大小的可信度。

(5)结论不确定性的合成算法。若由多条不同知识推出了相同的结论，但可信度不同，则可用合成算法求出综合可信度。由于对多条知识的综合可通过两两的合成实现，所以下面只考虑两条知识的情况。

设有如下知识：

$$\text{IF } E_1 \text{ THEN } H(CF(H,E_1))$$
$$\text{IF } E_2 \text{ THEN } H(CF(H,E_2))$$

则结论 H 的综合可信度可由如下两步算出。

①分别对每一条知识求出 $CF(H)$。

$$CF_1(H)=CF(H,E_1)\times\max\{0,CF(E_1)\}$$
$$CF_2(H)=CF(H,E_2)\times\max\{0,CF(E_2)\}$$

②用下述公式求出 E_1 与 E_2 对 H 的综合影响所形成的可信度 $CF_{1,2}(H)$。

$$CF_{1,2}(H,E)=\begin{cases}CF_1(H)+CF_2(H)-CF_1(H)CF_2(H), & CF_1(H)\geqslant 0, CF_2(H)\geqslant 0\\ CF_1(H)+CF_2(H)+CF_1(H)CF_2(H), & CF_1(H)<0, CF_2(H)<0\\ \dfrac{CF_1(H)+CF_2(H)}{1-\min\{|CF_1(H)|,|CF_2(H)|\}}, & CF_1(H)CF_2(H)<0\end{cases} \tag{3-17}$$

式(3-17)实际上是著名专家系统 MYCIN 中使用的结论不确定性计算公式。

3.3.4 证据理论

证据理论是又一种不确定性推理方法，它首先由德普斯特(Dempster)

提出，并由沙佛(G. Shafer)进一步发展起来，因而又称为 D-S 理论。1981 年巴纳特(Barnett)把该理论引入专家系统中，同年，卡威(J. Garvey)等人用它实现了不确定性推理，从而引起人们的兴趣。由于该理论具有较大的灵活性，因而受到了人们的重视。

3.3.4.1 D-S 理论

证据理论中用集合来表示命题，将一个不变的、元素两两互斥的完备集合 U 称为识别框架或论域。例如：

$$U_1=\{客机,轰炸机,战斗机\}$$

$$U_2=\{红,绿,蓝,橙,黄\}$$

$$U_3=\{谷仓,草,人,牛,车\}$$

U 的每一个子集都可以理解为一个问题的可能正确的答案，由于各个元素是互斥的，且集合是完备的，因此，只有一个子集是问题的正确答案。

当然，并不是所有的问题都有实际意义或值得回答，重要的是，每个子集在所讨论的识别框架中都有可能是有效答案。每一个子集都可以看作一个隐含的命题，空子集通常对应着答案的假。当对问题的相关环境了解得不全面时，可能有观察不到的或还没有被人认识到的因素，这些因素就可以用整个识别框架来代表。证据理论的特点之一就是可以对这些不知道的或不明确的成分通过对识别框架的不确定性因子的分配来表示。

假定识别框架是 U_1，问题是“哪些是军用飞机?”，答案是 U_1 的一个子集：

$$\theta_1=\{轰炸机,战斗机\}$$

同样地，如果问题是“哪些是民用飞机?”，答案是 U_1 的子集：

$$\theta_2=\{客机\}$$

这样的子集称为单子集。可见，论域的每一个子集都可以解释为问题的一个可能的答案，也即每个子集都可以看作一个隐含的命题。

证据理论定义了多种函数描述证据及规则的不确定性，包括基本概率分配函数、信任函数以及似真函数，下面分别介绍这些函数的定义。

(1)基本概率分配函数。

定义 3.21 给定识别框架 U，$A\in 2^U$，函数 $m(A):2^U\rightarrow[0,1]$，且满足：

$$m(\varnothing)=0,\sum_{A\subseteq U}m(A)=1$$

则称 m 是 U 上的基本概率分配函数。

例 3.15 设 $U_1=\{客机,轰炸机,战斗机\}$，分别用 A、B、F 代表客机、轰炸机和战斗机，其基本概率分配函数为

$$m(\{A\})=0.4$$
$$m(\{A,B\})=0$$
$$m(\{A,F\})=0.2$$
$$m(\{A,B,F\})=0.2$$
$$m(\{B\})=0$$
$$m(\{B,F\})=0$$
$$m(\{\varnothing\})=0$$
$$m(\{A,B,F\})=0.2$$

对基本概率分配函数有以下几点说明：

①设识别框架 U 中有 n 个元素，则 2^U 表示 U 的所有子集。

②基本概率分配函数的作用是把 U 的任意一个子集 A 都映射为$[0,1]$上的一个数值 $m(A)$，$m(A)$的物理意义是：当 $A\subset U$ 时，$m(A)$是对 A 的精确信任度；当 $A=U$ 时，$m(A)$表示不知道如何分配。

③基本概率分配函数不是概率。如

$$m(\{A\})+m(\{B\})+m(\{F\})=0.4\neq 1$$

基本概率分配函数一般是根据主观经验给出的，表示一定条件下某个命题为真的可信度，所以基本概率分配函数也称为可信度分配函数。

(2)信任函数。

定义 3.22 给定识别框架 U，对所有的 $A\in 2^U$，

$$Bel(A)=\sum_{B\subseteq A}m(B)$$

称为 2^U 上的信任函数。

信任函数又称为下限函数，它表示对 A 为真的信任程度。

例 3.16 由例 3.15 可知

$$Bel(\{A,F\})=m(\{A\})+m(\{F\})+m(\{A,F\})=0.4+0+0.2=0.6$$

(3)似真函数。

定义 3.23 给定识别框架 U，对所有的 $A\in 2^U$，

$$Pl(A)=1-Bel(A')$$

称为 2^U 上的似真函数，其中 A'为 A 的补集。

似真函数又称为上限函数或似然函数，它表示对 A 非假的信任程度。

例 3.17 由例 3.15 可知

$$Pl(\{A,F\})=1-Bel(\{A,F\}')=1-Bel(\{B\})=1-0=1$$

(4)信任区间。由信任函数与似真函数的定义，可知

$$Pl(A)\geqslant Bel(A)$$

证明:由于

$$Bel(A)+Bel(A')=\sum_{B\subseteq A}m(B)+\sum_{C\subseteq A'}m(C)$$
$$\leqslant \sum_{D'\subseteq U}m(D)=1$$

所以

$$Pl(A)-Bel(A)=1-Bel(A')-Bel(A)$$
$$=1-(Bel(A')+Bel(A))$$
$$\geqslant 0$$

故

$$Pl(A)\geqslant Bel(A)$$

定义 3.24　设 $Bel(A)$ 和 $Pl(A)$ 分别表示 A 的信任度和似真度，称二元组

$$[Pl(A),Bel(A)]$$

为 A 的一个信任区间。

信任区间刻画了对命题 A 所持的信任度的上下限。信任区间表示的含义如表 3-1 所示。

表 3-1　信任区间及其含义

信任区间	含义
[0,0]	A 为假($Bel(A)=Pl(A)=0$)
[1,1]	A 为真($Bel(A)=Pl(A)=1$)
[0,1]	对 A 完全无知。$Bel(A)=0$,说明对 A 不信任；而 $Bel(A')=1-Pl(A)=0$ 说明对 A' 也不信任
[0.5,0.5]	对 A 是否为真完全不确定
[0.25,0.85]	对 A 为真的信任程度是 0.25；而 $Bel(A')=1-Pl(A)=0.15$ 表示对 A' 也有一定程度的信任
[0.25,1]	对 A 为真的信任程度是 0.25；而 $Bel(A')=1-Pl(A)=0$ 表示对 A' 不信任
[0,0.85]	对 A 为真的信任程度是 0；而 $Bel(A')=1-Pl(A)=0.15$ 表示对 A' 有一定程度的信任

(5)德普斯特组合规则。同样的识别框架在不同的证据下会得到不同的概率分配函数，例如，对飞机的识别框架：

$$U=\{A,B,F\}$$

假如用传感器来识别是友机或敌机。如果该飞机是友机，它的收发器就会发回自己的身份代码作为回应，没有回应的飞机因违背约定而被认为是敌机。也有可能是友机，但因收发器的故障，使传感器从飞机雷达收发器上没有获得任何回应。

假设第一种传感器对目标识别的基本概率分配函数用 m_1 表示：

$$m_1(\{B,F\})=0.7$$

$$m_1(\{A,B,F\})=0.3$$

其余集合的基本概率分配函数为 0。

第二种传感器识别目标的基本概率分配函数用 m_2 表示：

$$m_2(\{B\})=0.9$$

$$m_2(\{A,B,F\})=0.1$$

其余集合的基本概率分配函数为 0。

此时，需要对它们进行组合。德普斯特提出了组合方法，并通过正交和计算组合后的概率分配函数。

定义 3.25（概率分配函数的正交和） 设 m_1 和 m_2 是对同一识别框架的概率分配函数，则其正交和 $m=m_1 \oplus m_2$ 为

$$m(\varnothing)=0$$

$$m(A)=\sum_{x\cap y=A} m_1(x)\times m_2(y)$$

组合后的 $m(A)$ 也应该满足：

$$\sum_{A\subseteq U} m(A)=1$$

采用德普斯特组合方法对以上两种传感器所提供的证据进行组合。

定义 3.26（带冲突修正的概率分配函数的正交和） 设 m_1 和 m_2 是对同一识别框架的概率分配函数，则其正交和 $m=m_1 \oplus m_2$ 为

$$m(\varnothing)=0$$

$$m(A)=K\times\sum_{x\cap y=A} m_1(x)\times m_2(y)$$

其中

$$K=\Big[1-\sum_{x\cap y=\varnothing} m_1(x)\times m_2(y)\Big]^{-1}=\Big[\sum_{x\cap y\neq\varnothing} m_1(x)\times m_2(y)\Big]^{-1}$$

规范数 K 的引入，实际上是把空集所丢弃的正交和按照比例补到非空集上，使组合后的 $m(A)$ 仍然满足：

$$\sum_{A\subseteq U} m(A)=1$$

如果 $K\neq 0$，则正交和 m 也是一个概率分配函数；如果 $K=0$，则不存在

正交和 m，称 m_1 和 m_2 矛盾。

对于多个概率分配函数的情形，假设 $m_1, m_2, \cdots, m_n$ 是 n 个概率分配函数，则其正交和 $m = m_1 \oplus m_2 \oplus \cdots \oplus m_n$ 为

$$m(\varnothing)=0$$

$$m(A) = K \times \sum_{\cap A_i = A} \prod_{1 \leqslant i \leqslant n} m_i(A_i)$$

其中，K 的值用下式计算：

$$K = \Big[\sum_{\cap A_i \neq \varnothing} \prod_{1 \leqslant i \leqslant n} m_i(A_i) \Big]^{-1}$$

3.3.4.2 证据理论的不确定性推理模型

在上述 D-S 理论中，信任函数和似真函数分别用来表示命题 A 信任度的上限和下限。同样，可以用它来表示知识强度的下限和上限，因此可以在这种表示的基础上建立相应的不确定性推理模型。也可以依据 D-S 理论的基本理论用其他方法来表示知识及证据的不确定性，从而建立起一个适合领域问题特点的推理模型。另外，因为信任函数和似真函数都是在概率分配函数的基础上定义的，因而不同的概率分配函数的定义将会产生不同的应用模型。

(1)概率分配函数与类概率分配函数。在下面要讨论的模型中，识别框架 $U=\{s_1, s_2, \cdots, s_n\}$ 上的概率分配函数满足如下要求：

①基本事件的概率分配函数值为非负，即

$$m\{s_i\} \geqslant 0, \forall s_i \in U$$

②全体基本事件的概率分配函数之和不大于 1，即

$$\sum_{i=1}^{n} m(\{s_i\}) \leqslant 1$$

③识别框架的概率分配函数为

$$m(U) = 1 - \sum_{i=1}^{n} m(\{s_i\})$$

④当 $A \subset U$ 且 $|A|>1$ 或 $|A|=0$ 时，$m(A)=0$。$|A|$ 表示命题 A 对应集合中的元素个数。

在这个概率分配函数中，只有单个元素构成的子集及识别框架 U 的概率分配函数才有可能大于 0，其他子集的概率分配函数均为 0。这与基本概率分配函数的定义不同。

对这样的概率分配函数，可计算对应命题和识别框架的信任函数值以及似真函数值：

$$Bel(A)=\sum_{s_i\in A}m(\{s_i\})$$

$$Bel(U)=\sum_{i=1}^{n}m(\{s_i\})+m(U)=1$$

$$\begin{aligned}Pl(A)&=1-Bel(A')=1-\sum_{s_i\in A'}m(\{s_i\})\\&=1-\left[\sum_{i=1}^{n}m(\{s_i\})-\sum_{s_i\in A'}m(\{s_i\})\right]\\&=1-[1-m(U)-Bel(A)]\\&=m(U)+Bel(A)\end{aligned}$$

$$Pl(U)=1-Bel(U')=1-Bel(\varnothing)=1$$

对任何 $A\subset U$ 和 $B\subset U$ 均有：

$$Pl(A)-Bel(A)=Pl(B)-Bel(B)=m(U)$$

$m(U)$表示对命题 A 或 B 不知道的程度。

定义 3.27(类概率函数) 已知识别框架 U,对所有的命题 $A\in 2^U$,它的类概率函数为

$$f(A)=Bel(A)+\frac{|A|}{|U|}\times[Pl(A)-Bel(A)]$$

式中,$|A|$、$|U|$分别表示集合 A 及 U 中元素的个数。

类概率函数具有如下性质：

①全体基本事件的类概率函数之和为 1,即

$$\sum_{i=1}^{n}f(\{s_i\})=1$$

②对任何 $A\subseteq U$,都有

$$Bel(A)\leqslant f(A)\leqslant Pl(A)$$

$$f(A')=1-f(A)$$

由以上性质可以得到如下推论：

①空集的类概率函数值为 0,即 $f(\varnothing)=0$。

②全集的类概率函数值为 1,即 $f(U)=1$。

③任何子集的类概率函数值都在 0 和 1 之间,即对任何 $A\subseteq U$,均有 $0\leqslant f(A)\leqslant 1$。

(2)知识的不确定性表示。不确定性知识用如下形式的规则来表示：

$$\text{IF } E \text{ THEN } H=\{h_1,h_2,\cdots,h_n\}\ \text{CF}=\{c_1,c_2,\cdots,c_n\}$$

其中,E 为前提条件,它可以是简单条件,也可以是通过 AND 和 OR 连接起来的复合条件;H 是结论,它用识别框架中的子集表示,$h_1,h_2,\cdots,h_n$ 是该子集中的元素;CF 是可信度因子,用集合形式表示;c_i 用来指出 $h_i\{i=1,$

$2,\cdots,n\}$的可信度，c_i 与 h_i 一一对应，且满足如下条件：

$$c_i \geqslant 0 (i=1,2,\cdots,n)$$

$$\sum_{i=1}^{n} c_i \leqslant 1$$

(3)证据的不确定性表示。不确定性证据 E 的确定性用 $CER(E)$ 表示，对于初始证据，其确定性由用户给出；对于中间结论作为当前推理的证据，确定性由推理得到。$CER(E)$的取值为

$$0 \leqslant CER(E) \leqslant 1$$

(4)组合证据不确定性的计算。规则的前提条件可以是由合取或析取词连接组成的组合证据。对组合证据的不确定性计算采用的是最大最小方法，即：当组合证据是多个简单证据的合取时，将多个简单证据的不确定性的最小值作为组合证据的不确定性；当组合证据是多个简单证据的析取时，将多个简单证据的不确定性的最大值作为组合证据的不确定性。

(5)不确定性的传递算法。设有规则：

$$\text{IF } E \text{ THEN } H=\{h_1,h_2,\cdots,h_n\} \text{ CF}=\{c_1,c_2,\cdots,c_n\}$$

则结论 H 的不确定性可以通过下述步骤求出：

①求 H 的概率分配函数。

$$m(\{h_1\},\{h_2\},\cdots,\{h_n\})=\{CER(E)\times c_1, CER(E)\times c_2,\cdots,CER(E)\times c_n,\}$$

$$m(U) = 1 - \sum_{i=1}^{n} CER(E) \times c_i$$

若有两条规则支持同一结论 H，即

$$\text{IF } E_1 \text{ THEN } H=\{h_1,h_2,\cdots,h_n\} \text{ CF}=\{c_1,c_2,\cdots,c_n\}$$

$$\text{IF } E_2 \text{ THEN } H=\{h_1,h_2,\cdots,h_n\} \text{ CF}=\{c'_1,c'_2,\cdots,c'_n\}$$

则先分别对每一条规则求出概率分配函数：

$$m_1(\{h_1\},\{h_2\},\cdots,\{h_n\})$$

$$m_2(\{h_1\},\{h_2\},\cdots,\{h_n\})$$

然后求出 m_1 和 m_2 的正交和：

$$m=m_1 \oplus m_2$$

从而得到 H 的概率分配函数 m。

②求出 $Bel(H)$，$Pl(H)f(H)$。

$$Bel(H) = 1 - \sum_{i=1}^{n} m(\{h_i\})$$

$$Pl(H)=1-Bel(H')$$

$$f(H)=Bel(H)+\frac{|H|}{|U|}\times[Pl(H)-Bel(H)]$$

$$=Bel(H)+\frac{|H|}{|U|}\times m(U)$$

③求 H 的确定性 $CER(H)$。

$$CER(H)=MD\left(\frac{H}{E}\right)\times f(H)$$

其中，$MD\left(\frac{H}{E}\right)$为规则前提条件与相应证据 E 的匹配度，定义为

$$MD\left(\frac{H}{E}\right)=\begin{cases}1\text{，若 } H \text{ 所要求的证据已经出现}\\0\text{，否则}\end{cases}$$

这样，就可以对一条规则或者多条有相同结论的规则求出结论的确定性 $CER(H)$。若该结论不是最终结论，即它又要作为另一条规则的证据继续进行推理，重复上述过程，得到新的结论及确定性。反复运用该过程，就可推出最终结论及其确定性。

证据理论只需要满足比概率论更弱的公理系统，而且能处理由"不知道"所引起的不确定性，由于 U 的子集可以是多个元素的集合，因而规则的结论部分可以是更一般的假设，这就便于领域专家从不同的语义层次上表达他们的知识，而不必被限制在由单元素所表示的最明确的层次上。

证据理论的缺点是当 U 中的元素很多时，信任函数及正交和的运算会很复杂，计算量非常大。另外，证据理论中要求 U 中的元素是互斥的，这一点在许多领域都难以满足。为了解决这个问题，巴尼特提出，可以把 U 划分成若干组，每组只包含相互排斥的元素，称为一个辨别框；求解问题时，只需要在各自的辨别框上考虑概率的分配，通过这种方法可以降低计算的复杂性，并解决互斥的问题。

第 4 章 模糊逻辑技术

4.1 模糊逻辑概述

4.1.1 模糊逻辑与模糊系统的发展

20 世纪二三十年代，多值逻辑和不明确集合的提出为模糊逻辑的发展奠定了思想来源和理论基础。L. A. Zadeh 教授于 1965 年首先提出了模糊集合的概念，开创了模糊数学及其应用的新纪元，1973 年又提出了模糊逻辑。

模糊控制是模糊集合理论应用的一个重要方面。1974 年，英国伦敦玛丽皇后学院的 Ebrahim Mamdani 教授设计了第一个模糊控制蒸汽引擎系统和第一个模糊交通指挥系统。随后产生了更多关于模糊控制应用的例子。

1984 年，国际模糊系统学会(International Fuzzy Systems Association，IFSA)成立了日本、北美、欧洲、中国大陆四个分会。在模糊控制的应用方面，日本走在了前列。随着 1987 年第二届模糊系统学大会在东京的召开以及模糊自动控制应用的成果展示，模糊理论获得了更为广泛的关注和进一步发展。20 世纪 90 年代，日本还率先将模糊控制应用到日用家电产品上。

虽然说模糊系统有许多的优点，但还有些不尽如人意之处，如对模糊系统的严格数学分析方法并没有被构建，模糊系统的设计方法没有成熟化、系统化，模糊系统的适用范围也没有得到严格界定。鉴于这种情况，L. A. Zadeh 教授又于 1993 年提出了软计算，试图以人类的思维方式和自然语言表达变量之间的关系，并以条件命题记录法则。

自模糊理论提出以来，经过几十年的发展，模糊系统理论和应用均得到了广泛的关注，并取得了丰硕成果。很多重要的国际学术期刊和国际会议也非常重视模糊逻辑方面的研究成果，收录了很多高质量的学术文章。

4.1.2　模糊逻辑的原理

模糊逻辑是模糊理论的重要内容。经典的二值逻辑通常是用截然不同的二值(以 0 表示“假”,以 1 表示“真”)来表达所有命题,一个命题非真即假。这种非此即彼的逻辑在实际应用中必定会遇到不少问题。而模糊逻辑则不同,它是一种使用隶属度代替布尔真值的逻辑。模糊逻辑中的隶属度在[0,1]之间取值,用以表示程度。在模糊逻辑中,一个命题不再非真即假,它可以被认为是“部分的真”。所以更适合对实际生活中陈述的不精确性进行描述。

加州大学伯克利分校的 L. A. Zadeh 教授是模糊理论的创始人,他曾提出著名的不相容原理:“当系统的复杂性增长时,人们对系统特性做出精确而有效的描述的能力就相应降低,直到达到一个阈值。一旦超过这个值,精确性和有效性将变成两个相互排斥的特性。”不相容原理也为模糊逻辑在应用中的有效性提供了支持。

面对真实的世界,传统数学方法与人的思维在描述复杂世界的问题时常常采用不同的方式。传统的数学方法常常试图进行精确定义,而人关于真实世界中事物的概念往往是模糊的,没有精确的界限和定义。某些问题中的精确性和有效性互为矛盾,诉诸精确性的传统数学方法变得无效,而具有模糊性的人类思维却能轻易解决。

模糊理论以使用隶属度表示二值间的过渡状态作为其基本出发点之一,为计算机提供了一种处理现实世界中自然语言与人类思维模糊性的方法。这为进行不精确而有效的描述提供了便利,更为将符合人类思维习惯的模糊推理、模糊决策移植到计算机中提供了理论工具。模糊逻辑更加接近自然语言以及人类的思维方式,提供了一种重要的研究方法,在人工智能领域具有重要意义。

4.2　模糊集合

4.2.1　模糊集合的定义

定义 4.1　设给定论域上的一个对象空间 U,x 为 U 中的任一元素,A 为 U 上的逻辑子集,并且满足

$$A=\left\{\frac{\mu_A(x)}{x} \mid x \in U\right\}$$

对于任何一个 $x\in U$ 都确定了一个 $\mu_A(x)$，则 $\mu_A(x)$ 称为 A 的隶属函数，简称隶属度，它满足

$$\mu_A : U \rightarrow M$$

M 为隶属空间，区间[0,1]为常见的隶属空间。

由上述定义可以看出，模糊集合实际上是论域 U 到隶属空间 M 的一个映射。

隶属函数 $\mu_A(x)$ 是一个 A 的连续特征函数，它用于刻画元素 x 对模糊集合 A 的隶属程度，即"隶属度"。因此，模糊集合 A 的每个元素 $\frac{\mu_A(x)}{x}$ 都能明确地表示出 x 的隶属等级。$\mu_A(x)$ 的值越大，x 的隶属度就越高。所以，在描述一个模糊概念时，不能简单地用"是"或"否"来回答对象是否符合该概念，恰当的方法是要用该对象符合该概念的程度 $\mu_A(x)$ 来描述。

经典集合是模糊集合的特例，模糊集合是经典集合的扩展。当隶属函数 $\mu_A(x)=\{0,1\}$ 时，模糊集合 A 就退化为经典集合，即普通集合，简称集合。这时候的隶属函数等同于特征函数。

例 4.1 设论域 $U=\{$小明，小花，小果$\}$，评语为"学习好"。设 3 个人学习成绩总评分是小明得 95 分，小花得 90 分，小果得 85 分，3 人都学习好，但又有差异。

解：若采用普通集合的观点，选取特征函数 $C_A(u)=\begin{cases}1,\text{学习好}\in A\\0,\text{学习差}\in A\end{cases}$，此时特征函数分别为 C_A(小明)$=1$，C_A(小花)$=1$，C_A(小果)$=1$。这样就反映不出三者的差异。若采用模糊子集的概念，选取区间[0,1]上的隶属度来表示它们属于"学习好"模糊子集 A 的程度，就能够反映出 3 人的差异。

采用隶属函数 $\frac{x}{100}$，由 3 人的成绩可知 3 人"学习好"的隶属度为 μ_A(小明)$=0.95$，μ_A(小花)$=0.90$，μ_A(小果)$=0.85$。"学习好"这一模糊子集 A 可表示为 $A=\{0.95,0.90,0.85\}$，其含义为小明、小花、小果属于"学习好"的程度分别是 0.95，0.90，0.85。

4.2.2 模糊集合的表示

模糊集合通常有如下几种表示方法。

4.2.2.1 序偶表示法

将论域中的元素 x_1 及其隶属度 μ_i 构成序偶来表示模糊集合 A，即 $A=\{(x_1,\mu_1),(x_2,\mu_2),\cdots,(x_n,\mu_n)\}$。

4.2.2.2 扎德方法

扎德方法是以 L. A. Zadeh 教授对模糊集合的定义为根据的。

当 U 为可数集合时，即 $U=\{x_1,x_2,\cdots,x_n\}$，有 $A=\sum\limits_{i=1}^{n}\frac{\mu_A(x_i)}{x_i}$。

当 U 为无穷集合时，即 $U=\{x_1,x_2,\cdots\}$，有 $A=\sum\limits_{i=1}^{\infty}\frac{\mu_A(x_i)}{x_i}$。

当 U 为不可数集合时，有 $A=\int_U\frac{\mu_A(x_i)}{x_i}$。其中，"$\int$"不是数学上的积分符号，它表示论域上的元素 x_i 与相应的隶属度 $\mu_A(x_i)$ 之间的一一对应关系。

4.2.2.3 隶属函数方法

对于模糊集合来说，隶属度函数是很重要的。当论域为实数集合中的某个区间时，将模糊集合的隶属函数用解析表达式表示会很方便。下面给出实数集上常见的三种隶属函数。

(1)偏小型隶属函数。

$$\mu_A(x)=\begin{cases}(1+(a(x-c)^b))^{-1}, x>c\\ 1, x\leqslant c\end{cases}$$

其中，$c\in U$ 是任意一点，$a>0$，$b>0$。

(2)偏大型隶属函数。

$$\mu_A(x)=\begin{cases}0, x<c\\ (1+(a(x-c)^{-b}))^{-1}, x\geqslant c\end{cases}$$

其中，$c\in U$ 是任意一点，$a>0$，$b>0$。

(3)中间型隶属函数。

$$\mu_A(x)=e^{-k(x-c)^2}$$

其中，$c\subset U$ 是任意一点，$k>0$。

事实上,常用的隶属度函数的形式有很多种,如三角形函数、梯形函数等各种形状的隶属函数形式。通过一些基本的函数形式合成的方法,可以得到各种要求的隶属函数形式。在不同的具体问题中需要做出不同的选择。

定义 4.2 若模糊集是论域 U 中所有满足 $\mu_A(x)>0$ 的元素 x 构成的集合,则称该集合为模糊集 A 的支集。当 x 满足 $\mu_A(x)=1.0$ 时,则此模糊集被称为模糊单点。

4.2.3 模糊集合的运算

4.2.3.1 模糊集合的基本运算

假设有两个模糊集合 A 和 B。

(1)模糊集合的相等:如果对于所有的 $x\in X$,都有 $\mu_A(x)=\mu_B(x)$,则称 A 和 B 相等,即 $A=B\leftrightarrow\mu_A(x)=\mu_B(x)$。

(2)模糊集合的包含:如果对于所有的 $x\in X$,都有 $\mu_A(x)\leqslant\mu_B(x)$,则称 A 包含于 B 或 A 是 B 的子集,即 $A\subseteq B\leftrightarrow\mu_A(x)\subseteq\mu_B(x)$。

(3)模糊空集:如果对于所有的 $x\in X$,都有 $\mu_A(x)=0$,则称 A 为模糊空集,即 $A=\varnothing\leftrightarrow\mu_A(x)=0$。

(4)模糊集合的补集:如果对于所有的 $x\in X$,都有 $\mu_B(x)=1-\mu_A(x)$,则称 B 为 A 的补集,即 $B=\overline{A}$。

(5)模糊集合的直积:如果集合 A 和 B 的论域分别为 X 和 Y,则定义在积空间 $X\times Y$ 上的模糊集合 $A\times B$ 为 A 和 B 的直积,其隶属度函数为 $\mu_{A\times B}(x,y)=\min[\mu_A(x),\mu_B(y)]$,或 $\mu_{A\times B}(x,y)=\mu_A(x)\mu_B(y)$。模糊集合直积的概念可以很容易推广到多个集合。

假设有三个模糊集合 A、B 和 C。

(6)模糊集合的并集:对于所有的 $x\in X$,如果都有 $\mu_C(x)=\mu_A(x)\vee\mu_B(x)=\max[\mu_A(x),\mu_B(x)]$,则称 C 为 A 与 B 的并集,即 $C=A\cup B$。式中,“max”和“$\vee$”表示取大运算,即隶属度较大的作为运算结果。

(7)模糊集合的交集:对于所有的 $x\in X$,如果都有 $\mu_C(x)=\mu_A(x)\wedge\mu_B(x)=\min[\mu_A(x),\mu_B(x)]$,则称 C 为 A 与 B 的交集,即 $C=A\cap B$。式中,“min”和“$\wedge$”表示取小运算,即隶属度较小的作为运算结果。

4.2.3.2 模糊集合的其他运算

(1)模糊集合的代数积:模糊集合 A 与 B 的代数积记为 $A\cdot B$,其隶属度函数 $\mu_{A\cdot B}(x)=\mu_A(x)\mu_B(x)$。

(2)模糊集合的代数和:假设有三个模糊集合 A、B 和 C,对于所有的 $x \in X$ 都有 $\mu_C(x)=\mu_A(x)+\mu_B(x)-\mu_A(x)\mu_B(x)$,则称 C 为 A 与 B 的代数和,记为 $C=A\hat{+}B$。$A\hat{+}B \leftrightarrow \mu_{A\hat{+}B}(x)=\mu_A(x)+\mu_B(x)-\mu_A(x)\mu_B(x)$。

(3)模糊集合的有界和:模糊集合 A 与 B 的有界和记为 $A\oplus B$,其隶属度函数 $\mu_{A\oplus B}(x)=\min\{1,\mu_A(x)+\mu_B(x)\}$。

(4)模糊集合的有界差:模糊集合 A 与 B 的有界差记为 $A\ominus B$,其隶属度函数 $\mu_{A\ominus B}(x)=\max\{0,\mu_A(x)-\mu_B(x)\}$。

(5)模糊集合的有界积:模糊集合 A 与 B 的有界积记为 $A\odot B$,其隶属度函数 $\mu_{A\odot B}(x)=\max\{0,\mu_A(x)+\mu_B(x)-1\}$。

(6)模糊集合的强制和:模糊集合 A 与 B 的强制和记为 $A\dot{\cup}B$,其隶属度函数 $\mu_{A\dot{\cup}B}(x)=\begin{cases}\mu_A(x),\mu_B(x)=0\\ \mu_B(x),\mu_A(x)=0\\ 1,\mu_A(x),\mu_B(x)>0\end{cases}$。

(7)强制积:模糊集合 A 与 B 的强制积记为 $A\dot{\cap}B$,其隶属度函数 $\mu_{A\dot{\cap}B}(x)=\begin{cases}\mu_A(x),\mu_B(x)=1\\ \mu_B(x),\mu_A(x)=1\\ 0,\mu_A(x),\mu_B(x)<1\end{cases}$。

例 4.2 设 $A=\frac{0.9}{u_1}+\frac{0.2}{u_2}+\frac{0.8}{u_3}+\frac{0.5}{u_4}$,$B=\frac{0.3}{u_1}+\frac{0.1}{u_2}+\frac{0.4}{u_3}+\frac{0.6}{u_4}$,求 $A\cup B$ 和 $A\cap B$。

解:易知

$$A\cup B=\frac{0.9}{u_1}+\frac{0.2}{u_2}+\frac{0.8}{u_3}+\frac{0.6}{u_4}$$

$$A\cap B=\frac{0.3}{u_1}+\frac{0.1}{u_2}+\frac{0.4}{u_3}+\frac{0.5}{u_4}$$

例 4.3 试证普通集合中的互补律在模糊集合中不成立,即

$$\mu_A(u)\vee\mu_{\bar{A}}(u)\neq 1,\mu_A(u)\wedge\mu_{\bar{A}}(u)\neq 0$$

证明:设 $\mu_A(u)=0.4$,则 $\mu_{\bar{A}}(u)=1-0.4=0.6$,则

$$\mu_A(u)\vee\mu_{\bar{A}}(u)=0.4\vee 0.6=0.6\neq 1$$

$$\mu_A(u)\wedge\mu_{\bar{A}}(u)=0.4\wedge 0.6=0.4\neq 0$$

4.3 模糊关系

“关系”是来自集合论的一个重要概念,它是不同集合中的元素的关联程度的反映。关系有普通关系和模糊关系之分。顾名思义,所谓普通关系,

就是能够用数学方法或简明逻辑描述的关系；而所谓模糊关系，就是比较含糊，无法用数学方法或简明逻辑描述的关系。在模糊集合中，模糊关系处于核心地位。接下来，就对模糊关系展开系统的讨论。具体的方法就是把普通关系概念推广到模糊集合，得到模糊关系的定义。

定义 4.3［笛卡儿乘积(直积、代数积)］　设 $A_1, A_2, \cdots, A_n$ 是一组模糊集合，它们分别是来自于论域 $U_1, U_2, \cdots, U_n$，显然，直积 $A_1 \times A_2 \times \cdots \times A_n$ 是由论域 $U_1, U_2, \cdots, U_n$ 构成的乘积空间 $U_1 \times U_2 \times \cdots \times U_n$ 中的一个模糊集合。于是，可以进一步定义其直积(极小算子)为

$$\mu_{A_1 \times A_2 \times \cdots \times A_n}(u_1, u_2, \cdots, u_n) = \min\{\mu_{A_1}(u_1), \mu_{A_2}(u_2), \cdots, \mu_{A_n}(u_n)\}$$

代数积为

$$\mu_{A_1 \times A_2 \times \cdots \times A_n}(u_1, u_2, \cdots, u_n) = \mu_{A_1}(u_1)\mu_{A_2}(u_2)\cdots\mu_{A_n}(u_n)$$

显然，上述两式都是隶属函数。

基于定义 4.3，可以进一步给出模糊关系的精确定义。

定义 4.4(模糊关系)　设有两个模糊集合 U 和 V(非空)，其直积为 $U \times V$，模糊集合 $\boldsymbol{R}$ 是 $U \times V$ 中的一个模糊子集，那么，$\boldsymbol{R}$ 即可看作是从 U 到 V 的模糊关系，用数学公式表示则有

$$U \times V = \{((u,v), \mu_R(u,v)) \mid u \in U, v \in V\}$$

模糊关系可以用模糊矩阵来表示。当 $U=\{u_i\}, V=\{v_i\}(i=1,2,\cdots,m; j=1,2,\cdots,n)$ 是有限集合时，则 $U \times V$ 的模糊关系 $\boldsymbol{R}$ 可以用 $m \times n$ 阶矩阵

$$\boldsymbol{R} = \begin{pmatrix} r_{11} & r_{12} & \cdots & r_{1n} \\ r_{21} & r_{22} & \cdots & r_{2n} \\ \vdots & \vdots & \ddots & \vdots \\ r_{m1} & r_{m2} & \cdots & r_{mn} \end{pmatrix}$$

来表示。式中，$r_{ij} = \mu_R(u_i, v_j)$。

模糊关系还可以用模糊图来表示。例如，设模糊关系 $\boldsymbol{R}$ 用模糊矩阵表示时为

$$\begin{array}{cc} & \begin{array}{ccc} y_1 & y_2 & y_3 \end{array} \\ \boldsymbol{R} = \begin{array}{c} x_1 \\ x_2 \\ x_3 \end{array} & \begin{pmatrix} 0.4 & 0.3 & 0.1 \\ 0.5 & 0.2 & 0.6 \\ 0.0 & 0.1 & 0.9 \end{pmatrix} \end{array}$$

此关系 $\boldsymbol{R}$ 分别用模糊关系图和模糊流通图来表示时如图 4-1 所示。

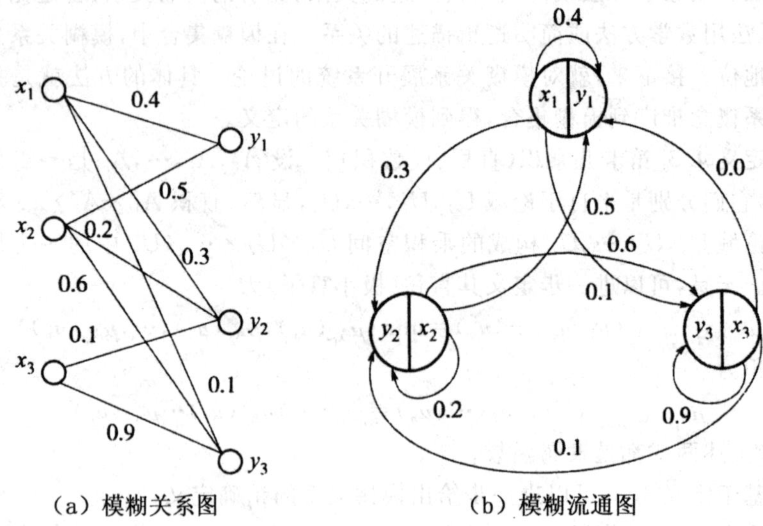

（a）模糊关系图　　（b）模糊流通图

图 4-1　模糊关系 R 的图示

定义 4.5（复合关系）　若 $\boldsymbol{R}$ 和 $\boldsymbol{S}$ 分别为论域 $U \times V$ 和 $V \times W$ 中的模糊关系，则 $\boldsymbol{R}$ 和 $\boldsymbol{S}$ 的复合 $\boldsymbol{R} \circ \boldsymbol{S}$ 是一个从 U 到 W 的新的模糊关系，记为

$$\boldsymbol{R} \circ \boldsymbol{S} = \{[(u,w); \sup_{v \in V}(\mu_R(u,v) * \mu_S(v,w) *)], u \in U, v \in V, w \in W\}$$

其隶属函数的运算法则为

$$\mu_{R \circ S}(u,w) = \bigvee_{v \in V}(\mu_R(u,v) \wedge \mu_S(u,v))((u,w) \in (U \times W))$$

例 4.4　设模糊关系 $\boldsymbol{R}$ 描述了儿子、女儿与父亲、叔叔长相的“相像”关系，模糊关系 $\boldsymbol{S}$ 描述了父亲、叔叔与祖父、祖母长相的“相像”关系，则模糊关系 $\boldsymbol{R}$ 和 $\boldsymbol{S}$ 可以描述为

$$\boldsymbol{R} = \begin{matrix} & \text{父} & \text{叔} \\ \text{子} & 0.8 & 0.2 \\ \text{女} & 0.3 & 0.5 \end{matrix}, \quad \boldsymbol{S} = \begin{matrix} & \text{祖父} & \text{祖母} \\ \text{父} & 0.2 & 0.7 \\ \text{叔} & 0.9 & 0.1 \end{matrix}$$

试求子女与祖父、祖母长相的“相像”关系 $\boldsymbol{C}$。

解：由复合运算法则得

$$\mu_C(x_1,z_1) = [\mu_R(x_1,y_1) \wedge \mu_S(y_1,z_1)] \vee [\mu_R(x_1,y_2) \wedge \mu_S(y_2,z_1)]$$
$$= [0.8 \wedge 0.2] \vee [0.2 \wedge 0.9] = 0.2 \vee 0.2 = 0.2$$

$$\mu_C(x_1,z_2) = [\mu_R(x_1,y_1) \wedge \mu_S(y_1,z_2)] \vee [\mu_R(x_1,y_2) \wedge \mu_S(y_2,z_2)]$$
$$= [0.8 \wedge 0.7] \vee [0.2 \wedge 0.1] = 0.7 \vee 0.1 = 0.7$$

$$\mu_C(x_2,z_1) = [\mu_R(x_2,y_1) \wedge \mu_S(y_1,z_1)] \vee [\mu_R(x_2,y_2) \wedge \mu_S(y_2,z_1)]$$
$$= [0.3 \wedge 0.2] \vee [0.5 \wedge 0.9] = 0.2 \vee 0.5 = 0.5$$

$$\mu_C(x_2,z_2)=[\mu_R(x_2,y_1)\wedge\mu_S(y_1,z_2)]\vee[\mu_R(x_2,y_2)\wedge\mu_S(y_2,z_2)]$$
$$=[0.3\wedge 0.7]\vee[0.5\wedge 0.1]=0.3\vee 0.1=0.3$$

则

$$\begin{matrix} & 祖父 & 祖母 \end{matrix}$$
$$\boldsymbol{C}=\begin{matrix}子\\女\end{matrix}\begin{pmatrix}0.2 & 0.7\\0.9 & 0.1\end{pmatrix}$$

设有限模糊集合 $X=\{x_1,x_2,\cdots,x_m\}$ 和 $Y=\{y_1,y_2,\cdots,y_n\}$，$\boldsymbol{R}$ 为 $X\times Y$ 上的模糊关系，即 $\boldsymbol{R}=\begin{bmatrix}r_{11} & r_{12} & \cdots & r_{1n}\\r_{21} & r_{22} & \cdots & r_{2n}\\\vdots & \vdots & \ddots & \vdots\\r_{m1} & r_{m2} & \cdots & r_{mn}\end{bmatrix}$。再设 $\boldsymbol{A}$ 和 $\boldsymbol{B}$ 分别为 X 和 Y 上的模糊集，即

$$\boldsymbol{A}=\{\mu_A(x_1),\mu_A(x_2),\cdots,\mu_A(x_m)\}$$
$$\boldsymbol{B}=\{\mu_B(y_1),\mu_B(y_2),\cdots,\mu_B(y_n)\}$$

且满足关系

$$\boldsymbol{B}=\boldsymbol{A}\circ\boldsymbol{R}$$

就称 $\boldsymbol{B}$ 为 $\boldsymbol{A}$ 的像，$\boldsymbol{A}$ 是 $\boldsymbol{B}$ 的原像，$\boldsymbol{R}$ 是 X 到 Y 上的一个模糊变换。$\boldsymbol{B}=\boldsymbol{A}\circ\boldsymbol{R}$ 的隶属函数运算规则为

$$\mu_B(y_i)=\bigvee_{i=1}^{m}[\mu_A(x_i)\wedge\mu_R(x_i,y_j)]\quad(j=1,2,\cdots,n)$$

4.4　模糊逻辑推理

4.4.1　模糊逻辑语言

模糊逻辑是一种模拟人类思维过程的逻辑，要用从区间[0,1]上的某个确切数值来描述一个模糊命题的真假程度，往往是很困难的。语言是人们思维和信息交流的重要工具，有两种语言：自然语言和形式语言。人们在日常工作生活中所用的语言属于自然语言，具有语义丰富、使用灵活等特点，同时具有模糊特性，如“陈老师的个子很高”，“她穿的这套衣服挺漂亮”等。计算机语言就是一种形式语言，形式语言有严格的语法和语义，一般不存在模糊性和歧义。

具有模糊性的语言叫作模糊语言，如高、低、长、短、大、小、冷、热、胖、瘦等。语言变量是自然语言中的词或句，它的取值不是通常的数，而是用模糊

语言表示的模糊集合。扎德为语言变量做出了如下定义。

定义 4.6(语言变量) 对于一个语言变量,可以用多元组$(x,T(x),U,G,M)$来表示。式中,x 代表变量名;$T(x)$是一个语言值名称的集合,代表变量名 x 的词集;U 代表论域;G 和 M 都代表语法规则,通过规则 G 可以产生语言值名称,而 M 则代表各语言值含义之间的关系。

一般地,语言变量的每个语言值与定义在论域 U 上的模糊数具有一一对应关系。这样,模糊概念与精确数值就通过语言变量的基本词集而建立了联系。基于此,人们根据需要既可以将定性概念定量化,又可以将定量数据定性模糊化。

例如,在一些工业生产常用的窑炉模糊控制系统中,经常会将温度作为语言变量,进而可以将词集 T(温度)设为

$$T(\text{温度})=\{\text{超高,很高,较高,中等,较低,很低,过低}\}$$

上述每个模糊语言如超高、中等、很低等都是定义在论域 U 上的一个模糊集合。

在模糊控制中,模糊控制规则实质上是模糊蕴含关系。下面简要讨论模糊语言控制规则中所蕴含的模糊关系:

(1)假设 u 和 v 是定义在论域 U 和 V 上的两个语言变量,人类的语言控制规则为“如果 u 是 A,则 v 是 B”,其蕴含的模糊关系 $\boldsymbol{R}$ 为

$$\boldsymbol{R}=(A\times B)\cup(\overline{A}\times V)$$

式中,$A\times B$ 称作 A 和的 B 笛卡儿乘积,其隶属度运算法则为

$$\mu_{A\times B}(u,v)=\mu_A(u)\wedge\mu_B(v)$$

所以,$\boldsymbol{R}$ 的运算法则为

$$\begin{aligned}\mu_R(u,v)&=[\mu_A(u)\wedge\mu_B(v)]\vee\{[1-\mu_A(u)]\wedge 1\}\\&=[\mu_A(u)\wedge\mu_B(v)]\vee[1-\mu_A(u)]\end{aligned}$$

(2)设已经定义两个语言变量 u 和 v,且定义控制规则“如果 u 是 A,则 v 是 B;否则 v 是 C”,则对应的模糊关系 $\boldsymbol{R}$ 为

$$\boldsymbol{R}=(A\times B)\cup(\overline{A}\times C)$$

$$\mu_R(u,v)=\{\mu_A(u)\wedge\mu_B(v)\}\vee\{[1-\mu_A(u)]\wedge\mu_C(v)\}$$

4.4.2 模糊逻辑语句的类型

根据给定的语法规则,所有包含模糊概念的语句都称为模糊语句。模糊语句可以分为多种类型,包括模糊陈述句、模糊判断句、模糊推理句、模糊条件语句等。这里对各种语句类型的特点和形式进行重点阐述。

4.4.2.1　模糊陈述句

模糊陈述句是指包含模糊概念的陈述句，有时也被称为模糊命题。例如，“中国人口众多”就是包含一个模糊概念“众多”的模糊命题。

4.4.2.2　模糊判断句

模糊判断句是模糊逻辑推理中最基本的语句，“x is a”是它的一般形式。其中，x 为语言变元，是指论域 U 中的任一特定元素；a 表示某个模糊概念的词(组)。x 对模糊集合 A 的隶属度决定着该模糊判断句的真值。可见，模糊判断句的真值运算就是它们的隶属度之间的运算，通过逻辑运算得到的还是模糊判断句。

4.4.2.3　模糊推理句

模糊推理句包括前提部分和结论部分，其一般形式为“if x is a，then x is c”。模糊推理句有时又称为条件判断句，因为只有满足给定前提条件，结论才能成立，反之，结论不成立。

4.4.2.4　模糊条件语句

模糊条件语句实际上也是一种模糊推理形式，它有许多种不同的表示形式。如常见的“if A then B”“if A then B else C”“if A and B then C”等句型都是基本的模糊条件语句形式；“if A and B and C then D”“if A and B then C and D”等句型表示更为复杂的模糊条件语句，它包含多个条件或结论，反映出模糊系统具有多个输入或输出，推理过程相对来说比较复杂。

如果模糊条件语句的前提条件得到满足，则其结论也就能够推理出来，这种推理形式符合人们的思维和推理规律。

4.4.3　模糊逻辑推理的方法

4.4.3.1　模糊近似推理

在模糊逻辑和近似推理中，有两种重要的模糊推理规则，即广义取式(肯定前提)假言推理法(GMP)和广义拒式(否定结论)假言推理法(GMT)，分别简称为广义前向推理法和广义后向推理法。

GMP 推理规则可表示为

前提 1:x 为 A'

前提 2:若 x 为 A,则 y 为 B

结论:y 为 $B'=A'\circ(A\rightarrow B)$

即结论 B' 可用 A' 与由 A 到 B 的推理关系进行合成而得到。其隶属函数为

$$\mu_{B'}(y)=\bigvee_{x\in X}\{\mu_{A'}(x)\wedge\mu_{A\rightarrow B}(x,y)\}$$

模糊关系矩阵元素 $\mu_{A\rightarrow B}(x,y)$ 的计算方法可采用 Zadeh 推理法,即

$$(A\rightarrow B)=(A\wedge B)\vee(1-A)$$

那么,其隶属函数为

$$\mu_{A\rightarrow B}(x,y)=[\mu_A(x)\wedge\mu_B(y)]\vee[1-\mu_A(x)]$$

GMT 推理规则可表示为

前提 1:y 为 B'

前提 2:若 x 为 A,则 y 为 B

结论:x 为 $A'=(A\rightarrow B)\circ B'$

即结论 A' 可用 B' 与由 A 到 B 的推理关系进行合成而得到。其隶属函数为

$$\mu_{A'}(x)=\bigvee_{y\in Y}\{\mu_{B'}(x)\wedge\mu_{A\rightarrow B}(x,y)\}$$

模糊关系矩阵元素 $\mu_{A\rightarrow B}(x,y)$ 的计算方法可采用 Mamdani 推理法,即

$$(A\rightarrow B)=A\wedge B$$

那么,其隶属函数为

$$\mu_{A\rightarrow B}(x,y)=[\mu_A(x)\wedge\mu_B(y)]=\mu_{R_{\min}}(x,y)$$

上述两式中的 A、A'、B 和 B' 为模糊集合,x 和 y 为语言变量。

当 $A=A'$ 和 $B=B'$ 时,GMP 就退化为“肯定前提的假言推理”,它与正向数据驱动推理有密切关系,在模糊逻辑控制中特别有用。当 $B'=\overline{B}$ 和 $A'=\overline{A}$ 时,GMT 退化为“否定结论的假言推理”,它与反向目标驱动推理有密切关系,在专家系统(尤其是医疗诊断)中特别有用。

4.4.3.2 单输入模糊推理

当输入状态为单输入时,假设有两个语言变量 x 和 y,它们之间存在模糊关系为 $\boldsymbol{R}$,当给语言变量 x 赋予模糊取值 A^* 时,语言变量 y 对应地取值为 B^*。这个结果可以通过模糊推理得到,具体公式为

$$B^*=A^*\circ\boldsymbol{R} \tag{4-1}$$

通常情况下,单输入模糊推理[式(4-1)]常用如下两种方法来计算:

(1)Zadeh 法。该方法的具体计算公式为

$$B^*(y)=A^*(x)\circ \boldsymbol{R}(x,y)=\bigvee_{x\in X}\{\mu_{A^*}(x)\wedge\mu_R(x,y)\}$$
$$=\bigvee_{x\in X}\{\mu_{A^*}(x)\wedge[\mu_A(x)\wedge\mu_B(y)\vee(1-\mu_A(x))]\}$$

(2)Mamdani 推理方法。该方法将 $A\rightarrow B$ 的模糊蕴含关系采用 A 和 B 的笛卡儿积表示,即 $\boldsymbol{R}=A\rightarrow B=A\times B$,当输入状态为单输入时,具体计算公式为

$$B^*(y)=A^*(x)\circ \boldsymbol{R}(x,y)=\bigvee_{x\in X}\{\mu_{A^*}(x)\wedge[\mu_A(x)\wedge\mu_B(y)]\}$$
$$=\bigvee_{x\in X}\{\mu_{A^*}(x)\wedge\mu_A(x)\}\wedge\mu_B(y)=\alpha\wedge\mu_B(y)$$

式中,α 代表 A^* 和 A 的交集的高度,又称为 A^* 和 A 的适配度,具体计算公式为 $\alpha=\bigvee_{x\in X}\{\mu_{A^*}(x)\wedge\mu_A(x)\}$。进一步分析可知,该方法所得结果可以看作是 α 对 B 进行切割,故而 Mamdani 推理方法又称"削顶法",如图 4-2 所示。

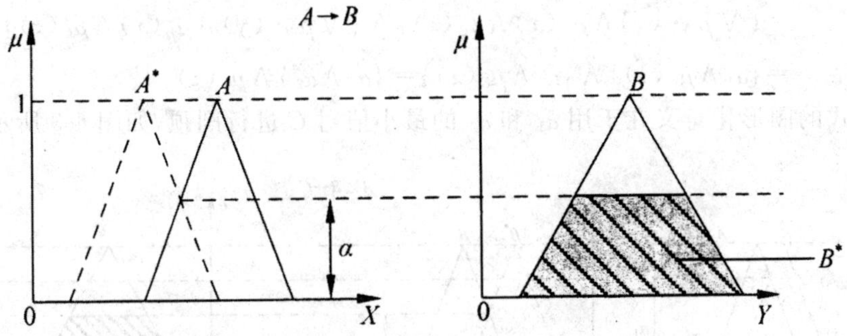

图 4-2　单输入 Mamdani 推理的图形化描述

4.4.3.3　多输入模糊推理

当输入状态为单输入时,假设输入语言变量有 m 个,分别为 $x_1,x_2,\cdots,x_m$,y 为输出语言变量,$\boldsymbol{R}$ 为 $x_1,x_2,\cdots,x_m$ 与 y 之间的模糊关系。那么,当 $x_1,x_2,\cdots,x_m$ 的模糊取值分别为 $A_1^*,A_2^*,\cdots,A_m^*$ 时,输出语言变量 y 的取值 B^* 计算公式为

$$B^*=(A_1^*\times A_2^*\times\cdots\times A_m^*)\circ\boldsymbol{R}$$

即

$$B^*(y)=(A_1^*(x_1)\times A_2^*(x_2)\times\cdots\times A_m^*(x_m))\circ\boldsymbol{R}(x_1,x_2,\cdots,x_m,y)$$
$$=\bigvee_{x_1,x_2,\cdots,x_m}\{\mu_{A_1^*}(x_1)\wedge\mu_{A_2^*}(x_2)\wedge\cdots\wedge\mu_{A_m^*}(x_m)\wedge\mu_{\boldsymbol{R}}(x_1,x_2,\cdots,x_m,y)\}$$

特别地,在二输入的情况下,同样能利用 Mamdani 方法并采用图形法来描述模糊推理过程。假设二维模糊规则 $\boldsymbol{R}$ 被描述为

$$\text{if } x \text{ is } A \text{ and } y \text{ is } B \text{ then } z \text{ is } C$$

那么，可以将 $\boldsymbol{R}$ 拆分为

$$\boldsymbol{R}_1: \text{if } x \text{ is } A \text{ then } z \text{ is } C$$

和

$$\boldsymbol{R}_2: \text{if } y \text{ is } B \text{ then } z \text{ is } C$$

的交集。其中，$\boldsymbol{R}_1$ 和 $\boldsymbol{R}_2$ 是两个单输入模糊规则。故而，当两个输入变量的模糊取值分别为 A^* 和 B^* 时，可以分别按照单输入模糊规则 $\boldsymbol{R}_1$ 和 $\boldsymbol{R}_2$ 推理得到模糊输出 C_1^* 和 C_2^*，然后再取交集，即可得到两个输入变量在二维模糊规则 $\boldsymbol{R}$ 下的模糊输出 C^*，即

$$C_1^* = A^* \circ (A \times C), C_2^* = B^* \circ (B \times C)$$

$$C^* = C_1^* \wedge C_2^* = [A^* \circ (A \times C)] \wedge [B^* \circ (B \times C)]$$

其运算法则为

$$\begin{aligned}\mu_{C^*}(z) &= \{\bigvee_{x \in X} \mu_{A^*}(x) \wedge [\mu_A(x) \wedge \mu_C(z)]\} \wedge \{\bigvee_{y \in Y} \mu_{B^*}(y) \wedge [\mu_B(x) \wedge \mu_C(z)]\} \\ &= \{\bigvee_{x \in X} \mu_{A^*}(x) \wedge \mu_A(x) \wedge \mu_C(z)\} \wedge \{\bigvee_{y \in Y} \mu_{B^*}(y) \wedge \mu_B(x) \wedge \mu_C(z)\} \\ &= \{\alpha_1 \wedge \mu_C(z)\} \wedge \{\alpha_2 \wedge \mu_C(z)\} = \{\alpha_1 \wedge \alpha_2\} \wedge \mu_C(z)\end{aligned}$$

上式的图形化意义在于用 α_1 和 α_2 的最小值对 C 进行削顶，如图 4-3 所示。

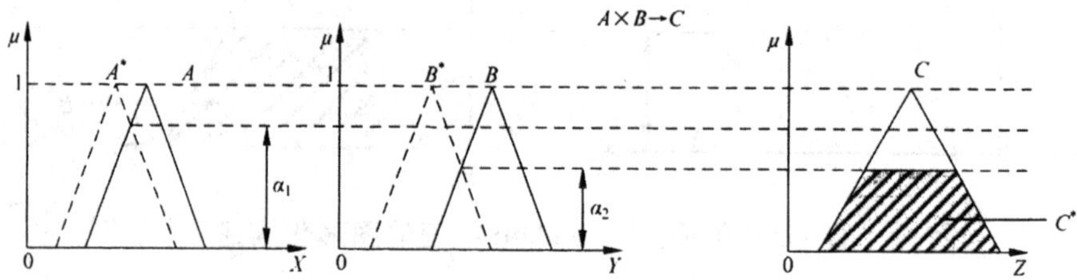

图 4-3　二输入 Mamdani 推理的图形化描述

例 4.5　假设某控制系统的输入语言规则为：当误差 e 为 E 且误差变化率 ec 为 EC 时，输出控制量 u 为 U，其中模糊语言变量 E、EC、U 的取值分别为

$$E = \frac{0.8}{e_1} + \frac{0.2}{e_2}, EC = \frac{0.1}{ec_1} + \frac{0.6}{ec_2} + \frac{1.0}{ec_3}, U = \frac{0.3}{u_1} + \frac{0.7}{u_2} + \frac{1.0}{u_3}$$

现已知 $E^* = \frac{0.7}{e_1} + \frac{0.4}{e_2}, EC^* = \frac{0.2}{ec_1} + \frac{0.6}{ec_2} + \frac{0.7}{ec_3}$。试求当误差 e 是 E^* 且误差变化率 ec 是 EC^* 时输出控制量 u 的模糊取值 U^*。

解：先计算模糊关系 $\boldsymbol{R}$，其中模糊推理计算采用 Mamdani 推理法。令

$$\boldsymbol{R}_1 = E \times EC = (0.8, 0.2) \wedge (0.1, 0.6, 1.0) = \begin{pmatrix} 0.1 & 0.6 & 0.8 \\ 0.1 & 0.2 & 0.2 \end{pmatrix}$$

$$\boldsymbol{R}=\boldsymbol{R}_1^{\mathrm{T}}\times U=\begin{pmatrix}0.1\\0.6\\0.8\\0.1\\0.2\\0.2\end{pmatrix}\wedge(0.3,0.7,1.0)=\begin{pmatrix}0.1&0.1&0.1\\0.3&0.6&0.6\\0.3&0.7&0.8\\0.1&0.1&0.1\\0.2&0.2&0.2\\0.2&0.2&0.2\end{pmatrix}$$

则输出控制量 u 的模糊取值 U^* 可按式

$$U^*=(E^*\times EC^*)\circ\boldsymbol{R}$$

求出。又令

$$\boldsymbol{R}_2=E^*\times EC^*=(0.7,0.4)\wedge(0.2,0.6,0.7)=\begin{pmatrix}0.2&0.6&0.7\\0.2&0.4&0.4\end{pmatrix}$$

把 $\boldsymbol{R}_2$ 写成行向量形式,并以 $\boldsymbol{R}_2^{\mathrm{T}}$ 表示,则

$$\boldsymbol{R}_2^{\mathrm{T}}=(0.2,0.6,0.7,0.2,0.4,0.4)$$

$$U^*=(E^*\times EC^*)\circ\boldsymbol{R}=\boldsymbol{R}_2^{\mathrm{T}}\circ\boldsymbol{R}$$

$$=(0.2,0.6,0.7,0.2,0.4,0.4)\circ\begin{pmatrix}0.1&0.1&0.1\\0.3&0.6&0.6\\0.3&0.7&0.8\\0.1&0.1&0.1\\0.2&0.2&0.2\\0.2&0.2&0.2\end{pmatrix}$$

$$=(0.3,0.7,0.7)$$

即模糊输出值 U^* 为

$$U^*=\frac{0.3}{u_1}+\frac{0.7}{u_2}+\frac{0.7}{u_3}$$

4.5 模糊控制的原理与模糊控制器

4.5.1 模糊控制的原理

根据前文所述可知,模糊控制是一种以模糊理论为基础,建立在模糊语言变量和模糊逻辑推理之上的智能控制技术或方法。由于模糊理论的特性,模糊控制可以在推理、决策等方面模仿人的行为。模糊控制的基本思想是:首先,深入综合操作人员或专家的经验,进而编制合理的模糊规则;其

次，采集传感器发出的实时信号，进而将其模糊化并输入到模糊规则中；再次，模糊规则在接收到输入之后便进行模糊推理，并得到符合其约定的模糊输出结果；最后，将模糊输出结果传送到执行器上，完成控制过程。

如图 4-4 所示，给出了模糊控制的基本原理框图。通过图 4-4 可以看出，在整个模糊控制系统中，模糊控制器处于核心地位，而整个控制过程均由计算机程序控制实现。具体来说，模糊控制必须通过一套完整有效的算法(模糊算法)来实现。下面以一步模糊控制为例来简要说明模糊算法。一般地，被控制量的精确值可以由微机经中断采样的方式获得，在获得被控制量的精确值之后，将其与给定值比较，即可获得误差信号，这里用字母 E 表示，可作为模糊控制系统的一个输入量。将误差信号 E 模糊化，表示为模糊语言，进而得到其模糊语言集合的一个子集 $\boldsymbol{e}$(模糊向量)，而模糊决策正是将模糊向量 $\boldsymbol{e}$ 输入模糊关系 $\boldsymbol{R}$ 进而得到模糊控制量 $\boldsymbol{u}$ 的过程，即

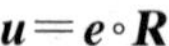

$$\boldsymbol{u}=\boldsymbol{e}\circ\boldsymbol{R}$$

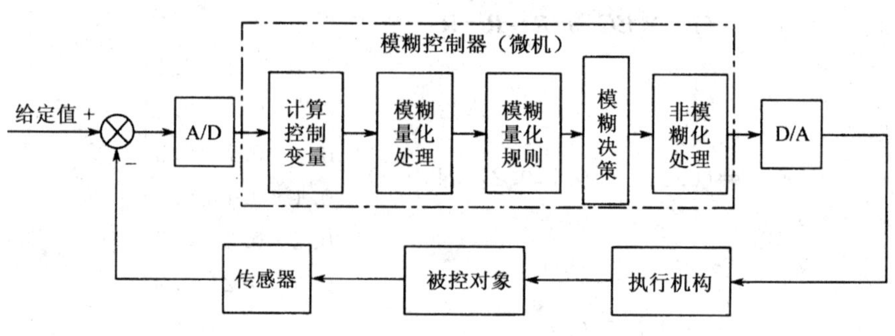

图 4-4 模糊控制的原理框图

4.5.2 模糊控制器的结构

模糊控制器有时也称为模糊逻辑控制器，它由 4 部分组成：模糊化、知识库、模糊推理和清晰化。如图 4-5 所示为基于 Mamdani 模型的模糊控制系统的基本结构。

4.5.2.1 模糊化

模糊化是将输入空间的精确信号映射到输入论域上的模糊集合，从而可以为模糊系统所使用。

模糊化的具体过程是这样的：首先，对输入量进行处理，使其变成模糊控制器要求的输入量；其次，适应尺度变换，将上述已经处理过的输入量变换到相应的论域范围；最后，将变换到论域范围的输入量进行模糊处理，使

原先的清晰量变成模糊量并用相应的模糊集合来表示。

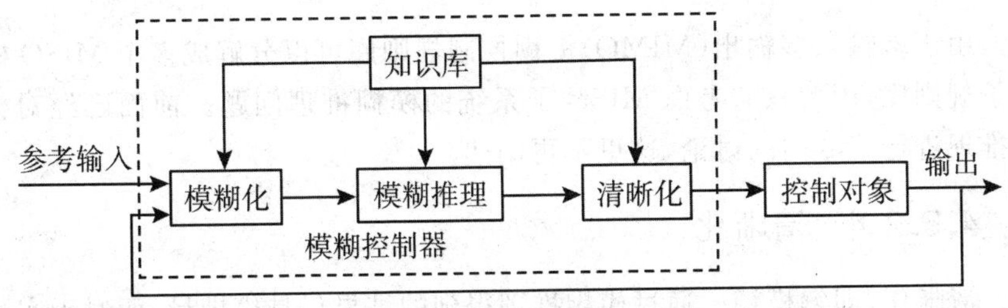

图 4-5 模糊控制器的结构

由于模糊控制器中的模糊推理是基于对模糊集合的运算，因此对输入数据进行模糊化处理是极为重要且不可缺少的一环。在模糊控制中主要采用以下两种模糊化方法。

(1)单点模糊集合。如果输入量数据 x_0 是准确的，则通常将其模糊化为单点模糊集合，可将单点模糊集合看作数值的另一种表示形式，单点模糊化在实际中常常使用。

设该模糊集合用 A 表示，则有

$$\mu_A(x)=\begin{cases}1, x=x_0\\0, x\neq x_0\end{cases}$$

这种模糊化方法实质上表示的仍是准确量，只是形式上将清晰量转变成了模糊量。在模糊控制中，当测量数据准确时，采用这样的模糊化方法是十分自然和合理的。由于简单、方便，这种方法得到普遍应用。

(2)三角形模糊集合。如果输入量数据存在随机测量噪声，这时模糊化运算相当于将随机量变换为模糊量，对于这种情况，可以取模糊量的隶属度函数为等腰三角形。三角形的顶点相当于该随机数的均值，底边的长度等于 2σ，σ 表示该随机数据的标准差。隶属度函数取为三角形主要是考虑其表示方便，计算简单。另一种常用的方法是取隶属度函数为正态分布的铃形函数，即 $\mu_A(x)=\mathrm{e}^{-\frac{(x-x_0)^2}{2\sigma^2}}$。

4.5.2.2 知识库

模糊控制器知识库中包含了具体应用领域中的知识和要求的控制目标，它通常由两部分组成：数据库和模糊控制规则库。

其中，数据库主要包括各语言变量的隶属度函数、尺度变换因子及模糊空间的划分等。而模糊控制规则库包括了用模糊语言变量表示的一系列控制规则，是模糊控制的核心。它由一系列 if-then 型的模糊条件句所构成。

4.5.2.3 模糊推理

由于多输入多输出(MIMO)模糊控制规则库可以分解成多个 MISO 模糊子规则库,因此只需考虑 MISO 子系统的模糊推理问题。前面已经对模糊推理进行了专门的讨论,这里不再阐述。

4.5.2.4 清晰化

清晰化,即解模糊。通过模糊推理得到的结果仍是模糊量,而对于实际的控制则必须为清晰量。因此需要将模糊量转换成一个确定的输出量,这就是清晰化计算所要完成的任务。清晰化方法有多种,常用的有以下几种:最大隶属度法、中位数法、加权平均法等。其中加权平均法类似于重心的计算,所以也称为重心法,它的应用最为普遍。

4.5.3 模糊控制器的设计

控制系统的设计是针对实际应用的受控对象进行的,其设计过程与受控对象密不可分。随着受控对象的不同和控制要求的高低,控制系统可能比较复杂,也可能比较简单,模糊控制系统的设计也不例外。下面将对模糊控制器的设计步骤进行简要讨论,并在此基础上分析两个模糊控制器的实例,其设计思想和方法可供其他受控对象参考。

模糊控制器的设计步骤如下:

(1)模糊控制器的结构。单变量二维模糊控制器是最常见的结构形式。

(2)定义输入、输出模糊集。对误差 e、误差变化 ec 及控制量 u 的模糊集及其论域定义是:e、ec 和 u 的模糊集均为{NB,NM,NS,ZO,PS,PM,PB}。例如,e、ec 的论域均为{−3,−2,−1,0,1,2,3},u 的论域为{−4.5,−3,−1.5,0,1,3,4,5}。

(3)定义输入、输出隶属函数。误差 e、误差变化 ec 及控制量 u 的模糊集和论域确定后,需对模糊变量确定隶属函数,即对模糊变量赋值,确定论域内元素对模糊变量的隶属度。

(4)建立模糊控制规则。根据人的直觉思维推理,由系统输出的误差及误差的变化趋势来设计消除系统误差的模糊控制规则。模糊控制规则语句构成了描述众多被控过程的模糊模型。在条件语句中,误差 e、误差变化 ec 及控制量 u 对于不同的被控对象有着不同的意义。

(5)建立模糊控制表。上述描写的模糊控制规则可采用模糊规则表来描述,表中共有 49 条模糊规则,各个模糊语句之间是“或”的关系,由第一条语句所确定的控制规则可以计算出 u_1。同理,可以由其余各条语句分别求出控制量 $u_2,\cdots,u_{49}$,则控制量为模糊集合 U,可表示为 $U=u_1+u_2+\cdots+u_{49}$。

(6)模糊推理。模糊推理是模糊控制的核心,它利用某种模糊推理算法和模糊规则进行推理,得出最终的控制量。

(7)反模糊化。通过模糊推理得到的结果是一个模糊集合。但在实际模糊控制中,必须要有一个确定值才能控制或驱动执行机构。将模糊推理结果转化为精确值的过程称为反模糊化。

最后需要特别强调的是,反模糊化方法的选择与隶属度函数形状的选择、推理方法的选择相关。MATLAB 是模糊控制器仿真的主要软件之一,它提供了 5 种反模糊化方法,分别是:centroid,面积重心法;bisector,面积等分法;mom,最大隶属度平均法;som,最大隶属度取小法;lom,最大隶属度取大法。在 MATLAB 中,可通过 setfis()设置反模糊化方法,通过 defuzz()执行反模糊化运算。

4.5.3.1　造纸机模糊控制系统的设计与实现

典型的长网纸机抄造工段的工艺流程如图 4-6 所示。打浆车间送来的浓纸浆在混合箱与清水混合稀释后形成浓纸浆;经过除砂装置去除浆料中尘埃和浆团,通过网前箱流布在铜网上。纸浆在铜网上经自然滤水,形成湿纸页,经压榨部脱水后,连续经过两组烘缸干燥,最后经压光作为成品纸,上卷筒卷取。

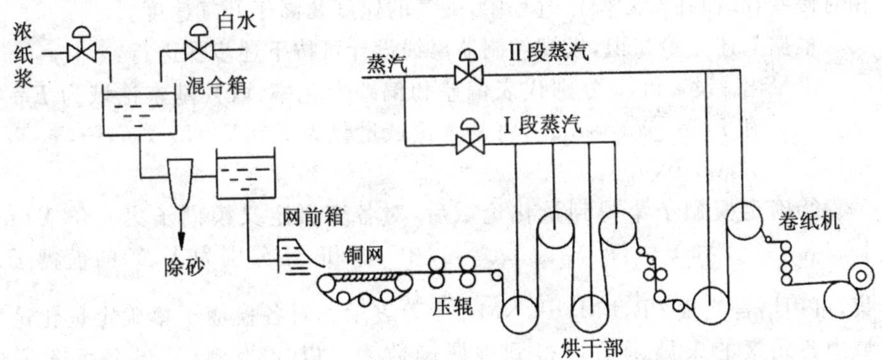

图 4-6　长网纸机抄造工段的工艺流程

成纸水分[纸页中含水量(%)]是纸页最重要的质量指标之一。水分过高会导致水分不均匀,容易出现气泡、水斑等各种纸病;水分过低,则会导致纸页发脆,强度减弱,甚至断纸,同时还会多用蒸汽,使能耗增加。如果在工艺允许的条件下，将水分控制在接近国家标准的上限，就可获得明显的经济效益。

在长达10m的纸机流程中，影响成纸水分的因素很多，其中最主要的是湿纸页在烘干部的热传递情况和成纸定量水分的耦合。由于蒸汽压力是可测量的，一般将它取为成纸水分的控制变量。烘干部有3组共20多只直径为1m左右的烘缸，要定量准确地描述纸页在烘干过程中的机理是十分困难的，因此，采用模糊控制器控制成纸水分较为合适和可行。

(1)模糊控制器设计。一般地，实时模糊控制器分两个部分来设计，即离线部分和在线部分。模糊控制器的离线设计是以先验知识为基础的，主要步骤包括输入量量化、模糊子集确定、模糊关系矩阵确定、模糊判决、建立输出查询表等。下面对成纸水分控制的先验知识进行简要的总结，具体如下：

①成纸的水分含量必须控制在适当的范围之内，当低于给定值时，就需要补充水分，主要方法有适当降低烘缸温度、向烘缸通入蒸汽等；当高于给定值时，就需要尽量减少水分，主要的方法是升温蒸发。

②一般地，当湿纸页通过Ⅰ段烘缸之后水分就会下降很大一部分，通常剩余水分含量不超10%，这时便可对纸页施胶，然后再进行干燥。故而只要实际水分值与给定值相近，则调节Ⅱ段烘缸的蒸汽量即可。但是，如果实际水分值与给定值之间有较大偏离时，就需要对Ⅰ段、Ⅱ段的烘缸蒸汽量都进行调节。

③一般情况下，对于同一烘缸而言，其升温的速度很快而降温的速度则相对慢些，故而在实际操作过程中，关气的速度要高于开气速度。

根据上述先验知识，模糊控制器离线设计可按下述步骤进行：

①量化。设e和ec分别代表偏差和偏差变化率，取其基本论域为$E=[e_{\min},e_{\max}]$和$EC=[ec_{\min},ec_{\max}]$，将基本论域量化为$E\Rightarrow X=\{x_1,x_2,\cdots,x_{p_1}\}$，$EC\Rightarrow Y=\{y_1,y_2,\cdots,y_{p_2}\}$。

②确定模糊子集得到量化论域后，对各变量定义模糊子集。令$X=\{\underset{\sim}{A_i}\}_{(i=1,2,\cdots,n)}$和$Y=\{\underset{\sim}{B_j}\}_{(j=1,2,\cdots,m)}$，式中，$A_i$和$B_j$分别为$X$、$Y$的模糊子集，可用语言变量PB，PM，…，$\widetilde{\mathrm{NM}}$，$\widetilde{\mathrm{NB}}$等表示。对各模糊子集确定量化论域中各元素的隶属函数可得到隶属函数表。以x为例，X的各元素对$\{A_i\}$的隶属函数如表4-1所示。设μ_1、μ_2分别为Ⅰ段、Ⅱ段蒸汽的控制量，相应的论域为

$$\begin{cases}Z_1=\{\underset{\sim\sim\sim}{C_{1k1}}\},k_1=1,2,\cdots,l_1\\ Z_2=\{\underset{\sim\sim\sim}{C_{2k2}}\},k_2=1,2,\cdots,l_2\end{cases}$$

表 4-1 x_i 对 $\{A_i\}$ 的隶属函数表

A_i \ $u_{B_i}(x)$ \ x_i	x_1	x_2	…	x_i	…	x_n
NB	$\mu_{NB}(x_1)$	$\mu_{NB}(x_2)$	…	$\mu_{NB}(x_i)$	…	$\mu_{NB}(x_n)$
⋮	⋮	⋮	⋱	⋮	⋱	⋮
PB	$\mu_{PB}(x_1)$	$\mu_{PB}(x_2)$	…	$\mu_{PB}(x_i)$	…	$\mu_{PB}(x_n)$

③确定模糊关系与控制输出模糊子集。根据操作经验，设定一组模糊控制规则为

$$\text{if } \underset{\sim}{A_i} \text{ then if } \underset{\sim}{B_j} \text{ then } \underset{\sim}{C_{1ij}} \text{ and } \underset{\sim}{C_{2ij}}\ (i=1,2,\cdots,n;j=1,2,\cdots,m)$$

或写成

$$\text{if } A_i \text{ then if } B_j \text{ then } \underset{\sim}{C_{1ij}} \text{ and if } \underset{\sim}{A_i} \text{ then if } \underset{\sim}{B_j} \text{ then } \underset{\sim}{C_{2ij}}$$

其模糊关系为

$$\boldsymbol{R}_1=\bigcup_{i,j}(A_i\times B_j\times C_{1ij}),\boldsymbol{R}_2=\bigcup_{i,j}(A_i\times B_j\times C_{2ij}) \tag{4-2}$$

即

$$\begin{cases}\mu_{\boldsymbol{R}_1}(x,y,z_1)=\bigvee_{i,j}(\mu_{\underset{\sim}{A_i}}(x)\wedge\mu_{\underset{\sim}{B_j}}(y)\wedge\mu_{\underset{\sim}{C_{1ij}}}(z_1))\\ \mu_{\boldsymbol{R}_2}(x,y,z_2)=\bigvee_{i,j}(\mu_{\underset{\sim}{A_i}}(x)\wedge\mu_{\underset{\sim}{B_j}}(y)\wedge\mu_{\underset{\sim}{C_{2ij}}}(z_2))\end{cases} \tag{4-3}$$

当给定 $x=\underset{\sim}{A_i},y=\underset{\sim}{B_j}$ 时，则由模糊合成规则推理得到

$$\begin{cases}\underset{\sim}{C_{1ij}}=(\underset{\sim}{A_i}\times\underset{\sim}{B_j})\circ\boldsymbol{R}_1\\ \underset{\sim}{C_{2ij}}=(\underset{\sim}{A_i}\times\underset{\sim}{B_j})\circ\boldsymbol{R}_2\end{cases} \tag{4-4}$$

即

$$\begin{cases}\mu_{\underset{\sim}{C_{1ij}}}(z_1)=\bigvee_{i,j}[\mu_{\underset{\sim}{A_i}}(x)\wedge\mu_{\underset{\sim}{B_j}}(y)\wedge\mu_{\underset{\sim}{R_1}}(x,y,z_1)]\\ \mu_{\underset{\sim}{C_{2ij}}}(z_1)=\bigvee_{i,j}[\mu_{\underset{\sim}{A_i}}(x)\wedge\mu_{\underset{\sim}{B_j}}(y)\wedge\mu_{\underset{\sim}{R_2}}(x,y,z_2)]\end{cases} \tag{4-5}$$

④进行模糊判决，并生成控制输出查询表。若采用最大隶属度判决法，由模糊子集 $\underset{\sim}{C_{1ij}}$、$\underset{\sim}{C_{2ij}}$ 确定输出 μ 时，即当存在 z_1^*、z_2^*，且 $\mu_{\underset{\sim}{C_{1ij}}}(z_1^*)\geqslant\mu_{\underset{\sim}{C_{1ij}}}(z_1)$，$\mu_{\underset{\sim}{C_{2ij}}}(z_2^*)\geqslant\mu_{\underset{\sim}{C_{2ij}}}(z_2)$ 时，则取 $\mu_1^*=z_1^*$ 和 $\mu_2^*=z_2^*$；若有相邻多点同时为最大值时，则 μ^* 取这些点的平均值。

需要强调的是，离线计算③与④项，便得到控制输出查询表，实时控制时直接查表得到 z。

⑤成纸水分模糊控制的通用算法。为了适用于那些烘干部只有一段蒸汽控制水分的纸机，可以先假设成纸水分只由Ⅱ段蒸汽控制，根据式(4-2)和式(4-3)计算得到$\underset{\sim}{C_{1ij}^*}$，然后得到量化值$z_2^*$。如果由Ⅰ段、Ⅱ段蒸汽同时控制，则实际有

$$z_i=\lambda_i z_2^*\ (i=1,2)$$

式中，$\lambda\leqslant 1$，为调整因子，可根据实际情况进行调整。

(2)模糊控制器的在线实现。在设计模糊控制系统时，令

$$x=[-6,-5,\cdots,0,\cdots,+5,+6]\ (x\in X)$$
$$y=[-6,-5,\cdots,0,\cdots,+5,+6]\ (y\in Y)$$
$$z_1=[-4,-3,\cdots,0,\cdots,+3,+4]\ (z_1\in Z_1)$$
$$z_2=[-7,-6,\cdots,0,\cdots,+6,+7]\ (z_2\in Z_2)$$

此时，偏差e_i和偏差变化率ec_i都是通过实时采样加较精确的数学计算而得到的，在各自的论域上，它们都是确定量，而且是变化着的。但是，在高分辨率的模糊集上，输入量的变化往往会导致输出结果剧烈变化，使得输出严重失真，故而通常采用低分辨率的模糊集。在这里，采用“分段量化”法，该方法的宗旨就是对于不同论域上的偏差e_i采用不同的量化公式进行量化，计算公式为

$$-0.7\leqslant e_i<+0.7\ (x_i=C_{\text{int}}(4\times e_i))$$
$$0.7\leqslant e_i<1.5\ (x_i=3)$$
$$1.5\leqslant e_i<3.5\ (x_i=C_{\text{int}}(e_i))$$
$$3.5\leqslant e_i\ (x_i=6)$$

根据对称性，对于$e_i<-0.7$的范围，可以依次类推下去。限于本书篇幅，这里不再赘述推导过程。如表4-2所示，给出了各模糊子集语言变量描述方法。通过表4-2可以看出，对于偏差量x_i和偏差变化率y_i在各自论域内的可能状态，人们采用了7个模糊子集对其进行描述。同理，对于控制变量z_{1i}，采用了5个模糊子集对其进行描述；对于控制变量z_{2i}，则采用了7个模糊子集对其进行描述。

表4-2　语言变量描述

<table>
<tr><th>变量</th><th>集合</th><th colspan="5">模糊子集</th><th colspan="3">论域</th></tr>
<tr><td>x_i</td><td>$\underset{\sim}{A_i}$</td><td rowspan="3">PB</td><td rowspan="3">PM</td><td rowspan="4">PS</td><td rowspan="4">ZE</td><td rowspan="4">NS</td><td rowspan="3">NM</td><td rowspan="3">NB</td><td>$x_i\in X$</td></tr>
<tr><td>y_i</td><td>$\underset{\sim}{B_i}$</td><td>$y_i\in Y$</td></tr>
<tr><td>z_{2i}</td><td>$\underset{\sim}{C_{2i}}$</td><td>$z_{2i}\in Z_2$</td></tr>
<tr><td>z_{1i}</td><td>$\underset{\sim}{C_{1i}}$</td><td colspan="2">PB</td><td colspan="2">NB</td><td>$z_{1i}\in Z_1$</td></tr>
</table>

对于模糊论域 X、Y、Z_2 上的各元素，规定它对模糊子集 $\{A_i\}$、$\{B_j\}$、$\{C_{2k}\}$ 的隶属函数，其中 $\mu_{\underset{\sim}{A_i}(x)}$ 如表 4-3 所示。并根据式(4-2)～式(4-5)给出的合成推理规则进行推理运算，最后由最大隶属函数判决原则，可得到供模糊控制器动态控制时在线查询用的模糊状态表 4-4。表 4-4 是假设烘干部只有Ⅱ段蒸汽的情况下得到的，要将它用于有两段蒸汽的情况，必须经过变换。取 $\lambda_1=0.5$、$\lambda_{21}=0.7$、$\lambda_{22}=0.8$，则

表 4-3　x_i 对 $\{A_i\}$ 的隶属函数

$u_{A_i}(x)$ \ x_i ; A_i	−6	−5	−4	−3	−2	−1	0	1	2	3	4	5	6
PB										0.1	0.4	0.8	1.0
PM									0.2	0.7	1.0	0.7	0.2
PS							0.3	0.8	1.0	0.5	0.1		
ZE					0.1	0.6	1.0	0.6	0.1				
NS			0.1	0.5	1.0	0.8	0.3						
NM	0.2	0.7	1.0	0.7	0.2								
NB	1.0	0.8	0.4	0.1									

表 4-4　模糊状态表

<table>
<tr><th>G_2^* \ x_i ; y_i</th><th>NB</th><th>NM</th><th>NS</th><th>ZE</th><th>PS</th><th>PM</th><th>PB</th></tr>
<tr><td>NB</td><td colspan="2" rowspan="4">PB</td><td colspan="2" rowspan="2">PM</td><td rowspan="2">PS</td><td colspan="2" rowspan="2">ZE</td></tr>
<tr><td>NM</td></tr>
<tr><td>NS</td><td rowspan="2">PM</td><td>PS</td><td>ZE</td><td colspan="2">NM</td></tr>
<tr><td>ZE</td><td>ZE</td><td rowspan="2">NM</td><td colspan="2" rowspan="4">NB</td></tr>
<tr><td>PS</td><td colspan="2">PM</td><td>ZE</td><td>NS</td></tr>
<tr><td>PM</td><td colspan="2" rowspan="2">ZE</td><td rowspan="2">NS</td><td colspan="2" rowspan="2">NM</td></tr>
<tr><td>PB</td></tr>
</table>

$$
\begin{cases}
z_1=\lambda_1 z_2^* \\
z_2=\begin{cases}\lambda_{21} z_2^*, & z_2^*>0 \\ \lambda_{22} z_2^*, & z_2^*\leqslant 0\end{cases}
\end{cases}
\tag{4-6}
$$

式中，λ_{21}、λ_{22}的不同体现了先验知识③。由式(4-6)和表 4-4 即可得到Ⅰ段、Ⅱ段蒸汽的模糊控制表。限于本书篇幅，这里不再列出该表，有兴趣的读者可以参阅相关文献资料。

一般地，实时控制下模糊控制器的输出为控制量等级 z 与比例因子 k_n 的乘积与原稳态输出值之和，而控制量等级 z 由模糊控制表得到，通常比例因子 k_n 的取值公式为

$$
k_n=\begin{cases}\left|\dfrac{J_0}{N_u}\right|, & J_0\geqslant 5\text{mA} \\ \left|\dfrac{10-J_0}{N_u}\right|, & J_0<5\text{mA}\end{cases}
$$

式中，J_0 为静态工作点；N_u 为控制量在模糊论域中的最大值。

在小偏差时，为消除余差，应考虑积分作用。整个成纸水分模糊控制系统结构图如图 4-7 所示。

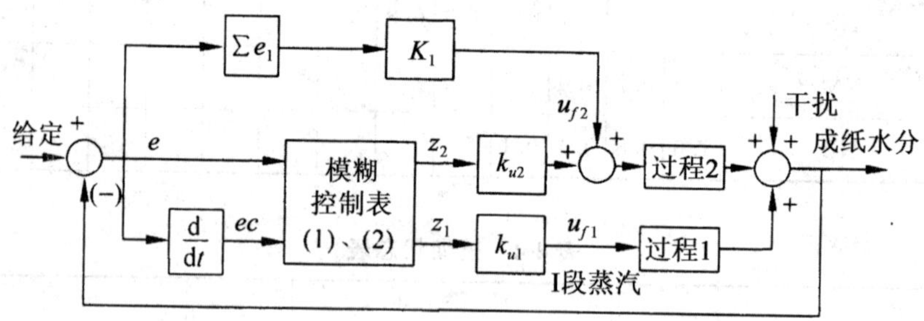

图 4-7　成纸水分模糊控制系统结构图

4.5.3.2　直流调速系统模糊控制器的设计

下面就来讨论一个由晶闸管控制的直流电动机调速系统模糊控制器的设计。把受控对象直流电动机视为一阶惯性环节，其函数取为$\dfrac{e^{-0.25s}}{s+1}$。需要设计一个模糊控制器对本调速系统进行控制，允许转速误差为$\pm\dfrac{2r}{s}$。考虑到本例的设计指标不高，所以模糊控制器的设计可以采用较为简单的系统。

(1)系统结构设计。如图 4-8 所示，给出了直流传动速度控制系统的模糊控制结构图，显然这是一个二维的单输出模糊控制系统。通过图 4-8 可以看出，直流传动速度控制系统中是以 e、ec 和 u 作为输入、输出语言变量的。

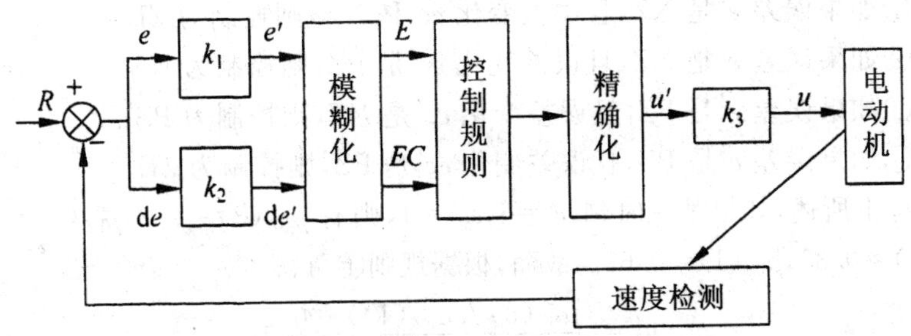

图 4-8　直流传动速度控制系统的模糊控制结构图

(2)模糊化设计。对于语言变量 e、ec 和 u，其各自语言值的个数、各语言值的隶属函数都需要在各自的论域内确定。通常情况下，直流调速模糊控制系统的精度要求并不高，误差变量具有一定的宽裕度，只对其取 NZ(负偏差)和 PZ(正偏差)两个语言值。同理，误差变化率也是如此，只取 NZ(负偏差变化率)和 PZ(正偏差变化率)两个语言值。系统的控制量一般采取增量方式，以期控制效果较快、较好。故而，在对控制量进行模糊化时也需采用增量方式，并在其论域内取 NS(负增量)、ZE(零增量)和 PS(正增量)三个语言值。如图 4-9 所示，图中的实线给出了三个变量隶属函数的分布情况。

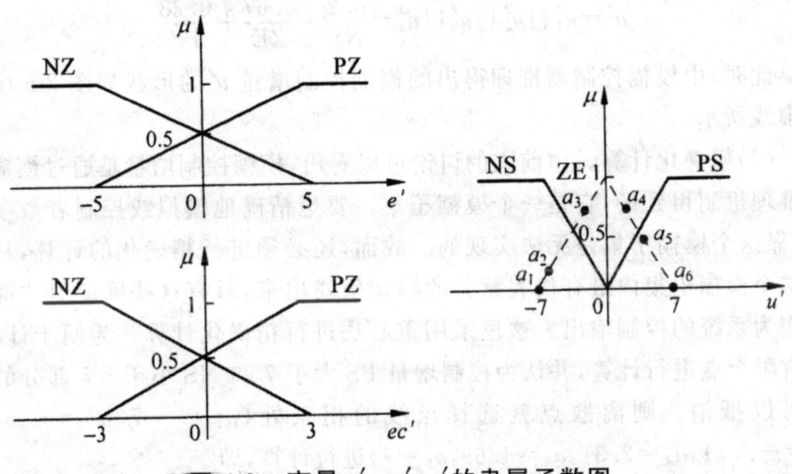

图 4-9　变量 e'、ec'、u' 的隶属函数图

(3)控制器规则设计。与其他类型的模糊控制器一样，直流调速模糊控制系统的控制规则同样是将人的控制经验加以适当的处理而获得的。至于控制规则的多少，则由系统的精度要求、输入变量数目、输出变量数目以及各变量语言值的数目等来决定。比较而言，直流调速模糊控制系统的结构比较简单，控制规则的数目也较少，只有四条：

①如果误差 e' 是 NZ，且误差变化 ec' 是 NZ，则控制为 ZE。

②如果误差 e' 是 NZ，且误差变化 ec' 是 PZ，则控制为 NS。

③如果误差 e' 是 PZ，且误差变化 ec' 是 NZ，则控制为 PS。

④如果误差 e' 是 PZ，且误差变化 ec' 是 PZ，则控制为 ZE。

综上所述，如果某一时刻，$e'=3, ec'=1$，则有 $\mu_{NZ}(3)=0.2, \mu_{PZ}(3)=0.8, \mu_{NZ}(1)=0.33, \mu_{PZ}(1)=0.67$。故而，根据规则①可得

$$u_1'=\frac{(\mu_{NZ}(3)\wedge\mu_{NZ}(1))}{ZE}=\frac{0.2}{ZE}$$

根据规则②可得

$$u_2'=\frac{(\mu_{NZ}(3)\wedge\mu_{NZ}(1))}{NS}=\frac{0.2}{NS}$$

根据规则③可得

$$u_3'=\frac{(\mu_{PZ}(3)\wedge\mu_{NZ}(1))}{PS}=\frac{0.33}{PS}$$

根据规则④可得

$$u_4'=\frac{(\mu_{PZ}(3)\wedge\mu_{PZ}(1))}{ZE}=\frac{0.67}{ZE}$$

最后的输出控制增量为 4 条推理结果的合成，即

$$u'=u_1'\cup u_2'\cup u_3'\cup u_4'=\frac{0.2}{NS}+\frac{0.67}{ZE}+\frac{0.33}{PS}$$

此时，由模糊控制器推理得出的模糊控制增量 u' 的形状如图 2-9 中的的虚线所示。

(4)精确化计算。由前文的讨论可以看出，模糊控制增量是通过模糊控制推理机制得到的，它是一个模糊子集。要想精确地模拟或控制者数字系统，靠这个模糊子集是无法实现的。故而，还必须进行精确化的计算，从而将这个模糊子集内最有代表意义的确定值找出来，只有这些确定值才能真正作为系统的控制输出。这里采用重心法进行精确化计算。为便于计算，取有限个点进行计算，并认为控制增量 PS 大于 7 和 NS 小于 −7 部分的面积可以抵消。则离散点就选择点线的拐点处($a_1=-7, a_2=-5.6, a_3=-2.31, a_4=2.31, a_5=4.69, a_6=7$)进行计算，即

$$\begin{aligned}u'&=\frac{\sum_{i=1}^{6}a_iu_i}{\sum_{i=1}^{6}a_i}\\&=\frac{0.2\times(-7)+0.2\times(-5.6)+0.67\times(-2.31)+0.67\times2.31+0.33\times4.69+0.33\times7}{0.2+0.2+0.67+0.67+0.33+0.33}\\&=0.56\end{aligned}$$

第5章　神经网络技术

5.1　神经网络概述

5.1.1　神经网络的发展史

神经网络(Neural Networks,NN)的发展,已经历经一个世纪。1890年,美国生理学家James出版了《生理学》一书,首次阐明了关于人脑结构及其功能,一些相关的学习、联想记忆等基本知识。大约经过半个世纪后,1943年,McCulloch和Pitts用已知的神经细胞生物基础描述了一个简单的人工神经元模型(后被称为MP模型),用于模式识别的研究。这也是第一种神经元的数学模型,是两位学者在对计算元素认识的基础上,第一次对大脑的工作进行原理性的描述,同时该模型也证明了人工神经网络可以计算任何数学和逻辑函数。这种神经元模型一直沿用至今,并且直接影响着这一领域的发展过程。他们两人被称为人工神经网络研究的先驱。1949年,D. O. Hebb提出了一种调整神经网络连接权的规则,通常称为Hebb学习规则。1958年F. Rosenblatt等人研究了一种特殊类型的神经网络,首先提出了"感知器"的概念和模型。他们认为这是生物系统感知外界传感信息的简化模型。该模型主要用于模式分类,引起了人们的广泛兴趣。

1969年,Minsky和Papert发表了一部名为《感知器》(*Perceptron*)的著作,书中指出,简单的线性感知器的功能是有限的,无法解决线性不可分的两类样本的分类问题。典型的例子如"异或"计算,即简单的线性感知器不能解决"异或"等许多基本的问题,要解决这个问题必须加入隐层节点。而且对于多层网络,如何找到有效的算法尚是难以解决的问题。因此,它使得整个70年代神经网络的研究处于低潮。但在这一困难时期仍然有不少研究人员在为神经网络的研究和发展做出贡献。

美国物理学家Hopfield分别于1982年和1984年提出一种反馈互联神经网络,引起了很大的反响。他定义了一个能量函数,是神经元的状态和连接权的函数，利用该网络可以求解联想记忆和优化计算的问题。该网络后来称为 Hopfield 网络，最典型的例子是应用该网络成功地求解了旅行商最优路径的问题。引起了巨大的反响以及工程界的兴趣，Hopfield 网络也是当前在控制领域应用最为广泛的神经网络之一，人们也开始重新认识到神经网络在实际应用中的意义。

1986 年 D. E. Rumelhart 和 J. L. Mcclelland 等人提出了多层前馈网的反向传播算法，即后来简称为 BP 网络的 BP 算法。该算法解决了感知器所不能解决的问题。1987 年，美国召开了第一届国际神经网络会议，涉及生物、电子、计算机、物理、控制、信号处理、人工智能等各个领域，各类模型和算法纷纷出台。1996 年以后，人工神经网络进入了继续发展期。

当前人工神经网络技术已经应用到日常生产和生活中的多个领域，并在智能控制、智能机器人、模式识别、计算机视觉、故障检测和诊断、自适应滤波、企业管理、市场建模和分析以及非线性优化等诸多研究方向上取得了许多突出的成果，同时也促使更多的研究人员和工程技术人员加入到人工神经网络技术的研发队伍中来。随着人们对于神经网络研究的逐步认识，人工神经网络的研究也在不断扩展，应用的层次和水平也会越来越高，最终会实现更高级的机器智能，这也是人工神经网络技术发展的初衷。

在神经网络深入广泛应用的基础上，尽管会遇到一些难题，但终将继续发展并促进科学技术的进步。

5.1.2 生物神经元与人工神经元

5.1.2.1 生物神经元

生物神经元是大脑信息处理的基本单位，生物神经元以细胞体为主体，由许多向周围延伸的不规则树枝状纤维构成神经细胞，其形状类似于一棵枯树的枝干。神经元结构如图 5-1 所示，它由细胞体、轴突和树突构成。

(1)细胞体。细胞体由细胞核、细脑质与细胞膜等组成。直径为 5～100μm，大小不等。它是神经元的新陈代谢中心，同时还用于接收并处理从其他神经元传递过来的信息。细胞膜内外有电位差，称为膜电位，膜外为正，膜内为负。

(2)轴突。这是由细胞体向外伸出的最长的一条分支。每个神经元只有一个，长度最大可达 1m 以上，其作用相当于神经元的输出电缆，它通过尾部分出的许多神经末梢以及梢端的突触向其他神经元输出神经冲动。

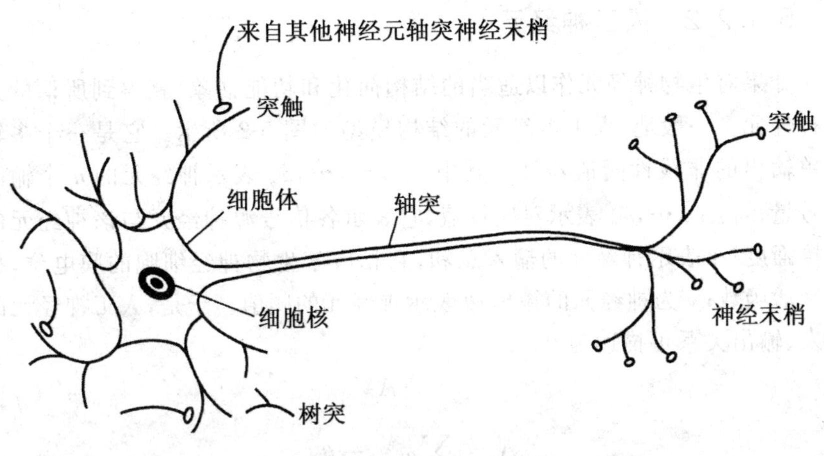

图 5-1 生物神经元结构

(3)树突。这是由细胞体向外伸出的除轴突外的其他分支,长度一般均较短,但分支很多。它相当于神经元的输入端,用于接收从四面八方传来的神经冲动。

突触一词首先由英国神经生理学家谢灵顿在 1897 年研究脊髓反射时提出,后被研究人员推广用于表示神经与效应器细胞间的功能关系部位。"synapse"这一词汇来源于希腊语,它的原意是接触或接点的意思。从神经元各组成部分的功能看,信息的处理与传递主要发生在突触附近。当神经元细胞体通过轴突传到突触前膜的脉冲幅度达到一定强度时,在超过其阈值电位后,突触前膜将向突触间隙释放神经传递的化学物质。神经元具有两种常态工作状态:兴奋与抑制,即所说的"0－1"律。当传入的神经冲动使细胞膜电位升高超过阈值时,细胞进入兴奋状态,产生神经冲动并由轴突输出;当传入的神经冲动使膜电位下降低于阈值时,细胞进入抑制状态,没有神经冲动输出。

人类的脑神经系统是一个高度复杂、非线性且具有并行信息处理能力的生物神经网络,它调节和管理着人体其他系统的活动和功能,如人类的思维、语言、感觉、情绪以及肢体运动等一系列活动,使得机体成为一个完整的统一体。在人类长期的进化发展过程中,神经系统特别是大脑皮质得到了高度的发展,产生了语言和思维,使得人类不仅能够被动地适应外界环境的变化,还能够主动地认识客观世界,理解客观世界。这也是人类神经系统区别于其他生物神经系统最重要的特性。

5.1.2.2 人工神经元

如果对生物神经元作以适当的结构简化和功能抽象，就得到所谓的人工神经元。一般地，人工神经元的结构模型如图 5-2 所示。它是一个多输入单输出的非线性阈值器件。其中，$x_1,x_2,\cdots,x_n$ 表示神经元的 n 个输入信号量；$\omega_1,\omega_2,\cdots,\omega_n$ 表示对应权值，它表示各信号源神经元与该神经元的连接强度；A 表示神经元的输入总和，它相应于生物神经细胞的膜电位，称为激活函数；y 为神经元的输出；θ 表示神经元的阈值。于是，人工神经元的输入、输出关系可描述为

$$y=f(A)$$

$$A=\sum_{i=1}^{n}\omega_i x_i-\theta$$

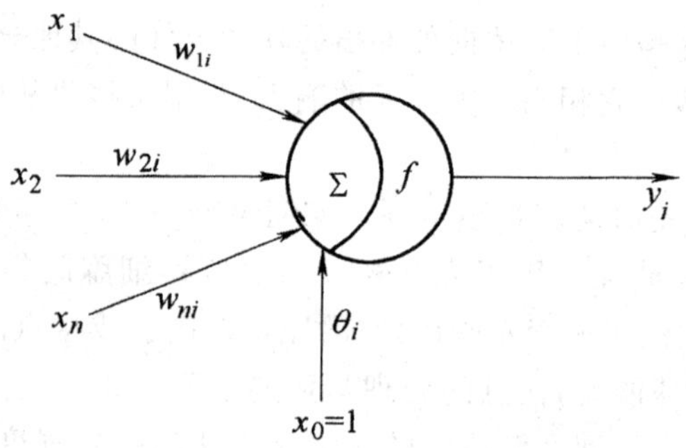

图 5-2 人工神经元结构模型

函数 $y=f(A)$ 称为特性函数（亦称作用函数或传递函数）。特性函数可以看作是神经元的数学模型。常见的特性函数有以下几种。

（1）阈值型。阈值型特性函数的形式为

$$y=f(A)=\begin{cases}1, A\geqslant 0\\0, A<0\end{cases}$$

（2）Sigmoid 型（S 型）。这类函数的输入—输出特性多采用指数、对数或双曲正切等 S 型函数表示。例如：

$$y=f(A)=\frac{1}{1+\mathrm{e}^{-4}}$$

S 型函数反映了神经元的非线性输出特性。

（3）分段线性型。神经元的输入—输出特性满足一定的区间线性关系，其特性函数表达为

$$y=f(A)=\begin{cases}0, A\leqslant 0\\ KA, 0\leqslant A\leqslant A_k\\ 1, A_k\leqslant A\end{cases}$$

式中，K、A_k 均为常量。

以上三种特性函数的图像依次如图 5-3(a)、(b)、(c)所示。由于特性函数的不同，神经元也就分为阈值型、S 型和分段线性型三类。另外，还有一类概率型神经元，它是一类二值型神经元。与上述三类神经元模型不同，其输出状态为 0 或 1 是根据激励函数值的大小，按照一定的概率确定的。例如，一种称为玻尔兹曼机神经元就属此类。

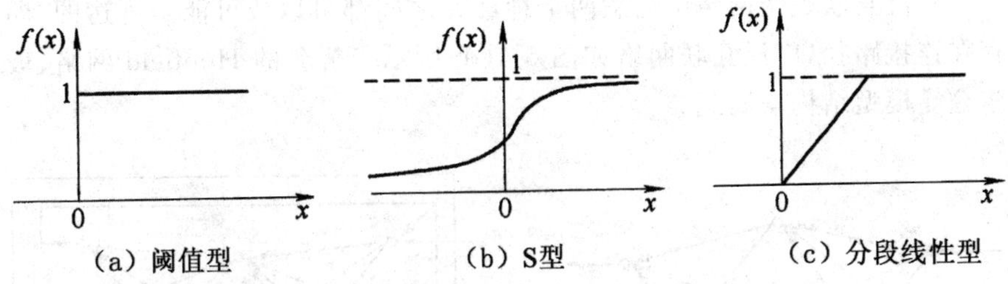

图 5-3　常用传递函数的函数图形

5.1.3　神经网络的互联结构

如果将多个神经元按某种拓扑结构连接起来，就构成了神经网络。根据连接的拓扑结构不同，神经网络可分为四大类：分层前向网络、反馈前向网络、互联前向网络和广泛互联网络。

5.1.3.1　分层前向网络

分层前向网络如图 5-4(a)所示。这种网络的结构特征是，网络由若干层神经元组成，一般有输入层、中间层(又称为隐层，可有一层或多层)和输出层。各层顺序连接，且信息严格地按照输入层进，经过隐层，从输出层出的方向流动，因此称为分层前向网络。其中输入层是网络与外部环境的接口，它接受外部输入；隐层是网络的内部处理层，神经网络具有的模式变换能力，如模式分类、模式完善和特征抽取等，主要体现在隐层神经元的处理能力上；输出层是网络的输出接口，网络信息处理结果由输出层向外输出。BP 网络就是一种典型的分层前向网络。

5.1.3.2　反馈前向网络

反馈前向网络如图 5-4(b)所示。它也是一种分层前向网络，但它的输出层到输入层具有反馈连接。反馈的结果形成封闭环路，具有反馈的单元也称为隐单元，其输出称为内部输出。

5.1.3.3 互联前向网络

互联前向网络如图 5-4(c)所示。它也是一种分层前向网络，但它的同层神经元之间有相互连接。同一层内单元的相互连接使它们之间有彼此牵制作用。

5.1.3.4 广泛互联网络

广泛互联是指网络中任意两个神经元之间都可以或可能是可达的，即存在连接路径，广泛互联网络如图 5-4(d)所示。著名的 Hopfield 网络、玻尔兹曼模型结构均属此类。

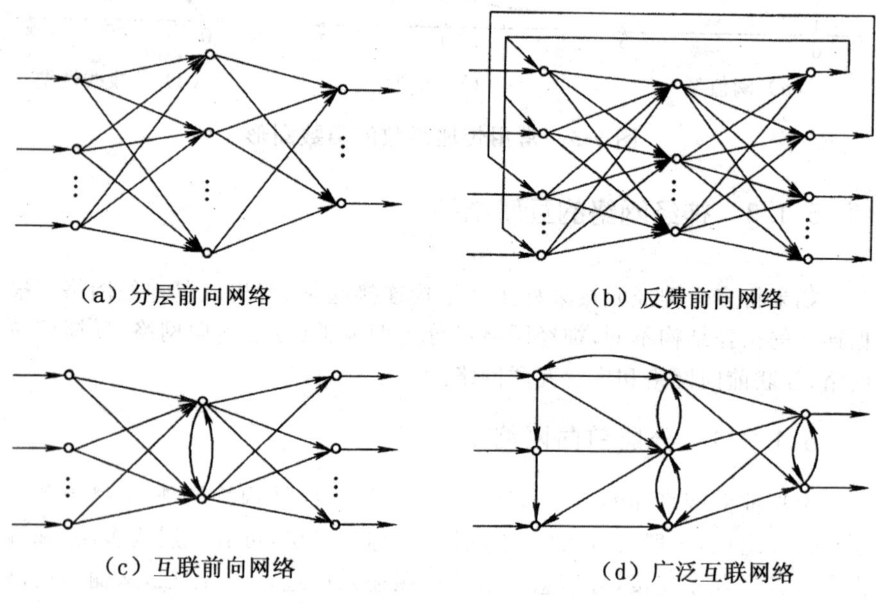

图 5-4 神经网络结构模型

显然，这四种网络结构的复杂程度是递增的。对于简单的前向网络，给定某一输入，网络能够迅速产生一个相应的输出模式。但在互联型网络中，输出模式的产生就不是这么简单。对于给定的某一输入模式，由某一初始网络参数出发，在一段时间内网络处于不断改变输出模式的动态变化中，网络最终可能会产生某一稳定输出模式，但也有可能进入周期性振荡或混沌状态。因此，互联型网络被认为是一种非线性动力学系统。

5.1.4 神经网络的学习算法

神经网络主要通过两种学习算法进行训练，即指导式（有师）学习算法和非指导式（无师）学习算法。此外，还存在第三种学习算法，即强化学习算法，可把它看作是有师学习的一种特例。

5.1.4.1 有师学习

有师学习算法能够根据期望的和实际的网络输出（对应于给定输入）之间的差来调整神经元间连接的强度或权值。因此，有师学习需要有老师或导师来提供期望或目标输出信号。有师学习算法的例子包括 Δ 规则、广义 Δ 规则或反向传播算法以及 LVQ 算法等。

5.1.4.2 无师学习

无师学习算法不需要知道期望输出。在训练过程中，只要向神经网络提供输入模式，神经网络就能够自动地适应连接权，以便按相似特征把输入模式分组聚集。无师学习算法的例子包括 Kohonen 算法和 Carpenter-Grossberg 自适应谐振理论（ART）等。

5.1.4.3 强化学习

如前所述，强化（增强）学习是有师学习的特例。它不需要老师给出目标输出。强化学习算法采用一个“评论员”来评价与给定输入相对应的神经网络输出的优度（质量因数）。强化学习算法的一个例子是遗传算法（GA）。

5.2 前向网络——BP 网络

BP 网络是在 1986 年由 Rumelhart 和 McCelland 领导的科学家小组所提出的，它是一种利用误差反向传播算法进行训练的多层前馈网络，是目前成功应用最广泛的神经网络模型之一。

5.2.1 感知器

感知器模型是由美国学者 F. Rosenblatt 于 1957 年提出的。它同 MP

模型的不同之处是假定神经元的突触权值是可变的，就可以进行自学习。感知器模型在神经网络研究中有着重要的意义和地位，因为感知器模型包含了自组织、自学习的思想。

基本感知器是一个分为输入层与输出层的双层网络，每一层可由多个处理单元构成，如图 5-5 所示。

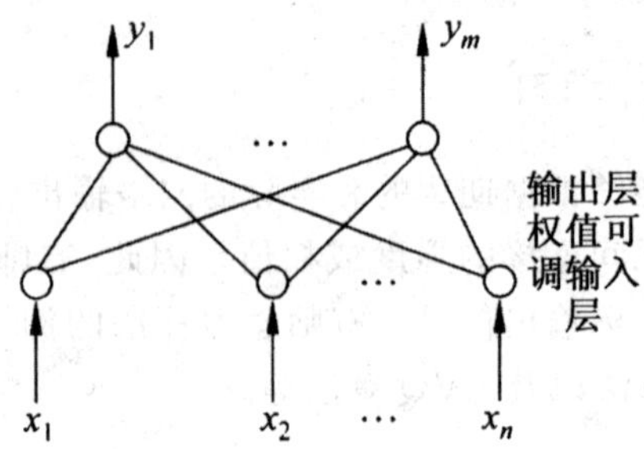

图 5-5　基本感知器的结构

感知器的学习方式为典型的有教师学习（训练）。训练要素有两个：训练样本与训练规则。当给定某一训练模式时，输出单元会产生一个实际的输出向量，用期望输出与实际输出之差修正网络权值。权值修正采用 δ 学习规则，因而感知机的学习算法为

$$y_j(t) = f\left[\sum_{i=1}^{n} \omega_{ij}(t)x_i - \theta_j\right]$$

式中，$y_j(t)$ 为 t 时刻的输出；x_i 为输入向量的一个分量；$\omega_{ij}(t)$ 为 t 时刻第 i 个输入的加权值；θ_j 为阈值；$f[\cdot]$为阶跃函数。

传统的感知器算法只有一个输出节点，相当于单个神经元。当它用于两类模式的分类时，相当于在高维样本空间中用一个超平面将两类样本分开。F. Rosenblatt 证明出如果两类模式是线性可分的，则算法一定收敛，即通过学习调整突触权值可以得到合适的判决边界，正确区分两类模式，如图 5-6(a)所示；而对于线性不可分的两类模式，如图 5-6(b)所示，判定边界会产生振荡，使得网络不收敛，无法用一条直线区分两类模式。

感知器的输出状态只有两种，“0”或“1”。如图 5-7 所示，逻辑运算结果“0”表示 11 类，由空心小圆表示；逻辑运算结果“1”代表 12 类，由实心小圆表示。可见单层感知器可实现逻辑“与”“或”运算，即总可以得到一条直线将“0”和“1”区分开来，但单层感知器无法实现逻辑“异或”运算，即无法用一条直线将“0”和“1”区分开。

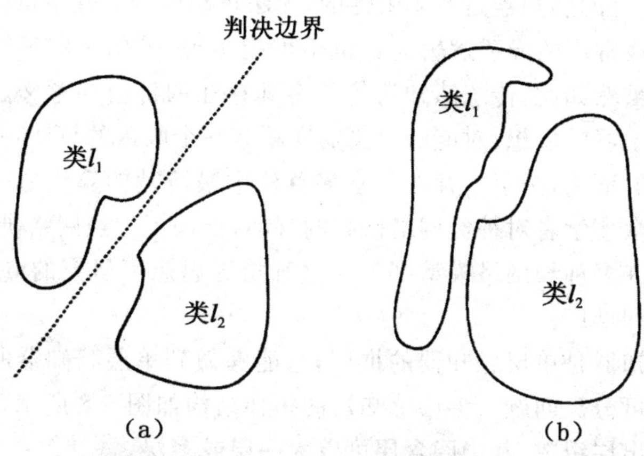

图 5-6 线性可分与不可分的问题

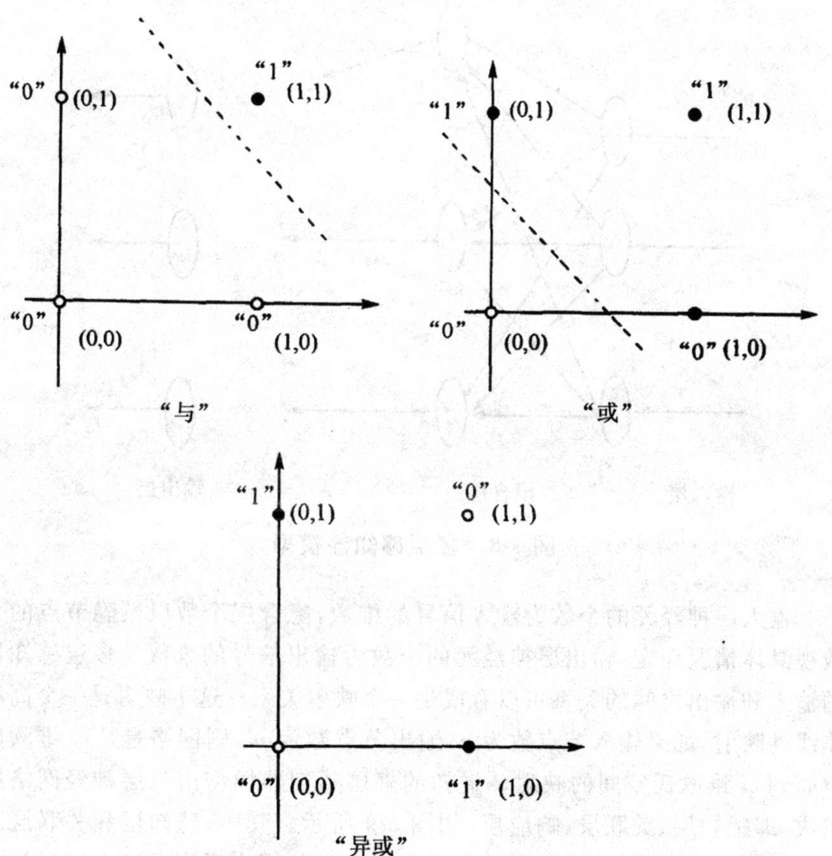

图 5-7 传统感知器的逻辑运算问题

因而，传统的感知器是有局限性的，无法正确区分线性不可分的两类模式。即使是最常用的异或逻辑运算也不可能实现，采用多层感知器可解决此类问题。虽然如此，传统感知器依然有其存在的价值和意义。它提出了自组织和自学习的思想；对能够解决的问题有一个收敛的算法，并从数学上给出了严格的证明，是至今存在的众多算法中最清楚的算法之一。因此它不仅引起了众多学者对神经网络研究的兴趣，推动了神经网络研究的发展，并且后来的许多神经网络模型都是在这种指导思想下研究的，或者是这种模型的改进和推广。

多层感知器是单层感知器的推广，它能够做到单层感知器所无法做到的非线性的可分类问题。多层感知器的拓扑结构如图 5-8 所示，由输入层、隐含层和输出层组成，其中隐含层可以为一层或多层。

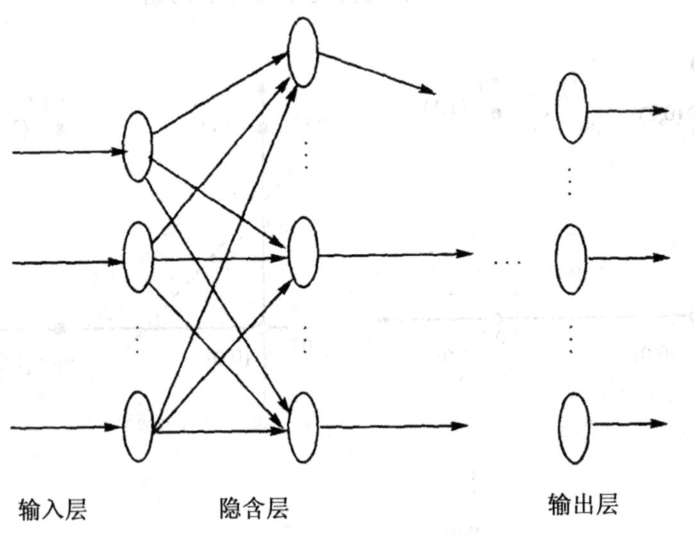

图 5-8　多层感知器模型

输入层神经元的个数为输入信号的维数，隐含层个数以及隐节点的个数视具体情况而定，输出层神经元的个数为输出信号的维数。多层感知器的输入和输出之间的关系可以看成是一个映射关系。这个映射是一个高度非线性映射，如果输入节点数为 n，输出节点数为 m，则网络是从 n 维欧氏空间到 m 维欧氏空间的映射。最初的多层感知器模型由三层神经网络所组成，即感知层、关联层、响应层，如图 5-9 所示。其中，感知层和关联层之间的耦合是固定的，只有关联层和响应层之间的耦合程度是可以通过学习进行转化的。如果在关联层和响应层之间加上一层或多层隐单元，则感知器的功能会大大增强。

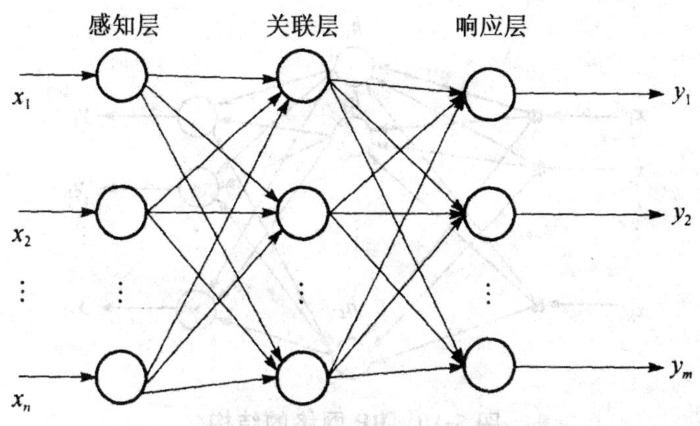

图 5-9　三层感知器模型

多层感知器同单层感知器相比具有四个明显的特点。

(1)多层感知器在输入输出层之间增加了一层或多层隐单元,隐单元从输入模式中提取更多有用的信息,使网络可以完成更复杂的任务。

(2)多层感知器中每个神经元的激励函数是可微的 Sigmoid 函数,例如:

$$v_i = \frac{1}{1 + \exp(-u_i)}$$

式中,u_i 为第 i 个神经元的输入信号;v_i 为该神经元的输出信号。

(3)多层感知器的多个突触使得网络更具连通性,连接域的变化或连接权值的变化都能够引起连通性的改变。

(4)多层感知器具有独特的学习算法,该学习算法就是著名的 BP 算法,所以多层感知器也常常被称为 BP 网络。

多层感知器所具有的这些新特点,使得它具有强大的计算能力,成为目前应用最为广泛的神经网络之一。

5.2.2　BP 网络的结构

BP 网络由输入层、输出层和隐含层组成。其中,隐含层可以为一层或多层。如图 5-10 所示,是含有一层隐含层 BP 神经网络的典型结构图。BP 神经网络在结构上类似于多层感知机,但两者侧重点不同。

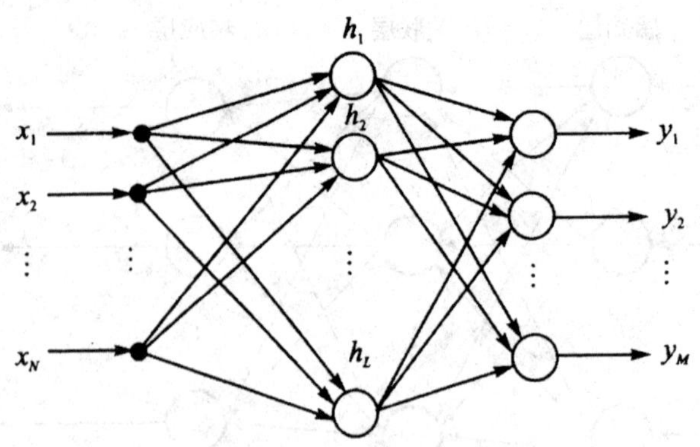

图 5-10　BP 网络的结构

5.2.3　BP 网络学习算法

BP 网络学习算法的基本思想是，通过一定的算法调整网络的权值，使网络的实际输出尽可能接近期望的输出。在本网络中采用误差反传（BP）算法来调整权值。

假设有 m 个样本 $(\hat{X}_h, \hat{Y}_h)(h=1,2,\cdots,m)$，将第 h 个样本的 $\hat{X}_h$ 输入网络，得到的网络输出为 Y_h，则定义网络训练的目标函数为 $J=\frac{1}{2}\sum_{h=1}^{m}\left\|\hat{Y}_h-Y_h\right\|^2$。网络训练的目标是使 J 最小，其网络权值 BP 训练算法可描述为 $\omega(t+1)=\omega(t)-\eta\frac{\partial J}{\partial\omega(t)}$，式中，$\eta$ 为学习率。针对 $\omega_{jk}^{(2)}$ 和 $\omega_{ij}^{(1)}$ 的具体情况，训练算法可分别描述为 $\omega_{jk}^{(2)}(t+1)=\omega_{jk}^{(2)}(t)-\eta_1\frac{\partial J}{\partial\omega_{jk}^{(2)}(t)}$，$\omega_{ij}^{(1)}(t+1)=\omega_{ij}^{(1)}(t)-\eta_2\frac{\partial J}{\partial\omega_{ij}^{(1)}(t)}$。令 $J=\frac{1}{2}\left\|\hat{Y}_h-Y_h\right\|^2$，则 $\frac{\partial J}{\partial\omega}=\sum_{h=1}^{m}\frac{\partial J_h}{\partial\omega}$，$\frac{\partial J_h}{\partial\omega_{jk}^{(2)}}=\frac{\partial J_h}{\partial Y_{hk}}\frac{\partial Y_{hk}}{\partial\omega_{jk}^{(2)}}=-(\hat{Y}_{hk}-Y_{hk})Out_j^{(2)}$，式中，$Y_{hk}$ 和 $\hat{Y}_{hk}$ 分别为第 h 组样本的网络输出和样本输出的第 k 个分量。而且有

$$\frac{\partial J_h}{\partial\omega_{ij}^{(1)}}=\sum_k\frac{\partial J_h}{\partial Y_{hk}}\frac{\partial Y_{hk}}{\partial Out_j^{(2)}}\frac{Out_j^{(2)}}{\partial In_j^{(2)}}\frac{\partial In_j^{(2)}}{\partial\omega_{ij}^{(1)}}=-\sum_k(\hat{Y}_{hk}-Y_{hk})\omega_{jk}^{(2)}\phi'Out_i^{(1)}$$

上述训练算法可以总结如下：

(1)依次取第 h 组样本 $(\hat{X}_h, \hat{Y}_h)(h=1,2,\cdots,m)$，将 $\hat{X}_h$ 输入网络，得到网络输入 Y_h。

(2)计算 $J=\frac{1}{2}\sum_{h=1}^{m}\left\|\hat{Y}_h-Y_h\right\|^2$，如果 $J<\varepsilon$，退出训练；否则，进行

第 (3)～(5)步。

(3)计算$\frac{\partial J_h}{\partial \omega}(h=1,2,\cdots,m)$。

(4)计算 $\frac{\partial J}{\partial \omega}=\sum_{h=1}^{m}\frac{\partial J_h}{\partial \omega}$。

(5)$\omega(t+1)=\omega(t)-\eta\frac{\partial J}{\partial \omega(t)}$,修正权值,返回(1)。

5.3 前向网络——RBF 网络

前向网络的 BP 算法可以看作递归技术的应用,属于统计学中的随机逼近方法。此外,还可以把神经网络学习算法的设计看作是一个高维空间的曲线拟合问题。这样,学习等价于寻找最佳拟合数据的曲面,而泛化等价于利用该曲面对测试数据进行插值。1985 年,Powell 首先提出了多变量插值的径向基函数(RBF)方法。1988 年,Broomhead 和 Lowe 将 RBF 用于神经网络设计,而 Moody 和 Darken 提出了具有代表性的 RBF 网络学习算法。

5.3.1 RBF 网络模型

RBF 网络属于前向神经网络中的一种类型,一般为三层结构,如图 5-11 所示。设其中输入层具有 n 个神经元节点,隐层神经元的节点数为 r,输出层具有 m 个神经元节点。输入层一般由一些感知单元组成,负责将网络与外界环境连接起来。隐层(径向基层)神经元的基函数对于输入信号将在局部产生响应;而输出层会采用纯线性函数作为激活函数。

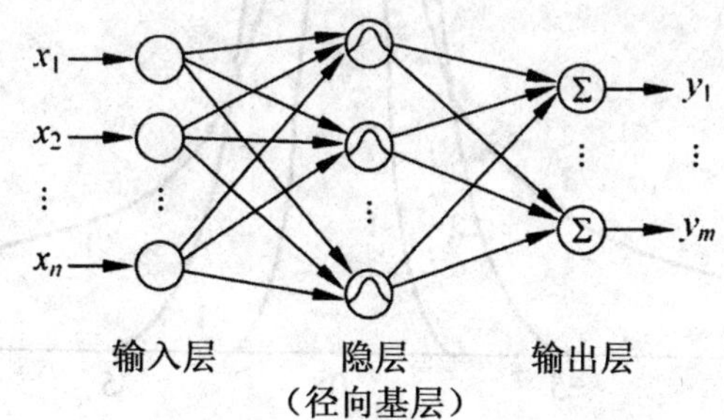

图 5-11 RBF 网络的结构图

下面假设隐层的第 j 个神经元与输入层的 n 个神经元之间的连接权向量为

$$W_j=(\omega_{j1}\quad \omega_{j2}\quad \cdots\quad \omega_{jn})^{\mathrm{T}}\quad (j=1,2,\cdots,r)$$

则隐层神经元与输入层神经元之间的连接权值矩阵可表示为

$$W^1=(W_1\quad W_2\quad \cdots\quad W_r)^{\mathrm{T}}$$

$W^2\in \mathrm{R}^{m\times r}$ 为输出层与隐层神经元之间的输出权值矩阵。隐层神经元采用径向基函数作为激活函数，输出层神经元则采用线性函数作为激活函数。径向基函数可以采用多种形式，大量径向基函数满足 Micchelli 定理，如下式所示，其曲线形状分别如图 5-12 所示。

(1)Gaussian(高斯)函数。

$$\varphi(r)=\exp\left(-\frac{r^2}{2\delta^2}\right)$$

(2)Sigmoid 函数。

$$\varphi(r)=\frac{1}{1+\exp\left(\frac{r^2}{\delta^2}\right)}$$

(3)Multiquadric 函数。

$$\varphi(r)=\frac{1}{(r^2+\delta^2)^{1/2}}$$

上述函数中的 δ 称为该基函数的宽度或扩展常数，从图 5-12 可以看出，该参数越小，该基函数就自变量区域的选择性或针对性就越强。

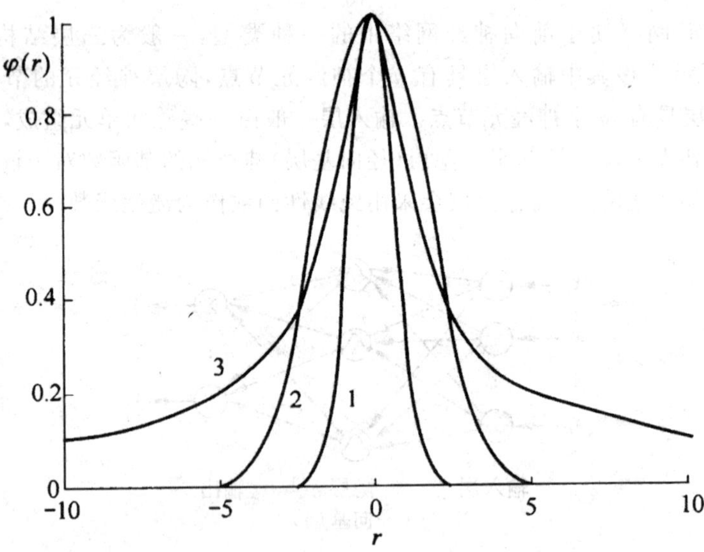

图 5-12　3 种常用的径向基函数

如前文所述，在多层感知器神经网络(包括BP网络)中，隐层的神经网络节点的基函数通常采用线性函数，而神经元的功能函数则采用Sigmoid函数或硬极限函数。与多层感知器不同的是，RBF网络最显著的特点是隐层节点的基函数(或功能函数)通常采用距离函数(如欧几里得距离)，并使用径向基函数(如Gaussian函数)作为激活函数。径向基函数的特点是关于n维空间中的一个中心点具有径向对称性，并且神经元的输入离中心点越远，那么神经元的激活程度就越低。RBF网络中隐层节点的这一特性通常被称为“局部特性”。

5.3.2 RBF网络的数学基础

RBF网络是以函数逼近理论为基础所构造的一种前向网络。从函数逼近的观点出发，RBF网络恰当地选择一组径向基函数，使得任何函数都可用这一组径向基函数的加权和进行表示，进而实现利用RBF网络来逼近任何未知函数。

理解RBF网络的工作原理可从3种不同的方向出发：(1)当用RBF网络解决非线性映射问题时，可用函数逼近与内插的观点来解释，对于其中存在的不适定问题，可用正则化理论来解决；(2)当用RBF网络解决复杂的模式分类问题时，用模式可分性观点来理解比较清晰，它的潜在合理性基于Cover关于模式可分的定理；(3)建立在密度估计概念上的核回归估计理论。

5.3.2.1 插值问题

实际中经常会遇到这样的问题：已知某函数在若干离散点上的函数值或导数信息，而函数的解析式是未知的，或者该函数虽然存在解析式但是其计算较为复杂，这时可通过一个简单同时便于计算的新函数来近似代替，且满足在上述离散点上的函数约束条件。如果约束条件中只有若干函数值的约束，则该插值问题又被称为Lagrange插值。对于RBF网络的设计而言，实现函数插值主要是设计网络隐层的基函数以及网络的输出权值。插值问题可以这样描述：

如果给定一个包含N个不同点的集合$\{x_i \in \mathrm{R}^n \mid i=1,2,\cdots,N\}$以及相应的$N$个实数值所组成的集合$\{d_i \in \mathrm{R}^1 \mid i=1,2,\cdots,N\}$，插值的目的就是寻找一个非线性映射函数$f:\mathrm{R}^n \rightarrow \mathrm{R}^1$，使其满足下述插值条件：

$$f(x_i)=d_i(i=1,2,\cdots,N)$$

5.3.2.2 径向基函数技术解决插值问题

采用径向基函数技术解决插值问题的方法是，选择 i 个基函数，每一个基函数对应一个训练数据，各基函数的形式为

$$\varphi(\|X-X_i\|)(i=1,2,\cdots,i)$$

式中，基函数 φ 为非线性函数；训练数据点 X_i 为 φ 的中心。基函数以输入空间的点 X 与中心 X_i 的距离作为函数的自变量。由于距离是径向同性的，所以函数 φ 被称为径向基函数。对于一个 N 维输入一维输出的 RBF 网络来说，则该网络就代表从 N 维输入空间到一维输出空间的一种映射关系。对于 RBF 网络的设计而言，就是选择一个函数具有如下形式：

$$f(x)=\sum_{i=1}^{N}\omega_i\varphi_i(\|X-X_i\|)$$

该函数可表示为 N 个函数的线性组合，每个函数为一个径向基函数，其中 $\|\cdot\|$ 为范数，一般采用欧几里得范数，$X_i\in R^n(i=1,2,\cdots,N)$ 如上所述为 N 个径向基函数的中心值。

对于给出的 N 组数据集合 $(X_1,d_1),\cdots,(X_N,d_N)$，得到以下线性方程组：

$$\begin{bmatrix}\varphi_{11} & \varphi_{12} & \cdots & \varphi_{1N}\\ \varphi_{21} & \varphi_{22} & \cdots & \varphi_{2N}\\ \vdots & \vdots & \ddots & \vdots\\ \varphi_{N1} & \varphi_{N2} & \cdots & \varphi_{NN}\end{bmatrix}\begin{bmatrix}w_1\\ w_2\\ \vdots\\ w_N\end{bmatrix}=\begin{bmatrix}d_1\\ d_2\\ \vdots\\ d_N\end{bmatrix}$$

其中，$\varphi_{ji}=\varphi_i(\|X_j-X_i\|)(j,i\in 1,2,\cdots,N)$。

令 Φ 表示元素为 φ_{in} 的 $N\times N$ 阶矩阵，W 和 d 分别表示系数向量和期望输出向量，则以上方程组还可表示成如下的向量形式：

$$\Phi W=d$$

式中，Φ 称为插值矩阵。若 Φ 为可逆矩阵，就可以从上式中解出系数向量 W，即

$$W=\Phi^{-1}d$$

可以证明，当径向基函数满足 Micchelli 定理时，则对应的矩阵 A 为非奇异矩阵。如何保证插值矩阵的可逆性？Micchelli 定理给出了如下条件。

定理 5.1(Micchelli 定理)　如果 $X_i\in R^n(1,2,\cdots,N)$ 是 N 个互不相同的点，则 $N\times N$ 阶插值矩阵是非奇异的。

$$A=\begin{pmatrix}\varphi_{11} & \varphi_{12} & \cdots & \varphi_{1N}\\ \varphi_{21} & \varphi_{22} & \cdots & \varphi_{2N}\\ \cdots & \cdots & \ddots & \cdots\\ \varphi_{N1} & \varphi_{N2} & \cdots & \varphi_{NN}\end{pmatrix}$$

其中，$\varphi_{ji}=\varphi_i(\|X_j-X_i\|)(j,i\in 1,2,\cdots,N)$。

5.3.3 RBF网络学习算法

RBF 网络学习算法需要求解 3 个参数，即基函数中心、宽度和隐层到输出层的权值。径向基函数通常采用高斯函数，根据对径向基函数中心选取方法的不同，提出了多种 RBF 网络学习算法，其中 Moody 和 Darken 提出的两阶段学习算法较为常用。第一阶段为非监督学习，采用 K-均值聚类法决定隐层的 RBF 的中心和方差；第二阶段为监督学习，利用最小二乘法计算隐层到输出层的权值。RBF 网络的激活函数通常采用的高斯函数为

$$G_j(x-c_j)=\mathrm{e}^{-\frac{1}{2\sigma_j^2}\|x-c_j\|^2}$$

式中，x 为输入向量；c_j 是第 j 个神经元的 RBF 中心向量；σ_j 为第 j 个 RBF 的方差；$\|\cdot\|$ 为欧氏范数。RBF 网络的输出为

$$y_k(x)=\sum_{j=1}^{J}\omega_{kj}G_j(x-c_j)(j=1,2,\cdots,J)$$

实现 RBF 网络学习算法的具体步骤如下：

(1)随机选取训练样板数据作为聚类中心向量初始化，确定 J 个初始聚类中心向量。

(2)将输入训练样板数据 x_i 按最邻近聚类原则选择最近的聚类 j^*，且

$$c_{j^*}=\underset{j}{\operatorname{argmin}}\|x-c_j\|$$

(3)聚类中心向量更新。若全部聚类中心向量不再发生变化，则所得到的聚类中心即为 RBF 网络最终基函数中心，否则返回(2)。

(4)采用较小的随机数对隐层和输出层间的权值初始化。

(5)利用最小二乘法计算隐层和输出层之间神经元的连接权值。

(6)权值更新。首先求出各输出神经元中的误差

$$e_k=d_k-y_k(x)$$

式中，d_k 为输出神经元 k 的期望输出。然后，再更新权值为

$$\omega_{kj}^{\text{new}}=\omega_{kj}^{\text{old}}+\eta e_k G_j(x-c_j)$$

式中，η 为学习率。

(7)若满足终止条件，结束。否则返回(5)。

5.4 反馈网络——Hopfield 网络

BP 神经网络与 RBF 网络都属于前向网络。在这类网络中，各层神经元节点接收前一层输入的数据，经过处理输出到下一层，数据正向流动，没有反馈连接。从控制系统的观点看，它缺乏系统动态性能。反馈网络的输出除了与当前输入和网络权值有关以外，还与网络之前的输入有关。典型的反馈网络有 Hopfield 网络、Elman 网络、CG 网络模型、盒中脑模型和双向联想记忆等。这里重点讲述 Hopfield 网络。在 1982 年和 1984 年，美国加州理工学院 John Hopfield 教授先后提出离散型和连续型 Hopfield 网络，引入“能量函数”的概念，给出了连续型 Hopfield 网络的硬件电路，同时开拓了神经网络用于联想记忆和优化计算的新途径。

5.4.1 离散型 Hopfield 网络

1982 年，Hopfield 提出了离散 Hopfield 网络，同前向神经网络相比，在网络结构、学习算法和运行规则上都有很大的不同。这是一种二值型网络，即网络的输出为{−1，+1}或{0，1}，神经元的功能函数为线性的阈值函数，这种神经网络被称为离散型 Hopfield 网络，简称离散 Hopfield 网络。

5.4.1.1 离散 Hopfield 网络的结构

最初提出的 Hopfield 网络是离散型网络，输出只能取 0 或 1，分别表示神经元的抑制和兴奋状态。离散型 Hopfield 网络的结构如图 5-13 所示。通过该图容易发现，离散型 Hopfield 网络是一个单层网络，其中包含神经元节点的个数为 n。对于每个节点而言，其输出都和其他神经元的输入相连接，而且其输入又和其他神经元的输出相连接。对于每一个神经元节点，其工作方式仍同之前一样，即

$$\begin{cases} s_i(k) = \sum \omega_{ij} x_j(k) - \theta_i \\ x_i(k+1) = f(s_i(k)) \end{cases} \tag{5-1}$$

式中，$\omega_{ij}=0$；θ_i 为阈值；$f(\cdot)$是变换函数。对于离散 Hopfield 网络，$f(\cdot)$通常为二值函数，1 或−1，0 或 1。

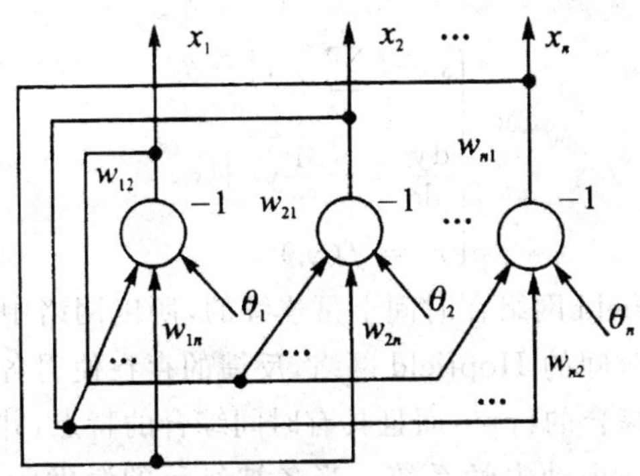

图 5-13　离散 Hopfield 网络的结构

5.4.1.2　离散 Hopfield 网络的工作方式

一般地，离散型 Hopfield 网络的工作方式有以下两种：

(1)异步方式。这种工作方式的基本特点是任意时刻都仅有一个神经元改变状态，而网络中的其余神经元均保持原有状态，既不输出也不输入，人们又将该方式称为串行工作方式。在异步方式下，神经元的选择既可以采用随机方式，也可以人为设置预定顺序。例如，当第 i 个神经元处于工作点时，整个网络的状态变化方式为

$$\begin{cases} x_i(k+1) = f(\sum_{j=1}^{n} \omega_{ij} x_j(k) - \theta_i) \\ x_j(k+1) = x_j(k), j \neq i \end{cases}$$

(2)同步方式。这种工作方式的基本特点是在某一时刻可能有 $n_1(0 < n_1 \leqslant n)$ 个神经元同时改变状态，而网络中的其余神经元均保持原有状态，既不输出也不输入，人们又将该方式称为并行工作方式。与异步方式相同，神经元的选择既可以采用随机方式，也可以人为设置预定顺序。当 $n_1 = n$ 时，称为全并行方式，此时所有神经元都按照式(5-1)改变状态，即

$$x_i(k+1) = f(\sum_{j=1}^{n} \omega_{ij} x_j(k) - \theta_i)(i = 1, 2, \cdots, n)$$

5.4.2　连续型 Hopfield 网络

Hopfield 网络的输出层采用连续函数作为传输函数，被称为连续型 Hopfield 网络。连续型 Hopfield 网络的结构和离散型 Hopfield 网络的结构相同。不同之处在于其传输函数不是阶跃函数或符号函数，而是 S 型的连续函数。对于连续型 Hopfield 网络的每一神经元节点，其工作方式为

$$
\begin{cases}
s_i = \sum_{j=1}^{n} \omega_{ij} x_j - \theta_j \\
\dfrac{\mathrm{d}y_i}{\mathrm{d}t} = -\dfrac{1}{\tau} y_i + s_i \\
x_i = f(y_i)
\end{cases}
$$

连续型 Hopfield 网络在时间上是连续的，所以网络中各神经元是并行工作的。对连续时间的 Hopfield 网络，反馈的存在使得各神经元的信息综合不仅具有空间综合的特点，而且具有时间综合的特点，并使得各神经元的输入输出特性为一个动力学系统。当各神经元的激发函数为非线性函数时，整个连续 Hopfield 网络为一个非线性动力学系统。一般地，人们总是倾向于采用非线性微分方程来对连续的非线性动力学系统进行数学描述。如图 5-14 所示，给出了连续 Hopfield 网络的硬件实现方案，该方案提供的电路可以快速地自动求解前述非线性微分方程，准确率十分可观。

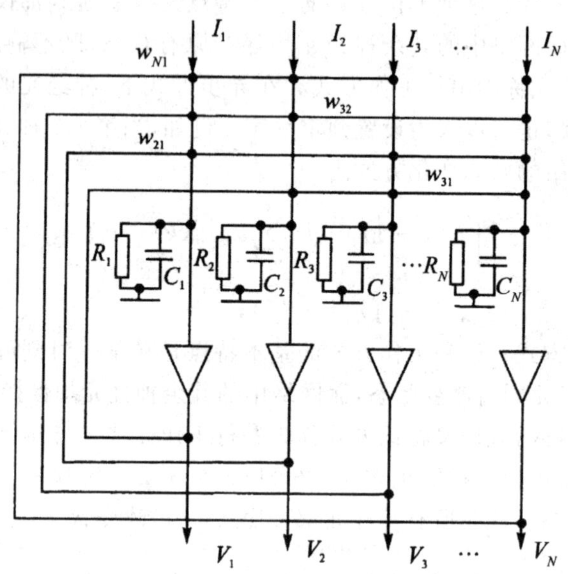

图 5-14　连续 Hopfield 网络的硬件实现

一般地，若网络的状态 $\boldsymbol{x}$ 满足 $\boldsymbol{x}=f(\boldsymbol{W}\boldsymbol{x}-\boldsymbol{\theta})$，则称 x 为网络的吸引子或稳定点。连续 Hopfield 网络的能量函数可定义为

$$
\begin{aligned}
E &= -\frac{1}{2}\sum_{i=1}^{n}\sum_{j=1}^{n}\omega_{ij}x_j x_i + \sum_{i=1}^{n} x_i\theta_i + \sum_{i=1}^{n}\frac{1}{\tau_i}\int_0^{x_i} f^{-1}(\eta)\,\mathrm{d}\eta \\
&= -\frac{1}{2}\boldsymbol{x}^{\mathrm{T}}\boldsymbol{W}\boldsymbol{x} + \boldsymbol{x}^{\mathrm{T}}\boldsymbol{\theta} + \sum_{i=1}^{n}\frac{1}{\tau_i}\int_0^{x_i} f^{-1}(\eta)\,\mathrm{d}\eta
\end{aligned}
$$

因此，可得到能量关于状态 x_i 的偏导为

$$\begin{aligned}\frac{\partial E}{\partial x_i} &= -\sum_{j=1}^{n}\omega_{ij}x_j+\theta_i+\frac{1}{\tau_i}\int_0^{x_i}f^{-1}(x_i)\\ &= -\sum_{j=1}^{n}\omega_{ij}x_j+\theta_i+\frac{1}{\tau_i}\int_0^{x_i}y_i=-\frac{\mathrm{d}y_i}{\mathrm{d}t}\end{aligned}$$

进而，可求得能量对时间的导数为

$$\frac{\mathrm{d}E}{\mathrm{d}t}=\sum_{i=1}^{n}\left(-\frac{\mathrm{d}y_i}{\mathrm{d}t}\frac{\mathrm{d}x_i}{\mathrm{d}t}\right)=-\sum_{i=1}^{n}\left(\frac{\mathrm{d}y_i}{\mathrm{d}x_i}\frac{\mathrm{d}x_i}{\mathrm{d}t}\frac{\mathrm{d}x_i}{\mathrm{d}t}\right)=-\sum_{i=1}^{n}\left(\frac{\mathrm{d}y_i}{\mathrm{d}x_i}\left(\frac{\mathrm{d}x_i}{\mathrm{d}t}\right)^2\right)$$

由于 $x_i=f(y_i)$ 为 S 型函数，属于单调增函数。因此，反函数 $y_i=f^{-1}(x_i)$ 也是单调增函数，可知 $\frac{\mathrm{d}y_i}{\mathrm{d}x_i}>0$，$\frac{\mathrm{d}E}{\mathrm{d}t}\leqslant 0$。

5.5　神经网络控制

5.5.1　神经网络控制的原理

众所周知，通过确定适当的控制量输入而获得人们所想要的输出结果，这是控制系统的根本目的所在。如图 5-15(a)所示，给出了一个简单的反馈控制系统的原理示意图。关于这个反馈控制系统，不是要讨论的重点。我们所关心的问题是，在图 5-15(a)所示的控制系统中，将其控制器用神经网络控制器替代，不仅可以同样地完成控制任务，而且可以获得更好的控制效果。接下来，就来讨论神经网络控制的原理。设控制系统的输入为 u，输出为 y，u 与 y 满足非线性关系，也就是说，y 是 u 的非线性函数，即

$$y=g(u) \tag{5-2}$$

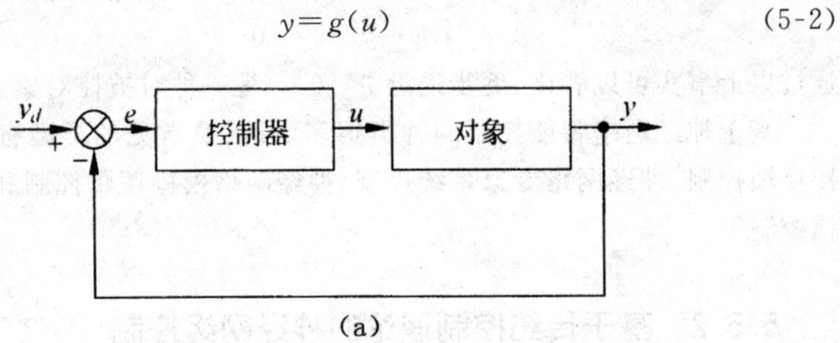

(a)

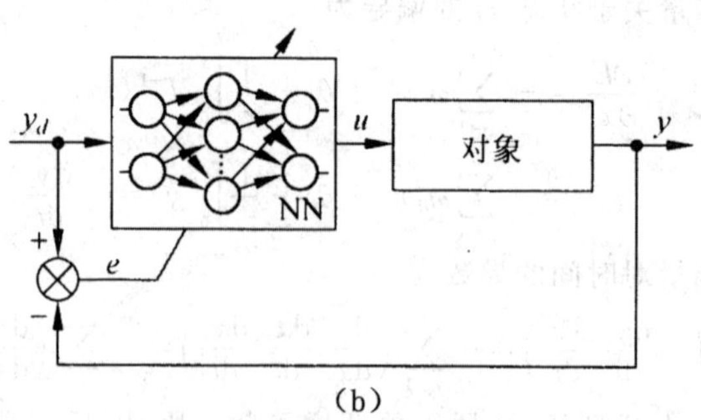

(b)

图 5-15 反馈控制与神经控制的对比

假设期望得到的系统输出为 y_d,那么,确定最佳的输入量 u,使得 $y=y_d$,就是系统控制的目的所在。在基于神经网络的智能控制系统中,神经网络需要实现从输入到输出的某种映射功能。换句话说,神经网络就是要实现某类特定的函数变换规则,使得人们可以在向神经网络的智能控制系统输入某一量 u 的情况下,获得与期望输出 y_d 相吻合的结果。设

$$u=f(y_d) \tag{5-3}$$

为了使得 $y=y_d$,把式(5-3)代入式(5-2)中,则有

$$y=g[f(y_d)] \tag{5-4}$$

容易发现,如果 $f(\cdot)=g^{-1}(\cdot)$,便可实现 $y=y_d$。

实践经验表明,当采用神经网络控制时,通常被控对象不仅十分复杂而且具有十分显著的不确定性,故而要想建立式(5-4)中的非线性函数 $g(\cdot)$,是一项十分困难的工作。事实上,能够逼近非线性函数,这是神经网络最显著的能力之一,利用神经网络的这一功能便可以模拟 $g(\cdot)$。

模拟得到的 $g(\cdot)$,其具体形式一般都是未知的,但是,人们可以利用神经网络的学习算法来逐步减小 y 与 y_d 之间的误差,使得模拟结果逐步逼近 $g^{-1}(\cdot)$。具体做法是,对调整神经网络连接权值进行适当的挑战,使得

$$e=y_d-y\rightarrow 0$$

通过以上事实可以看出,逐步逼近 $g^{-1}(\cdot)$是一种对被控对象求逆的过程。

基于神经网络智能控制的种类很多,目前最常见的类型有神经网络直接反馈控制、神经网络专家系统控制、神经网络模糊逻辑控制和神经网络滑模控制等。

5.5.2 基于传统控制理论的神经网络控制

在传统控制系统中,神经网络常常被用于实现传统控制中的某些特定

环节,如辨识、估计、优化计算等。具体的应用方式多种多样,限于本书篇幅,这里仅列举如下几种最常用的方式。

5.5.2.1 神经逆动态控制

设系统的状态观测值与输入控制信号满足的映射关系为

$$x(t)=F[u(t),x(t-1)]$$

式中,$x(t)$表示状态观测值;$u(t)$表示输入控制信号;F表示二者之间的映射法则,它可能已知也可能是未知的,为了便于讨论,事先约定F是可逆的,即$u(t)$可从$x(t)$和$x(t-1)$中求出,通过训练神经网络的动态响应为

$$u(t)=H[x(t),x(t-1)]$$

式中,H为F的逆动态。

5.5.2.2 神经PID控制

将神经元或神经网络和常规PID控制相结合,根据被控对象的动态特性变化情况,利用神经元或神经网络的学习算法,在控制过程中对PID控制参数进行实时优化调整,达到在线优化PID控制性能的目的。上述这样的复合控制形式统称为神经元PID控制或神经PID控制。

5.5.2.3 模型参考神经自适应控制

将神经网络的相关技术应用到传统的模型参考自适应控制系统之中,或是改进其原有的对象模型和控制器,或是对其自适应机构进行转型升级,或是对其控制参数进行优化等,这样的系统统称为模型参考神经自适应控制。

5.5.2.4 神经自校正控制

如图5-16所示,给出了基于单神经网络的神经自校正控制系统结构示意图。在这类控制系统中,评价函数一般取为$e=y_d-y$,或采用形式$e(t)=M_y[y_d(t)-y(t)]+M_u u(t)$。其中,$M_y$和$M_u$为适当维数的矩阵。该方法的有效性在水下机器人姿态控制中得到了证实。

除上述形式外,神经网络和传统控制的结合形式,还有神经内膜控制、神经预测控制、神经最优决策控制等形式,限于本书篇幅,这里不再赘述。

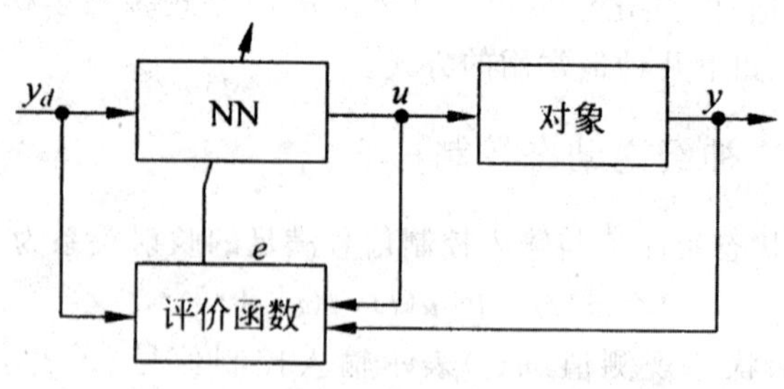

图 5-16 神经自校正控制的一种结构

5.5.3 神经 PID 控制

在传统的控制技术领域，PID 调节器由于具有结构简单、参数整定、便于调节等方面的优点而得到了广泛的应用。然而，随着应用的日趋广泛，这类调节器的局限性也不断暴露出来，如参数难以自动适应环境、面对复杂系统控制的有效性不足、并行处理能力较弱、鲁棒性欠佳等。与之相反，神经网络却刚好具有十分强大的自适应和并行处理能力，而其鲁棒性也非常好，如果将神经网络应用到传统的 PID 调节器中，则刚好可以弥补 PID 调节器的上述不足，使其性能得到更加充分的发挥。接下来，就对神经 PID 控制展开讨论。

根据 PID 控制的有关理论可知，只有同步调整 PID 控制的比例、积分、微分三种控制方式，找出它们既配合又制约的最佳非线性组合关系，才能使得 PID 控制获得最好的效果。在非线性表示能力方面，神经网络有其独特的强大之处，这得益于它对系统性能的强大的学习能力，如果将神经网络应用到 PID 控制技术中，那么获得具有最佳组合的 PID 控制器就比较容易实现了。

一般地，人们在设计 PID 控制器时，常常采用 BP 网络结构。BP 神经网络具有比较强的自学习能力，凭借该能力，神经网络可以十分准确地找到最合适的参数，从而实现某一最佳控制。如图 5-17 所示，给出了采用 BP 神经网络设计的 PID 控制系统的结构示意图。通过图 5-17 可以看到，神经 PID 控制器主要包括如下两个部分：

(1)经典的 PID 控制器。该部分的主要功能是对被控对象直接进行闭环控制，同时在线整定 K_P、K_I、K_D 这三个参数。

(2)神经网络。实时监控系统运行状态，通过自学习、调整权值系数等方式有效配置 K_P、K_I、K_D 这三个可调参数，使 PID 控制器的控制效果达到最佳。

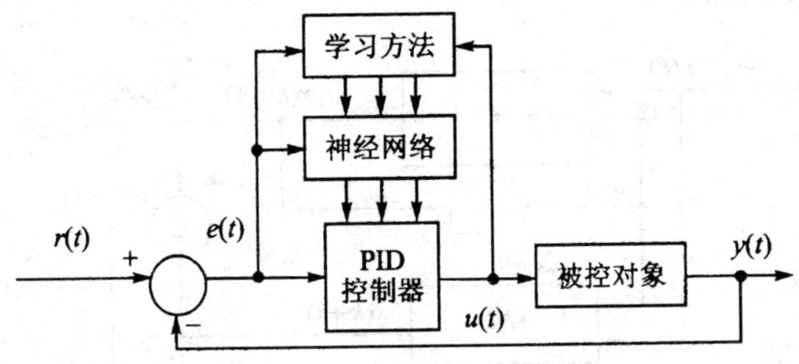

图 5-17　神经网络 PID 控制

一般地，PID 控制器的控制过程满足公式

$$u(k)=u(k-1)+K_{\mathrm{P}}\Delta e(k)+K_{\mathrm{I}}e(k)+K_{\mathrm{D}}\Delta^2 e(k)$$

式中，K_{P} 为比例系数；K_{I} 为积分系数；K_{D} 为微分系数。如果将 K_{P}、K_{I}、K_{D} 这三个系数看作依赖于系统运行状态可调，那么上式可以改写为

$$u(k)=f[u(k-1),K_{\mathrm{P}},K_{\mathrm{I}},K_{\mathrm{D}},e(k),\Delta e(k),\Delta^2 e(k)]$$

式中，$f[\cdot]$表示一类非线性映射（函数），通常与 K_{P}、K_{I}、K_{D}、$u(k-1)$、$y(k)$等相关。

5.5.4　神经元网络控制非线性动态系统的能控性与稳定性

非线性动态系统的复杂性，使得常规的数学方法难以对它的控制特性进行精确的分析，至今还没有建立完整的非线性系统控制理论。采用神经元网络可以对一类非线性系统进行辨识和控制。有关能控性和稳定性的分析大都建立在直觉和定性的基础上，本节拟根据 Narendra 等人提出的方法，对神经元网络控制的非线性系统能控性和稳定性分析方法作一些概略的介绍。需要指出的是，我们把讨论只局限在可以线性化的系统范畴内。分析思路如下：先给出原非线性系统稳定和可控条件，然后分析采用神经元网络后这些条件是否还满足。

如果考虑调节器问题，且假定系统的状态是可以获得的。对离散时间，系统可描述为

$$\sum : x(k+1) = f[x(k),u(k)] \tag{5-5}$$

对系统估计采用图 5-18 结构，图中 NN_f 为神经元网络。经过训练之后，设过程能够准确地由模型来表示：

$$\begin{aligned}\hat{x}(k+1)&=\mathrm{NN}_f[\hat{x}(k),u(k),\hat{\theta}]\\&=\mathrm{NN}_f[\hat{x}(k),u(k)]\end{aligned} \tag{5-6}$$

式中，$\hat{\theta}$ 为辨识参数。

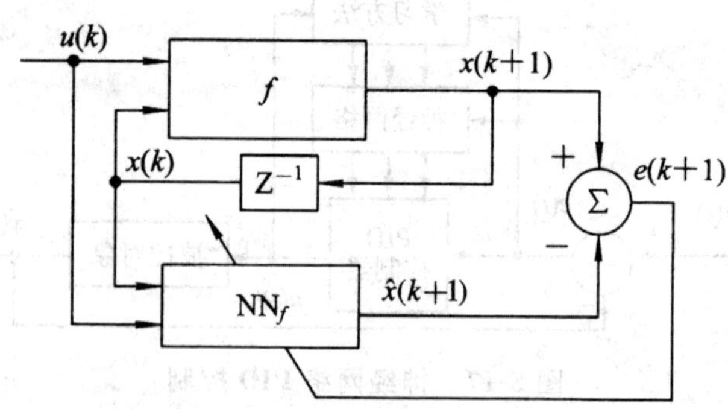

图 5-18　*f* 估计的结构

下面讨论通过反馈线性化的非线性系统的控制稳定性问题。给定非线性系统式(5-5)，问题是：经过以下两种变换，该系统是否局部等效于一个线性系统？

(1)状态空间坐标变换 $z=\Phi(x)$，$\Phi(\cdot)$可逆且连续可微。

(2)存在反馈律 $u(k)=\Psi[x(k),v(k)]$。

如果反馈律可以实现，则对任意所希望的平衡点附近，采用线性系统理论和工具就可以使控制系统式(5-5)稳定。

应用上述变换，有

$$z(k+1)=\Phi[x(k+1)]=\Phi[f(\Phi^{-1}(z(k)),\Psi(\Phi^{-1}(z(k)),v(k)))] \tag{5-7}$$

式中，$z(k)$为状态；$v(k)$为新的输入。如果这种变换存在，它使式(5-7)为线性，则该系统称为反馈可线性的；如果变换只存在于(0,0)的邻域，则系统在(0,0)点是局部反馈可线性的。

系统成为局部反馈可线性的充要条件可在有关的文献中找到，这里给出其中一种描述方法。为此需要一个定义。

定义 5.1　令 $\Upsilon\in R^n$ 为一个集合，在此集合中确定 d 个平滑函数 s_1，$s_2,\cdots,s_d:\Upsilon\rightarrow R^n$。在任意给定点 $x\in\Upsilon$，向量 $s_1(x),s_2(x),\cdots,s_d(x)$张成一个向量空间($R^n$ 的子空间)，令这个取决于 x 的向量空间由 $\Delta(x)$来表示：

$$\Delta(x)=\mathrm{span}[s_1(x),s_2(x),\cdots,s_d(x)]$$

由此，对每一 x，赋予一个向量空间。这种赋予称为一个分配。

再回到原系统(5-5)，令

$$f_x(x,u)=\frac{\partial}{\partial x}f(x,u),f_u(x,u)=\frac{\partial}{\partial u}f(x,u)$$

定义以下在 R^n 中取决于 u 的分配：

$$\Delta_0(x,u)=0$$

$$\Delta_1(x,u)=f_x^{-1}(x,u)\mathrm{Im}f_u(x,u)$$

$$\Delta_{i+1}(x,u)=f_x^{-1}(x,u)[\Delta_i(f(x,u),u)+\mathrm{Im}f_u(x,u)]$$

式中，$\mathrm{Im}f_u(x,u)$为 f_u 值域；$f_x^{-1}V$ 为在线性映射下 f_x 子空间 V 的逆象。$\Delta_i(\cdot,u)=0$ 是取决于 u 的分配，可以证明

$$\Delta_0(x,u)\subset\Delta_1(x,u)\subset\Delta_2(x,u)\cdots$$

式中，Δ_i 为最多 n 步后获得最大秩。最后，对 x 和 u，f 的雅可比表示为 $\mathrm{d}f=(f_x,f_u)$。这样，就有以下的定理。

定理 5.2 令$(x=0,u=0)$为系统式平衡点，并且假定 $\mathrm{rank}[-\mathrm{d}f(0,0)]=n$ 的系统[式(5-5)]在(0,0)为局部反馈可线性的充分必要条件为 $\Delta_1(x,u)$，$\Delta_2(x,u)\cdots$都是维数恒定且在(0,0)附近与 u 无关，$\dim\Delta_n(0,0)=n$。

对一个线性系统：$x(k+1)=Ax(k)+bu(k)$，上述分配分别由 $\Delta_0(x,u)=0$，$\Delta_1(x,u)=A^{-1}\mathrm{Im}b$，$\Delta_{i+1}$递推地由 $\Delta_{i+1}(x,u)=A^{-1}(\Delta_i+\mathrm{Im}b)$给出。

可以看到，对线性系统，如 Δ_i 描述了子空间，该子空间可以在 i 步内控制到原点。显然，对线性系统，这些子空间都是维数恒定且与 u 无关。因此，定性地说，上述定理可以解释为这些性质在反馈和二次坐标变换情况下是不变的，只有那些原来就拥有这些性质的系统才能变换成线性。

下面利用上面结果来讨论利用神经元网络后系统的稳定性问题。

如果已有了对象的方程式，而且它们满足反馈线性化条件，并已知其解存在，那么我们的任务就是寻求两个映射：$\Phi:R^n\rightarrow R^n$ 和 $\Psi:R^{n+1}\rightarrow R$，并受以下约束：

$$z=\Phi(x),v=\Psi(x,u)$$

和

$$\begin{aligned}z(k+1)&=\Phi[x(k+1)]=\Phi[f(x(k),\Psi(x(k),u(k)))]\\&=Az(K)+BV(K)\end{aligned}$$

式中，A、B 为可控对。

另一方面，如果只有一个实际对象的模型，它由式(5-6)给出，那么问题是：式(5-5)可反馈线性化是否意味模型式(5-6)也是可反馈线性化？

根据辨识过程，假定在运行区 D，模型的误差为 $\varepsilon\ll 1$，即

$$\|\mathrm{NN}_f(x,u)-f(x,u)\|=\|e(x,u)\|<\varepsilon（对所有 x,u\in D）$$

对 NN_f 施加 Φ 和 Ψ 变换，得

$$\begin{aligned}&\Phi[\mathrm{NN}_f(x(k),\Psi(x(k),u(k)))]\\&=\Phi[f(x,k),\Psi(x(k),u(k))+e(x(k),\Psi(x(k),u(k)))]\end{aligned}$$

因为$\Phi(\cdot)$是一个平滑函数，如果$e(\cdot,\cdot)<\varepsilon$，且假定 ε 小，则式(5-7)可以写成

$$\Phi[f(x(k)),\Psi(x(k),u(k))]+e_1[x,u,\Psi(\cdot),\Phi(\cdot)]$$
$$=Az+bv+e_1[x,u,\Psi(\cdot),\Phi(\cdot)] \quad (5\text{-}8)$$

e_1 的界是 ε 和 $\sup\|\partial\Phi/\partial x\|$ 的函数。因此，如果模型式(5-6)足够准确，它就可以转换成式(5-8)形式，近似于一个线性系统。现在的目的是同时训练两个神经网络 NN_Ψ 和 NN_Φ(图 5-19)，使得当模型输入为 $v=NN_\Psi(x,u)$ 时，$\hat{z}=NN_\Phi(x)$ 跟踪线性模型输出 $z(k)$。模型的方程为

$$z(k+1)=Az(k)+bv(k) \quad (5\text{-}9)$$

式中，A、b 为可控对。

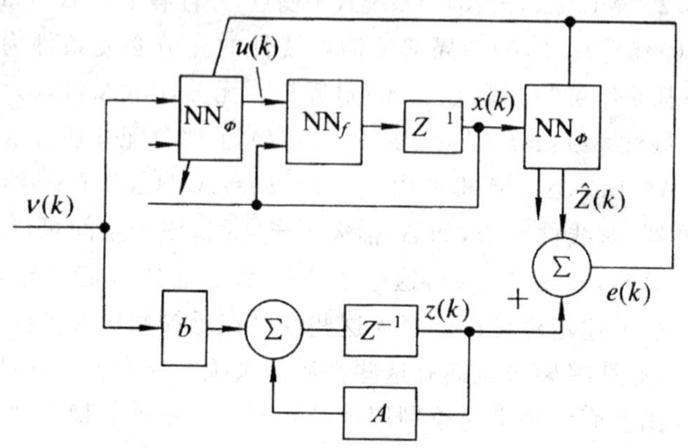

图 5-19 反馈线性化结构

不失一般性，可以假定 $\Phi(0)=0$(将 x 的原点映射到 z 的原点)。因此，如果两个系统都在原点开始，瞬时误差由下式给定：$e(k)=z(k)-\hat{z}(k)$，在区间内的特性指标可由 I 来表征：

$$I=\sum_k\|z(k)-\hat{z}(k)\|^2\equiv\sum_k\|e(k)\|^2$$

因为 NN_Φ 垂直接连到输出，它的权值可以用静态反传法来调节。但模型包含了反馈回路。

为了计算特性指标相对于 NN_Ψ 权值的梯度，需要应用动态反传的方法。

假定 $\theta\in\Theta(NN_\Phi)$，式中 Θ 是 NN_Φ 参数的集合，I 对 θ 的梯度推导如下：

$$\frac{\mathrm{d}I}{\mathrm{d}\theta}=-2\sum_k[z(k)-\hat{z}(k)]^{\mathrm{T}}\frac{\mathrm{d}\hat{z}(k)}{\mathrm{d}\theta}$$

$$\frac{\mathrm{d}\hat{z}(k)}{\mathrm{d}\theta}=\sum_j\frac{\partial\hat{z}(k)}{\partial x_j(k)}\cdot\frac{\partial x_j(k)}{\partial\theta}$$

$$\frac{\mathrm{d}x_j(k)}{\mathrm{d}\theta}=\sum_j\frac{\partial x_j(k)}{\partial x_j(k-1)}\cdot\frac{\partial x_j(k-1)}{\partial\theta}+\frac{\partial x_j(k)}{\partial\theta}$$

因此输出对 θ 的梯度由线性系统的输出给出：

$$\frac{\mathrm{d}x(k+1)}{\mathrm{d}\theta}=A\frac{\mathrm{d}x(k)}{\mathrm{d}\theta}+b\frac{\mathrm{d}v(k)}{\mathrm{d}\theta}$$

$$\frac{\mathrm{d}\hat{z}(k)}{\mathrm{d}\theta}=c^{\mathrm{T}}\frac{\partial x(k)}{\partial\theta}$$

式中，$(\mathrm{d}x(k)/(\mathrm{d}\theta))$、$\mathrm{d}v(k)/\mathrm{d}\theta$ 为状态向量是输入。a、b、c 由下式决定：

$$a_{ij}=\partial x_i(k+1)/\partial x_j(k)$$

$$b_i=1$$

$$c_i=\partial\hat{z}(k)/\partial x_i(k)$$

状态初始条件设置为 0。

一旦 NN_Φ 和 NN_Ψ 训练完毕，$\hat{z}(k)$ 的特性由下式给定：

$$\begin{aligned}\hat{z}(k+1)&=\mathrm{NN}_\Phi[\mathrm{NN}_f[x(k),\mathrm{NN}_\Psi(x(k),u(k))]]\\&=A\hat{z}(k)+bv(k)+e_2[x(k),u(k)]\end{aligned}\tag{5-10}$$

这里 e_2 是一个小误差，代表了变换后的系统与理想线性模型的偏差。

前面已经证明，系统式(5-5)的反馈线性化将保证模型式(5-5)的近似反馈线性化，反之亦然。从式(5-5)有

$$\begin{aligned}z(k+1)&=\mathrm{NN}_\Phi[f(x(k),\mathrm{NN}_\Psi(x(k),u(k)))]\\&=Az(k)+bv(k)+e_l[x(k),u(k)]\end{aligned}$$

式中，$e_l=e_1+e_2$。第一项是由辨识不准确造成的；第二项是由模型不理想线性化所引起的。

根据 Lyapunov 关于稳定性理论可知，对于非线性系统，

$$x(k+1)=f[x(k)]$$

如果 f 在平衡点附近是 Lipschitz 连续，那么系统式(5-10)在扰动作用下强稳定的充要条件是该系统是渐近稳定的。

现在系统式(5-9)在输入为零时是渐近稳定的，因此按上述理论，它在扰动作用下是强稳定的，即对于每一个 ε_0，存在 $\varepsilon_l(\varepsilon_0)$ 和 $r(\varepsilon_0)$，如果

$$\|\varepsilon_l(x,0)\|<\varepsilon_l,\text{对所有}\|x\|<r$$

则

$$A\tilde{z}(k+1)=A\tilde{z}(k)+e_l(x(k),0)\tag{5-11}$$

将收敛于围绕原点的 ε_0 球 B_{ε_0}。

为了了解扰动 e_l 对式(5-11)的影响，令 $\tilde{z}(k,z_i)$ 表示为式(5-11)的解，且 $\tilde{z}(k,z_i)=z_i$；同样，令 $z(k,z_i)$ 表示为线性方程 $z(k+1)=Az(k)$ 的解，令 $e_l^n(z_i)\equiv\tilde{z}(n,z_i)-z(n,z_i)$。

有以下命题：命题如果存在一个集合 S，对所有 $z\in S$，$\|\varepsilon_l^n(z)\|<\varepsilon_l^n$，则对所有 S 内部的初始条件，系统式(5-10)至多 n 步收敛到围绕原点 ε_l^n 球。

这个命题证明很简单，因为对 $k \geqslant n, A^k x = 0$。

最后，因为 NN_Φ 训练得把 z 的原点映射到 x 的原点，所以也将收敛到以原点为球心的 ε^l 球。这里 ε^l 由 $NN_\Phi^{-1}(B_\varepsilon^l)$ 确定。

本小节仅对非反馈线性化这个特殊的非线性问题做了稳定性分析，对于其他情况，也可以用类似的思路进行能控性和稳定性的分析。

第 6 章 遗传算法

6.1 遗传算法概述

6.1.1 遗传算法的建立

遗传算法(Genetic Algorithm,GA)是在 20 世纪 60 年代由美国密歇根大学的心理学教授、电子工程学和计算机科学教授 John Henry Holland 等人在对细胞自动机进行研究时率先提出的一种随机自适应的全局搜索算法。

早在 1962 年,Holland 就提出了遗传算法的基本思想。随后,遗传算法的概念开始出现在学者相关的研究中。例如,1967 年,Holland 的学生 Bagley 在他的博士论文中首次采用了“遗传算法”这一术语。但是直到 20 世纪 70 年代初期,遗传算法的数学框架和理论基础才基本形成。Holland 于 1975 年出版的专著《Adaptation in Natural and Artificial Systems》(《自然系统和人工系统的自适应性》)给出了遗传算法的基本定理,并给出了大量的数学理论证明。该书通常被认为是遗传算法的经典之作。

6.1.1.1 进化理论和现代遗传学

遗传算法吸收了生命科学与工程学科中的重要理论成果,用于解决复杂优化问题。遗传算法的基本原理基于达尔文(Darwin)的进化理论和以孟德尔(Mendel)的遗传学说为基础的现代遗传学。

进化论认为每一物种在不断的发展过程中都更加适应环境。物种的那些更能够适应环境的个体特征被保留下来,这就是适者生存的原理。生物的进化过程是一个不断往复的循环过程,如图 6-1 所示。在每个循环中,由于自然环境的恶劣、资源的短缺和天敌的侵害等各种因素,个体必须接受自然的选择。在这一过程中,一部分个体由于对自然环境具有较高适应能力而得以保存下来形成新的种群,而另一部分个体则由于不能适应自然环境而逐渐被淘汰。经过选择保存下来的群体构成种群，种群中的生物个体进行交配繁衍，不断产生出更佳的个体。交配产生的子代继承了父代的部分特性，并且比父代具有更强的环境适应能力。这样不断循环，群体中的个体适应度不断提高，直至满足一定的极限条件（这对于遗传算法，也就是不断地接近于最优解）。进化过程伴随着种群的变异，种群中部分个体发生基因变异，成为新的个体。这样，原来的群体被经过选择、交叉和变异后的种群所取代，并进入下一个进化循环。

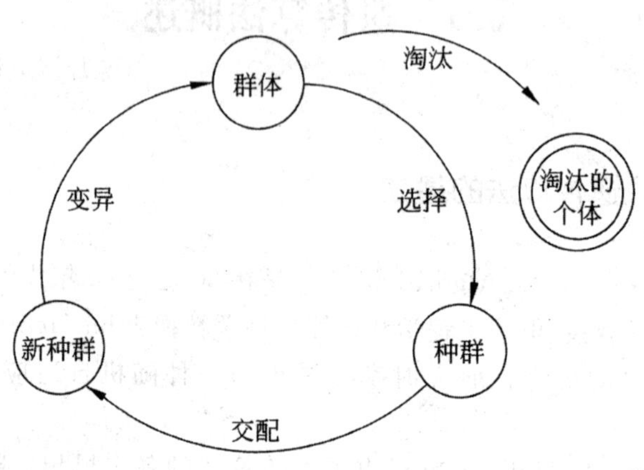

图 6-1　生物进化过程

以孟德尔的遗传学说为基础的现代遗传学提出了遗传信息的重组模式。在生物体的遗传过程中，染色体是遗传信息——基因的载体，基因在染色体上按照一定的次序组合，每个基因在特殊的位置控制某个特殊的性质。父代交配产生子代时，子代从父代继承的遗传基因以染色体的形式重新组合，子代的性状由遗传基因决定。图 6-2 简单描述了遗传基因重组的过程。基因杂交和突变可能会产生环境适应性更强的后代，通过优胜劣汰的自然选择，适应值高的基因结构会被保存下来。

6.1.1.2　从生物遗传进化到遗传算法

进化理论和现代遗传学为 Holland 寻求有效方法研究人工自适应系统提供了宝贵的思想源泉。Holland 在前人运用计算机进行生物模拟的基础上，发现了自然界的生物遗传进化系统与人工自适应系统之间的相似性，成功地建立了遗传算法的模型，并对遗传算法搜索的有效性进行了理论证明。图 6-3 揭示了遗传算法的思想来源及建立过程。

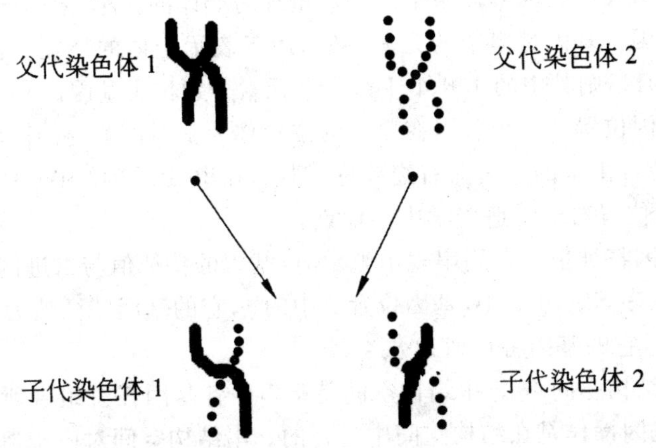

图 6-2 遗传基因重组过程

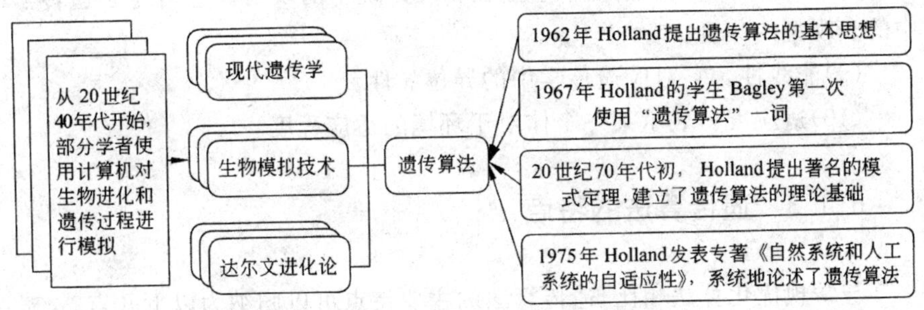

图 6-3 遗传算法思想来源及建立过程

遗传算法正是通过模拟自然界中生物的遗传进化过程，对优化问题的最优解进行搜索。遗传算法搜索全局最优解的过程是一个不断迭代的过程（每一次迭代相当于生物进化中的一次循环），直到满足算法的终止条件为止。

6.1.2 遗传算法的概念

由于遗传算法是由进化论和遗传学机理而产生的直接搜索优化方法，故而在遗传算法的理论中要涉及各种进化和遗传学的概念。

（1）串。以二进制数码表示的数字串，是个体的表示形式。对应于遗传学中的染色体。

（2）群体。个体的集合称为群体。群体的元素是个体，其表现形式为串。

(3)群体大小。在群体中个体的数量称为群体的大小。

(4)基因。基因是串中的元素,基因用于表示个体的特征。例如,有一个串 $S=1011$,则其中的 1、0、1、1 这 4 个元素分别称为基因。

(5)基因位置。一个基因在串中的位置称为基因位置,有时也简称基因位。基因位置由串的左边向右边计算,例如,在串 $S=1011$ 中 0 的基因位置是 2。基因位置对应于遗传学中的地点。

(6)基因特征值。在用串表示整数时,基因的特征值与二进制数的权一致;例如,在串 $S=1011$ 中,基因位置 3 中的 1,它的基因特征值为 2;基因位置 1 中的 1,它的基因特征值为 8。

(7)串结构空间 S_S。串结构空间是指串中各基因任意组合所构成的串的集合。基因操作是在结构空间中进行的。串结构空间对应于遗传学中基因型的集合。

(8)参数空间 S_P。这是串空间在物理系统中的映射。它对应于遗传学中的表现型的集合。

(9)非线性。它对应遗传学中的异位显性。

(10)适应度。表示某一个体对于环境的适应程度。

6.1.3 遗传算法的特点

与常规优化算法相比,遗传算法的主要特点可以归纳为以下几点。

(1)遗传算法是对参数的编码而非参数本身进行操作。

(2)遗传算法是从许多初始点开始并行操作的,而不是局限于一个点。因而可以有效地防止搜索过程收敛于局部最优解,增大求得全局最优解的可能性。

(3)遗传算法通过目标函数来计算适应值,而不需要其他的推导和附属信息,故而对问题的依赖性较小。

(4)遗传算法使用概率的转变规则,而不是确定性的规则。

(5)遗传算法在解空间内进行一种高效启发式搜索,而不是盲目地穷举或完全随机测试。因而具有比其他方法更高的搜索效率。

(6)遗传算法对于待寻优的函数基本无限制,它不要求函数连续且可微,可以是数学解析式所表达的显函数或是映射矩阵甚至是神经网络等隐函数,因而具有更广的应用范围。

(7)遗传算法对于大规模复杂问题的优化更适用。

(8)遗传算法计算简单,具有较强的功能。

6.2　遗传算法的数学基础

6.2.1　模式定理

对于遗传算法的基本原理，Holland 给出了著名的模式定理，该定理为遗传算法提供了理论支持。

为了方便论述，首先给出一些名词术语的定义。

模式是指字符串中具有类似特征的子集，表示基因串中某些特征位相同的结构。也可以将模式理解为相同的构形，一个串的子集。假设染色体的编码是由 0 或 1 组成的二进制符号序列，模式 01 *** 0 则表示以 01 开头且以 0 结尾的编码串对应的染色体的集合，其中 * 为通配符，它可以代表 0 或 1，即{010000，010010，010100，010110，01100 0，011010，011100，011110}。由此可见，定义模式使描述串的相似性变得容易。

模式的阶是指模式中确定位置的基因个数，例如，模式 01 *** 0 的阶为 3。

模式的定义距/长度是指模式中第一个确定位置的基因到最后一个确定位置的基因的距离，例如，模式 01 *** 0 的定义长度为 5，而 * 1 **** 的定义长度为 0。模式的定义长度代表该模式在今后的遗传操作（交叉、变异）中有被破坏的可能性。

下面来讨论遗传算法中选择、交叉、变异对模式的影响。

6.2.1.1　选择对模式的影响

假设在给定的时间 t，种群 $A(t)$ 中有 m 个个体属于模式 H，记为 $m=m(H,t)$。在选择复制过程中，每个串根据它的适应值进行复制，任何一个串 A_j 被选中进行复制的概率为 $\frac{f_j}{\sum f_j}$。因此，在选择复制完成以后的 $t+1$ 时刻，群体 A 内属于特定模式 H 的数量 $m(H,t+1)$ 变为

$$m(H,t+1)=\frac{m(H,t)\cdot n\cdot f(H)}{\sum f_j}$$

式中，$f(H)$ 表示在时刻 t 时对应于模式 H 的串的平均适应值；n 为种群中的个体数目。若用 $\bar{f}=\frac{\sum f_j}{n}$ 表示整个种群的平均适应值，上式还可以写为

$$m(H,t+1)=\frac{m(H,t)\cdot f(H)}{\bar{f}}$$

经过选择操作，特定模式的数量会按照该模式的平均适应值与整个种群平均适应值的比值成比例地改变。这里由于 $f(H)>\bar{f}$ 时有 $m(H,t+1)>m(H,t)$，说明高于平均适应值的模式数量是增长的。并且，种群 A 的所有模式 H 的处理是并行进行的。

为了进一步说明高于平均适应值的模式数量增长情况，可以设

$$f(H)=(1+c)\bar{f}\ (c>0)$$

这样，上面的方程就改写为下面的差分方程

$$m(H,t+1)=m(H,t)\cdot(1+c)$$

如果从 $t=0$ 开始，模式 H 以常数 c 进行到 $t+1$ 时刻，则其个体数目为

$$m(H,t+1)=m(H,0)\cdot(1+c)^{t}$$

可以得出这样的结论：平均适应值以上的模式将呈指数级增长。

综上所述，选择操作对模式的影响是使得高于平均适应值的模式数量增加，低于平均值的模式数量减少。但是由于不会产生新的模式结构，故而性能的改进是有限的。

6.2.1.2 交叉对模式的影响

假设有一个 $l=7$ 的串以及此串所包含的两个代表模式，即

$$A=0111000,H_1=*1****0,H_2=***10**$$

若随机选取的交叉点为 3，那么很容易看出它对两个模式的影响。用分隔符标记交叉点，即

$$A=011|1000,H_1=*1*|***0,H_2=***|10**$$

可以明显看出，由于位置 2 的“1”和位置 7 的“0”将被分配至不同的后代个体中①，所以模式 H_1 将被破坏；而由于位置 4 的“1”和位置 5 的“0”没有改变地进入下一代个体，所以模式 H_2 将继续存在。模式 H_1 比模式 H_2 更容易被破坏。

上面的交叉点只是随机选取的，下面定量地分析两个模式被破坏的概率。

模式 H_1 的定义长度 $\delta(H_1)$ 为 5，如果交叉点始终是随机地从 $l-1=7-1=6$ 个可能位置选取，那么可以得到模式 H_1 被破坏的概率为 $p_d=\frac{\delta(H_1)}{l-1}=\frac{5}{6}$。同样地，可得出模式 H_2 被破坏的概率为$\frac{1}{6}$。推而广之，可以计算出任

---

① 这两个固定位置被代表交叉点的分隔符分隔在两边。

何模式的交叉存活概率的下限为

$$p_s \geqslant 1-\frac{\delta(H)}{l-1}$$

上述讨论只是假设交叉概率为 1，当交叉概率为 p_c 的情况下，上式可以写作

$$p_s \geqslant 1-p_c\frac{\delta(H)}{l-1}$$

可见，定义长度 $\delta(H)$ 的大小对模式的存亡有很大影响，即 $\delta(H)$ 越大，模式存活的可能性越小。之所以使用"≥"，表明当交叉点落入定义长度内时也存在模式不被破坏的可能性。

综合考虑选择和交叉的影响，特定模式 H 在下一代中的数量可以表示为

$$m(H,t+1) \geqslant m(H,t)\frac{f(H)}{\bar{f}}\left[1-p_c\frac{\delta(H)}{l-1}\right]$$

可以得出，那些高于平均适应值并且具有短的定义长度的模式出现在下一代的概率更高。

6.2.1.3　变异对模式的影响

变异是对串中的单位位置以 p_m 的概率进行替换，由于模式 H 要存活意味着它所有的确定位置都存活，所以单个位置的基因值存活的概率为 $1-p_m$。由于每个变异的发生都是统计独立的，所以一个特定模式当它的 $O(H)$ 个确定位置都存在时才存活，特定模式存活的概率为 $(1-p_m)^{O(H)}$。

由于 $p_m \ll 1$，上式可近似地表示为

$$(1-p_m)^{O(H)} \approx 1-O(H)p_m$$

综合考虑选择、交叉、变异对模式的影响，可以得到特定模式 H 的数量改变为

$$m(H,t+1) \geqslant m(H,t)\frac{f(H)}{\bar{f}}\left[1-p_c\frac{\delta(H)}{l-1}\right](1-O(H)p_m)$$

忽略其中一项较小的交叉相乘项，可以将上式近似地表示为

$$m(H,t+1) \geqslant m(H,t)\frac{f(H)}{\bar{f}}\left[1-p_c\frac{\delta(H)}{l-1}-O(H)p_m\right]$$

综合考虑选择、交叉、变异的影响，可以得出下面较为完整的结论：那些低阶、定义长度较小、高于群体平均适应值的模式在后代中呈指数级增长。通常称这个结论为遗传算法的模式定理。

模式定理深刻地阐明了遗传算法中"优胜劣汰"发生的原因。在遗传过程中能存活的模式都是定义长度短、阶次低、平均适应值高于群体平均适应

值的优良模式，遗传算法也正是利用这些优良模式逐步进化到最优解的。不过，模式定理虽然能够证明遗传算法寻求全局最优解的可能性，但是并不能保证算法一定能找到全局最优解。

6.2.2 积木块假设

积木块是指低阶、定义长度较小且平均适应值高于群体平均适应值的模式。积木块假设认为在遗传算法运行过程中，积木块在遗传算子的作用下能够相互结合，产生新的更加优秀的积木块，最终接近全局最优解。Goldberg 在 1989 年所提出的积木块假设是对模式定理的补充，它说明遗传算法具有能够找到全局最优解的能力。

满足这个假设的条件有以下两个：

(1)表现型相近的个体的基因型也相似。

(2)遗传因子间的相关性较低。

目前的研究对于积木块假设是否成立还不能给出一个严整的论断和证明，但是大量的实验和应用为积木块假设提供了支持。

6.3 遗传算法的机理、求解步骤及改进

6.3.1 遗传算法的机理

霍兰德的遗传算法通常称为简单遗传算法(SGA)。现以此作为讨论的主要对象，加上适当的改进，来分析遗传算法的结构和机理。在讨论中会结合推销员旅行问题(TSP)加以说明：设有 n 个城市，城市 i 和城市 j 之间的距离为 $d(i,j)(i,j=1,2,\cdots,n)$。TSP 问题是要寻找遍访每个城市恰好一次的一条回路，且其路径总长度最短。

6.3.1.1 编码与解码

许多应用问题的结构很复杂，但可以化为简单的位串形式编码来表示。将问题结构变换为位串形式编码表示的过程叫作编码；相反地，将位串形式编码表示变换为原问题结构的过程叫作解码或译码。把位串形式编码表示叫作染色体，有时也叫作个体。

SGA 的算法过程简述如下。首先，在解空间中取一群点，作为遗传开

始的第一代。每个点(基因)用一个二进制数字串表示,其优劣程度用一个目标函数——适应度函数来衡量。

遗传算法最常用的编码方法是二进制编码,其编码方法如下所示。

假设某一参数的取值范围是$[A,B]$,$A<B$。用长度为l的二进制编码串来表示该参数,将$[A,B]$等分成2^l-1个子部分,记每一个等分的长度为δ,则它能够产生2^l种不同的编码,参数编码的对应关系如下:

$$\begin{array}{llllll} 00000000 & \cdots & 0000000=0 & & \longrightarrow & A \\ 00000000 & \cdots & 0000001=1 & & \longrightarrow & A+\delta \\ \vdots & \vdots & \vdots & \vdots & \vdots & \vdots \\ 11111111 & \cdots & 1111111=2^l-1 & & \longrightarrow & B \end{array}$$

其中

$$\delta=\frac{B-A}{2^l-1}$$

假设某个编码为

$$X:x_l,x_{l-1},x_{l-2}\cdots x_2x_1$$

则上述二进制编码所对应的解码公式为

$$x=A+\frac{B-A}{2^l-1}\cdot\sum_{i=1}^{l}x_i2^{i-1}$$

二进制编码的最大缺点是长度较大,对很多问题用其他编码方法可能更有利。其他编码方法主要有:格雷码、符号编码方法、浮点数编码方法等。

格雷码是其连续的两个整数所对应的编码值之间只有一个码位是不相同的,其余码位都完全相同。例如,十进制数7和8的格雷码分别为0100和1100,而二进制编码分别为0111和1000。

符号编码方法是指个体染色体编码串中的基因值取自一个无数值含义而只有代码含义的符号集。这个符号集可以是一个字母表,如{A,B,C,D,…};也可以是一个数字序号表,如{1,2,3,4,5,…};还可以是一个代码表,如$\{x_1,x_2,x_3,x_4,x_5,\cdots\}$,等等。

对于推销员旅行问题(TSP),就采用符号编码方法,按一条回路中城市的次序进行编码。码串134567829表示从城市1开始,依次是城市3,4,5,6,7,8,2,9,最后回到城市1。一般情况是从城市ω_1开始,依次经过城市$\omega_2,\omega_3,\cdots,\omega_n$,最后回到城市$\omega_1$,于是有如下编码表示:

$$\omega_1\ \omega_2\cdots\ \omega_n$$

由于是回路,记$\omega_{n+1}=\omega_1$。它其实是$1,2,\cdots,n$的一个循环排列。需要注意的是,$\omega_2,\omega_3,\cdots,\omega_n$是互不相同的。

浮点数编码方法是指个体的每个染色体用某一范围内的一个浮点数来表示,个体的编码长度等于其问题变量的个数。因为这种编码方法使用的是变量的真实值,所以浮点数编码方法也叫作真值编码方法。对于一些多维、高精度要求的连续函数优化问题,用浮点数编码来表示个体时将会有一些益处。

6.3.1.2 适应度函数

为了体现染色体的适应能力,引入了对问题中的每一个染色体都能进行量度的函数,叫作适应度函数。通过适应度函数来决定染色体的优劣程度,它体现了自然进化中的优胜劣汰原则。对于优化问题,适应度函数就是目标函数。TSP 的目标是路径总长度为最短,自然地,路径总长度就可作为 TSP 问题的适应度函数:

$$f(\omega_1\omega_2\cdots\omega_n) = \frac{1}{\sum_{j=1}^{n} d(\omega_j, \omega_{j+1})}$$

式中,$\omega_{n+1}=\omega_1$,$d(\omega_j, \omega_{j+1})$表示两城市间的距离。

适应度函数要有效地反映每一个染色体与问题的最优解染色体之间的差距。若一个染色体与问题的最优解染色体之间的差距较小,则对应的适应度函数值之差就较小,否则就较大。适应度函数的取值大小与求解问题对象有很大的关系。

6.3.1.3 遗传函数

简单遗传算法的遗传操作主要有三种:选择、交叉、变异。改进的遗传算法大量扩充了遗传操作,以达到更高的效率。

选择操作也叫作复制操作,根据个体的适应度函数值所量度的优劣程度决定它在下一代是被淘汰还是被遗传。一般地,选择将使适应度较大(优良)的个体有较大的存在机会,而适应度较小(低劣)的个体继续存在的机会也较小。简单遗传算法采用赌轮选择机制,令 $\sum f_i$ 表示群体的适应值之总和,f_i 表示群体中第 i 个染色体的适应值,它产生后代的能力正好为其适应值所占份额 $f_i/\sum f_i$。

交叉操作的简单方式是将被选择出的两个个体 P_1 和 P_2 作为父母个体,将两者的部分码值进行交换。假设有如下 8 位长的两个个体:

1	0	0	0	1	1	1	0	P_1
1	1	0	1	1	0	0	1	P_2

产生一个在 1～7 之间的随机数 c，假如现在产生的是 3，将 P_1 和 P_2 的低三位交换：P_1 的高五位与 P_2 的低三位组成数串 10001001，这就是 P_1 和 P_2 的一个后代 Q_1；个体 P_2 的高五位与 P_1 的低三位组成数串 11011110，这就是 P_1 和 P_2 的另一个后代 Q_2。其交换过程如图 6-4 所示。

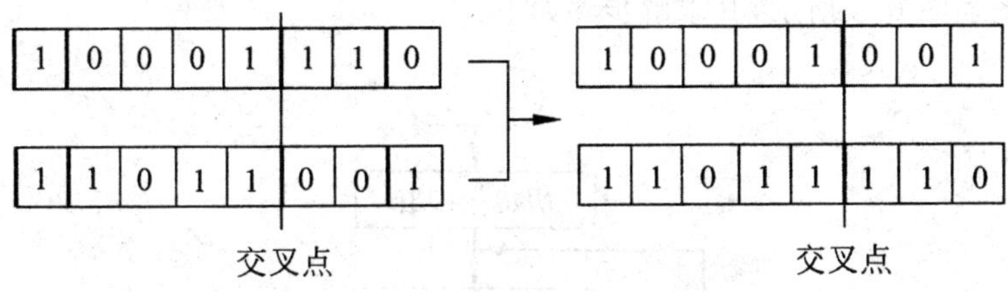

图 6-4　交叉操作示意图

变异操作的简单方式是改变数码串的某个位置上的数码。先以最简单的二进制编码表示方式来说明，二进制编码表示的每一个位置的数码只有 0 和 1 这两种可能，有如下二进制编码表示：

1	0	1	0	0	1	1	0

其码长为 8，随机产生一个 1～8 之间的数 k。假如现在 $k=5$，对从右往左的第 5 位进行变异操作，将原来的 0 变为 1，得到如下数码串（第 5 位的数字 1 是经变异操作后出现的）：

1	0	1	1	0	1	1	0

二进制编码表示的简单变异操作是将 0 与 1 互换：0 变异为 1，1 变异为 0。

现在对 TSP 的变异操作做简单介绍，随机产生一个 1～n 之间的数 k，决定对回路中第 k 个城市的代码 ω_k 做变异操作，又产生一个 1～n 之间的数 ω 替代 ω_k，并将 ω_k 加到尾部，得到：

$$\omega_1\omega_2\cdots\omega_{k-1}\omega\omega_{k+1}\cdots\omega_n\omega_k$$

这个串有 $n+1$ 个数码。需要注意的是，数 ω 在此串中重复了，必须删除与数 ω 重复的数以得到合法的染色体。

6.3.2　遗传算法的求解步骤

遗传算法类似于自然进化，通过作用于染色体上的基因寻找好的染色体来求解问题。与自然界相似，遗传算法对求解问题的本身一无所知，它所需要的仅仅是对算法所产生的每个染色体进行评价，并基于适应值来选择染色体，使适应性好的染色体有更多的繁殖机会。在遗传算法中，通过随机方式产生若干个所求解问题的数字编码,即染色体,形成初始种群;通过适应度函数给每个个体一个数值评价,淘汰低适应度的个体,选择高适应度的个体参加遗传操作,经过遗传操作后的个体集合形成下一代新的种群。再对这个新种群进行下一轮进化。这就是遗传算法的基本原理。简单遗传算法框图如图 6-5 所示,其求解步骤如下:

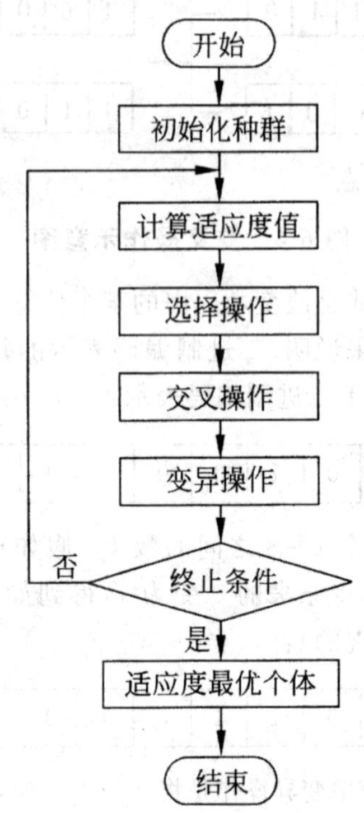

图 6-5　简单遗传算法框图

(1)初始化种群。

(2)计算种群上每个个体的适应值。

(3)按由个体适应值所决定的某个规则选择将进入下一代的个体。

(4)按概率 P_c 进行交叉操作。

(5)按概率 p_m 进行变异操作。

(6)若没有满足某种停止条件,则转到步骤(2),否则进入下一步。

(7)输出种群中适应值最优的染色体作为问题的满意解或最优解。

算法的停止条件最简单的有如下两种:

(1)完成了预先给定的进化代数则停止。

(2)种群中的最优个体在连续若干代没有改进或平均适应度在连续若干代基本没有改进时停止。

一般遗传算法的主要步骤如下：

(1)随机产生一个由确定长度的特征字符串组成的初始种群。

(2)对该字符串种群迭代地执行下面的步骤①和步骤②，直到满足停止准则为止：

①计算种群中每个个体字符串的适应值。

②应用复制、交叉和变异等遗传算子产生下一代种群。

(3)把在后代中出现的最好的个体字符串指定为遗传算法的执行结果，这个结果可以表示问题的一个解。

基本的遗传算法框图如图 6-6 所示，其中 GEN 是当前代数。

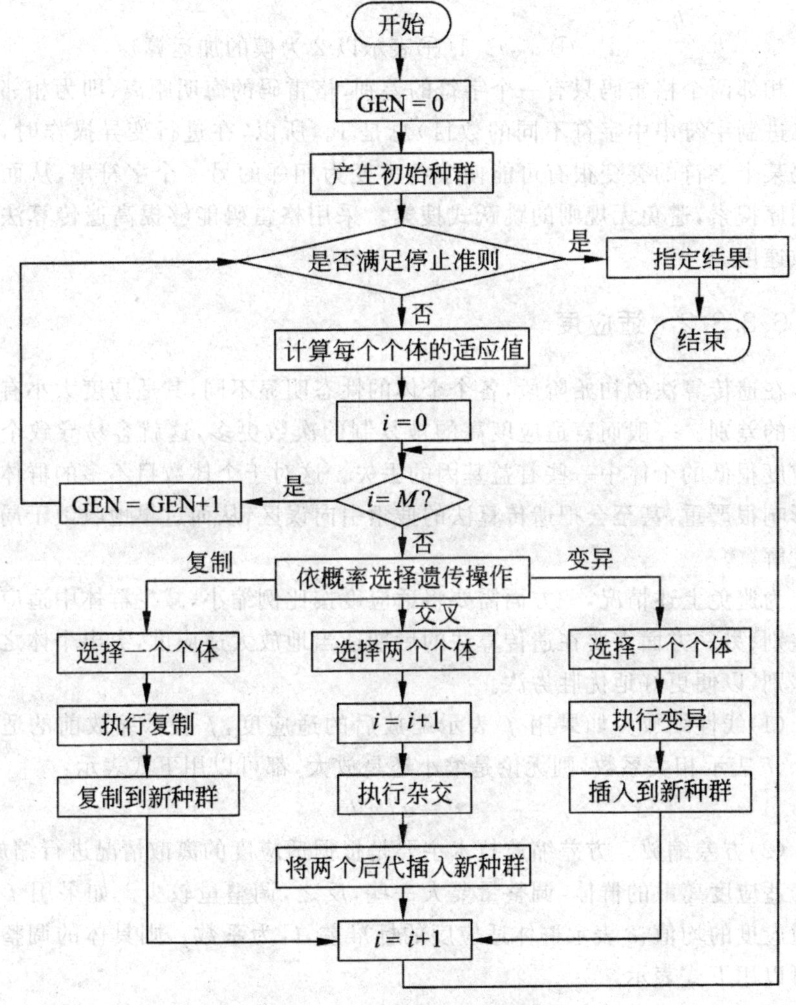

图 6-6 基本遗传算法框图

6.3.3 遗传算法的改进

6.3.3.1 编码

与十进制相比,二进制字符串所表达的模式更多,在执行交叉及变异时变化也就更多,因此二进制编码具有明显的优越性。近年来,格雷码开始在遗传算法中被采用,它是一种循环的二进制字符串。格雷码 b_i 与普通二进制数 a_i 的转换如下:

$$b_i=\begin{cases}a_i, i=1\\ a_{i-1}\oplus a_i, i>1(\oplus\text{表示以 2 为模的加运算})\end{cases}$$

相邻两个格雷码只有一个字符的差别,格雷码的海明距离(即为相邻两个二进制字符串中字符不同的数目)总是 1。所以,在进行变异操作时,格雷码某个字符的突变很有可能使字符串变为相邻的另一个字符串,从而实现顺序搜索,避免无规则的跳跃式搜索。采用格雷码能够提高遗传算法的收敛速度。

6.3.3.2 适应度

在遗传算法的初始阶段,各个个体的性态明显不同,其适应度大小有着很大的差别。一般而言适应度高的被复制的次数更多,这就容易导致个别适应度很低的个体中一些有益基因的丢失。这对于个体数目不多的群体来说影响很严重,甚至会把遗传算法的搜索引向误区,从而过早地收敛于局部最优解。

为避免上述情况,一方面需要将适应度按比例缩小,减少群体中适应度的差别;另一方面需要在遗传算法的后期适当地放大适应度,突出个体之间的差别,以便更好地优胜劣汰。

(1)线性缩放。如果用 f' 表示缩放后的适应度,f 表示缩放前的适应度,a、b 表示相关系数,则无论是缩小还是放大,都可以用下式表示:

$$f'=af+b$$

(2)方差缩放。方差缩放技术主要是根据适应度的离散情况进行缩放。对于适应度离散的群体,调整量要大一些,反之,调整量较少。如果用 $\overline{f}$ 表示适应度的均值,δ 表示群体适应度的标准差,C 为系数。则具体的调整方法可以用下式表示:

$$f' = f + (\bar{f} - C \cdot \delta)$$

(3)指数缩放。

$$f' = f^k$$

无论哪种调整适应度的方法,都是为了修改各个个体性能的差距,以便体现“优胜劣汰”的原则。例如,假如想多选择一些优良个体进入下一代,则应尽量加大适应度之间的差距。

6.3.3.3　混合遗传算法

混合遗传算法是将遗传算法同其他优化算法有机结合的混合算法。目的在于得到性能更优的算法,提高遗传算法求解问题的能力。目前,混合遗传算法体现在两个方面,一是引入局部搜索过程,二是增加编码交叉的操作过程。

混合的思想能够成功地使得到的混合算法在性能上超过原有的遗传算法。例如,并行组合模拟退火算法、贪婪遗传算法、遗传比率切割算法、遗传爬山法、免疫遗传算法等都是混合遗传算法的成功实例。

6.4　基于遗传算法的智能控制

6.4.1　智能控制系统建模

设定开环伺服电动机系统模型微分方程式为

$$\frac{\mathrm{d}^2 w}{\mathrm{d}t^2} + \left(\frac{JR + LB}{LJ}\right)\frac{\mathrm{d}w}{\mathrm{d}t} + \left(\frac{RB}{LJ}\right)w = \left(\frac{K_T}{LJ}\right)v_{in}$$

式中,v_{in} 为输入控制电压,作为一种间接约束;K_T 为转矩常量,N·m/A;R 为电动机线圈阻抗,Ω;L 为线圈感应系数,H;B 为机轴摩擦系数,N·m·s;J 为载荷的惯性矩,kg·m^2。

上述模型的传递函数形式为

$$G(s) = \frac{a_2 s^2 + a_1 s + a_0}{b_2 s^2 + b_1 s + b_0}$$

式中,$a_2 = 0$,$a_1 = 0$,$b_2 = 1$,其余 3 个参数为待求的优化解。

将遗传算法应用于该模型的辨识,方案如下:

(1)解的编码方法采用二进制编码,3 个参数变量每个对应一个 7 位二进制串,则每个参数变量范围内有 128 个可能值。

(2)3 个二进制串级联成一个用 21 位二进制数表示的染色体串。

(3)种群的大小为 $N=50$。

(4)复制操作采用排序复制。

(5)交叉概率为 $P_c=0.6$,变异概率为 $P_m=0.01$。

(6)模型的输入激励采用单位阶跃函数。

(7)将模型输出与样本输出之间的误差 e_{sys} 作为个体评价测度,即

$$e_{sys}(P_i)=\sum_{j=1}^{N}|w_j-\hat{w}_j|$$

按照个体的 e_{sys} 排序序位 k 计算个体的适应度,计算公式为

$$F(k)=\frac{2k-1}{\sum_{k=1}^{50}(2k-1)}=\frac{2k-1}{250}$$

运算的终止条件为种群平均适应度改善在 7%内。

经遗传算法优化辨识,获得最优模型辨识参数为

$$\frac{JR+LB}{LJ}=39.142,\frac{RB}{LJ}=86.186,\frac{K_T}{LJ}=0.054$$

对于上述辨识模型 $G(s)$对应的控制对象系统,同样可以用遗传算法设计控制器 $H(s)$,控制器的优劣可根据控制系统的性能评价而定。

6.4.2 智能控制系统设计

智能控制系统设计的任务是对控制器进行参数优化,适应度评价不仅需要综合控制系统的性能指标,有时还需要考虑系统的约束条件。例如,一种综合反映系统稳态和暂态响应的简单误差函数为

$$E_{design}=\sum_{j=1}^{N}[|e_j|+|\Delta e_j|]$$

式中,e_j 为时刻 j 的闭环误差;Δe_j 为时刻 j 的误差改变量。这种线性加权形式较好地综合反映了上升时间、超调量和稳定性能,避免了渐近稳定性或收敛性的分析。

将遗传算法应用于基于上述直流伺服电动机辨识模型的控制器设计,获得最优控制器的传递函数为

$$G_c(s)=\frac{19.27s^2+121.66s+108.84}{s^2+72.77s+0.14}$$

对经过遗传算法辨识建模和控制器设计的系统进行仿真,经遗传算法

优化的直流伺服电动机控制系统的阶跃响应曲线如图 6-7 所示。

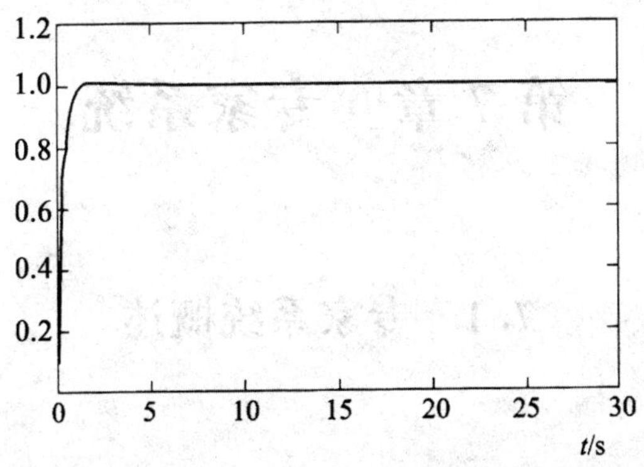

图 6-7　直流伺服电动机控制系统阶跃响应曲线

第 7 章　专家系统

7.1　专家系统概述

7.1.1　专家系统的发展史

自 1956 年人工智能诞生以来，专家系统的发展过程大致可分为以下几个阶段。

7.1.1.1　专家系统的孕育产生期

专家系统产生于 20 世纪 60 年代中期，这时候人工智能学者已开始认识到：问题求解能力不仅取决于它使用的形式化体系和推理模式，而且取决于它所拥有的知识。

1965 年，美国斯坦福大学计算机系的 Feigenbaum 就提出要使程序能够达到很高的性能，以便付诸实际使用，就必须把模仿人类思维规律的解题策略与大量的专门知识相结合。基于这种思想，他与遗传学家 J. Lederberg、物理学家 C. Djerassi 等人合作，根据化合物的分子式及其质谱数据，研制出了能推断分子结构的计算机程序系统 DENDRAL。这是世界上第一个专家系统。它解决问题的能力已达到专家级水平，某些方面甚至超过同领域的化学专家。DENDRAL 系统的成功，标志着人工智能研究开始走向实际应用阶段，标志着一个新的研究领域的诞生。

数学专家系统 MACSYMA 是由麻省理工学院于 1971 年成功开发并投入应用的一个为解决复杂微积分运算和数学推导而开发的大型专家系统。

MACSYMA 与 DENDRAL 共同成为第一代专家系统的代表。第一代专家系统的特点是高度专业化，注重系统的性能，专业问题求解能力强。但结构和功能不完整，移植性差，不易用于其他领域；并且缺乏系统的透明性和灵活性。

7.1.1.2 专家系统的技术成熟期

20世纪70年代中期专家系统进入了第二个阶段——技术成熟期。专家系统的观点逐渐被人们所接受,从而先后出现了一批卓有成效的专家系统,尤其突出的是在医疗领域。MYCIN、PROSPECTOR、CASNET、INTERNIST、AM、HEARSAY等是这一时期较具代表性的专家系统。

MYCIN系统是美国斯坦福大学研制的用于细菌感染患者的诊断和治疗传染性疾病的医疗专家系统,它不仅能对传染性疾病做出专家水平的诊断和治疗选择,而且便于使用、理解、修改和扩充。经过了不断改进和扩充,是第一个功能较全面的专家系统。MYCIN可以使用自然语言(英语)同用户对话,并回答用户提出的问题,还可以在专家的指导下学习新的医疗知识。MYCIN第一次使用了知识库的概念,并使用了似然推理技术。MYCIN系统对形成专家系统的基本概念、基本结构起到了重要的作用,它为后来许多专家系统的研制奠定了良好的基础。

PROSPECTOR系统是由美国斯坦福研究所开发的一个探矿专家系统。PROSPECTOR用语义网络(Sematic Network)表示地质知识。它是第一个地质方面的专家系统。1982年美国一家地质勘探公司利用PROSPECTOR发现了华盛顿州的一处钼矿,据估计这个矿的开采价值在一亿美元以上。PROSPECTOR也因此成为第一个取得显著经济效益的专家系统。PROSPECTOR系统的一个特点是它很好地协调了多个专家的多种矿藏知识模型。目前,它已存入二十多位第一流的地质专家的知识。

CASNET系统几乎是与MYCIN同时开发的,它由Rutgers大学的S. M. Wiss和C. A. Kulikowki等人研制,主要用于诊断和治疗青光眼疾病,这是最早设想把一个专家系统用于多个不同领域的系统。

INTERNIST系统是1974年由Pittsburgh大学的H. E. Pople等人研制出用于诊断内科疾病的专家系统,现称为CADUCEUS,这是目前最大的专家系统。

AM系统是1976年由美国斯坦福大学的D. B. Lanet研制的专家系统,它能模拟人类归纳推理、抽象概念、发现某些数论的概念和定理。

HEARSAY系统是1972年由卡内基·梅隆大学的L. D. Erman等人设计出能听懂连续谈话的专家系统。1997年,HEARSAY-Ⅱ又得以完成,在自然语言的理解上达到了较高水平。

在这个阶段开发的专家系统称为第二代专家系统。第二代专家系统的特点表现为:单学科专业型;系统结构完整,功能全面,移植性好;具有推理解释功能,透明性好;采用启发式推理、不精确推理;用产生式规则、框架、语义网络表达知识;用限定性英语进行人机交互。专家系统取得一系列的成就使人工智能界的斗志也受到了极大的鼓舞,一度徘徊的人工智能出现了新的生机。

随着专家系统的逐渐成熟,其应用领域迅速扩大。上述提到的20世纪70年代中期以前的专家系统多属于数据解释型和故障诊断型,在20世纪70年代后期逐渐出现了其他类型的专家系统,如设计型、规划型、控制型等。与此同时,为了方便知识获取和缩短专家系统的研制周期,出现了各种知识获取工具和专家系统开发工具。此外,还出现了多学科应用专家系统,诸如化学、分子遗传学、蛋白质分析、结构力学、集成电路设计、计算机故障诊断、辅助教学、石油勘探、医学诊断等各学科的专家系统;出现了专家系统生成器,如骨架专家系统EMYCIN、模块式专家系统工具AGE、通用知识表达语言RLL、交互式知识表达工具UNITS和CENTAUR等。它们被称为第三代专家系统。

7.1.1.3 专家系统的发展期

20世纪80年代以来,专家系统的研究和开发明显地趋向于商业化。例如,由卡内基·梅隆大学与DEC公司合作开发的专家系统XCON(1978—1981)最初用于完成DEC公司的VAX-11/780计算机系统的配置,后来扩展到所有VAX系列计算机的配置。

我国专家系统的研制开发起步较晚。1977年,肝病诊断治疗专家系统开发成功,这是我国第一个专家系统,也是世界上第一个中医专家系统。之后,我国学者开发的专家系统,分别在天气预报、农业咨询、地质勘探、故障诊断等领域也得到了成功应用。

21世纪以来,人工智能及其专家系统发展日新月异,不仅在人机接口设计上有了人性化的改观,而且人们正在研究将模糊识别、机器人控制、神经计算和网络集成等技术结合起来,应用到开发新一代的专家系统中。

7.1.2 专家系统的概念

关于专家系统的一般公认定义为:专家系统是一个具有智能的程序系统,其内部具有大量的专家水平的知识与经验;该系统能利用专家的知识与推理方法来解决专门领域的问题;它能对自身所得出的结论做出清楚、明晰、合理的解释。简单地说,专家系统是指能够向用户提供关于某一领域中专家水平的决策与解释的智能模拟系统。

在现实中,一个专门领域的专家能够解决相应领域的许多问题。这一过程需要依据其个人学识对问题进行推理和决策，并且还要依据个人实践经历中积累的经验和练就的直觉方法。尤其是其中的一些不确定知识，需要靠专家的决断对问题给出权威的解答。

通过分析可知，一个专家系统必须满足以下基本条件：

(1)专家系统处理的是现实世界中原本应由专家分析和判断的复杂问题。

(2)专家系统解决问题的模型和方案来自于专家的经验和推理方法。

(3)专家系统得到的判断结论与决策应当是与专家相一致的。

从本质上讲，专家系统只是一个高级的计算机智能程序系统。

7.1.3 专家系统的特点

7.1.3.1 专业性

专家系统往往要解决的是那些不确定性的、非结构化的、难以用算法解表达与实施的专门领域的复杂高难问题。而现实世界中，以数学化公式为核心的知识仅约占8%，大部分问题都是非数学化的知识。诸如医疗诊断、化学推理、法律推断、地质勘探、企业管理决策、天气预报、市场预测等领域的问题，都可作为专家系统的应用对象，而且许多已经得到了成功应用。

7.1.3.2 灵活性

专家系统的知识库和推理机制既相互联系，又相互独立。这保证了专家系统可以采用基于专业知识的推理机制，在环境模式驱动下进行知识推理；同时还能够使专家系统的体系结构可以根据具体问题的不同，分别选取合适的知识与推理方法，灵活构成不同的求解序列，实现对问题的求解。

另外，由于知识库与推理机分离，使人们有可能把一个技术上成熟的专家系统变为一个专家系统工具，这只要抽去知识库中的知识就可使它变为一个专家系统外壳。当要建立另外一个功能与之类似的专家系统时，只要把相应的知识装入到该外壳的知识库中就可以了。这就节省了耗时费工的开发工作。事实上，目前有一些专家系统开发工具就是这样得来的。例如，由专家系统 MYCIN 得到的构造工具 EMYCIN、由 PROSPECTOR 得到的专家系统外壳 KAS 等。

7.1.3.3 透明性

由于人们在使用专家系统来解决问题时，不仅希望得到正确的答案，还希望得知该答案的依据。因此，专家系统必须具有解释功能，不但能回答用户提出的问题，而且还可以向用户解释它的决策动机和结论的推理过程，使用户能清楚地了解系统处理问题正确性，通过增强系统的透明度而取信于用户。例如，一个医疗诊断专家系统诊断某病人患有肺炎，而且必须用某种抗生素治疗，那么，这一专家系统应向病人解释为什么判断他患有肺炎，解释用该抗生素治疗的原因，就像一位医疗专家对病人详细解释病情一样。

7.1.3.4 不稳定性

启发性知识没有正确性保证，相对于逻辑性知识而言，这些知识是不稳定的。一旦遇到新情况，专家系统应能随时修正已有的知识或归纳出新的知识，以适应新情况的需要。

7.1.3.5 高性能

专家系统把问题领域局限在比较狭窄的特定专业领域中，力求在解决某一应用领域的特定问题时达到甚至超过领域专家的水平。专家系统的高性能取决于知识库所使用的知识表示是否能很好地表示知识，以及是否具有良好的推理方法。

7.1.3.6 实用性

许多经典的人工智能程序往往是从纯学术技术目的出发研制的一种实验性研究工具，而专家系统是根据问题的实际需求开发的，解决的是人们在生产实践、科学研究、产品设计以及其他领域的实际问题，更多地强调实用。并且，由于专家系统中储存了相关领域许多高水平专家的知识，因此，解决问题具有更高的水平和效率，从而产生巨大的社会和经济效益，具有非常良好的实用性。

7.1.3.7 易推广性

专家系统使人类专家的领域知识突破了时间和空间的限制，专家系统程序实现了长久的保存，并且可以通过任意的复制多个副本或在网上供不同地区、不同部门的人员使用。这为专家知识和技能的推广、传播提供了便利。

7.1.4 专家系统的类型

按照不同的分类标准，专家系统有不同的分类结果。这里根据专家系统的特性及功能不同，对专家系统进行介绍。

7.1.4.1　解释型专家系统

解释型专家系统是通过对已知信息和数据的分析，确定并解释其含义。例如，解释图像分析、解释地质结构和化学结构等的专家系统。

解释型专家系统具有以下特点：

(1)系统处理的数据量很大，而且往往是不准确的、有错误的或不完全的。

(2)系统能够从不完全的信息中得出解释，并能对数据做出某些假设。

(3)系统的推理过程可能很复杂和很长，因而要求系统具有对自身的推理过程做出解释的能力。

著名的地质勘探咨询的专家系统 PROSPECTOR 就是一个具有代表性的解释型专家系统。

7.1.4.2　预测型专家系统

预测型专家系统是根据过去和现在的信息预测未来可能发生的情况的专家系统。例如，应用于气象预报、地震灾害预测、人口预测、工农业产量估计及水文、经济、军事形势预测等领域的专家系统。

预测型专家系统具有以下特点：

(1)系统处理的数据随时间变化，而且可能是不准确和不完全的。

(2)系统需要有适应时间变化的动态模型，能够从不完全和不准确的信息中，得出预报，并达到要求的时效性。

台风路径预报 TYT 专家系统就是一个比较有代表性的预测型专家系统。

7.1.4.3　诊断型专家系统

诊断型专家系统是根据诊断对象的表征现象，例如病人的临床症状、机器故障的声光现象等，推断是否存在故障，并找出该对象机能失常或发生故障的原因，给出排除故障的方案。例如，医疗诊断、机械故障诊断、计算机故障诊断等专家系统。这是目前应用最多的一类专家系统。

诊断型专家系统具有以下特点：

(1)系统能够了解被诊断对象或客体各组成部分的特性以及它们之间的联系。

(2)系统能够区分一种现象及其所掩盖的另一种现象。

(3)系统能够向用户提出测量的数据，并从不确切信息中得出尽可能正确的诊断。

著名的 MYCIN 系统、CASNET 系统、PUFF 系统、PIP 系统、DART 系统等都是比较有代表性的诊断型专家系统。

7.1.4.4 设计型专家系统

设计型专家系统是一种根据任务要求，计算出满足设计问题约束的目标配置的系统。例如，用于工程设计、电路设计、建筑及装修设计、服装设计、机械设计、图案设计等的专家系统。这类系统一般要求在给定的限制条件下能给出最佳或较佳的设计方案。

设计型专家系统应具有以下特点：

(1)系统善于从多方面的约束中得到符合要求的设计结果。

(2)系统需要检索较大的可能解空间。

(3)系统善于分析各种问题，并处理好子问题间的相互关系。

(4)系统能够试验性地构造出可能的设计，并易于对所得设计方案进行修改。

(5)系统能够使用已被证明是正确的设计来解释当前的新设计。

计算机系统配置系统 XCON、VLSI 电路设计专家系统等都是比较有代表性的设计型专家系统。

7.1.4.5 规划型专家系统

规划型专家系统是能按照给定目标制定行动规划的一类专家系统。例如，机器人动作规划、制定生产规划等。这类系统一般要求在一定的约束条件下能以较小的代价达到给定的目标。

规划型专家系统具有以下特点：

(1)所要规划的目标可能是动态的或静态的，因而需要对未来动作做出预测。

(2)所涉及的问题可能很复杂，要求系统能够抓住重点，处理好各子目标之间的关系和不确定的数据信息，并通过实验性动作得出可行规划。

机器人规划系统 NOAH、制定有机合成规划的专家系统 SECS、帮助空军制订攻击敌方机场计划的专家系统 TATR 等都是比较有代表性的规划型专家系统。

7.1.4.6 监督型专家系统

监督型专家系统能够完全实时地监控任务，并与其正常情况进行比较，当发现异常时发出警报或进行干预的系统。例如，用于森林火警监视、机场监视等的专家系统。

监督型专家系统具有以下特点：

(1)系统应具有快速反应能力，在造成事故之前及时发出警报。

(2)系统发出的警报要有很高的准确性。在需要发出警报时发警报，在不需要发出警报时不得轻易发警报(假警报)。

(3)系统能够随时间和条件的变化而动态地处理其输入信息。

帮助操作人员检测和处理核反应堆事故的专家系统是一个具有代表性的监督型专家系统。

7.1.4.7 控制型专家系统

控制型专家系统是用于自适应地管理受控对象，使之满足预期要求的系统。控制型专家系统具有解释、预报、诊断、规划和执行等功能。为了实现对控制对象的实时控制，控制性专家系统必须能够直接接受来自控制对象的信息，并迅速地进行处理，及时地做出判断和采取相应的行动。它是专家系统技术与实时控制技术相结合的产物。

控制型专家系统具有以下特点：

(1)能够解释当前情况，预测未来可能发生的情况。

(2)诊断可能发生的问题及其原因，不断修正计划，控制系统的运行。

帮助监控和控制 MVS 操作系统的专家系统 YES/MVS 是一个比较有代表性的控制型专家系统。

7.1.4.8 调试型专家系统

调试型专家系统是用于制定排除某类故障的规划并实施排除的一类专家系统。

调试专家系统具有以下特点：

(1)能够根据故障的特点制订纠错方案，并实施该方案排除故障。

(2)当制订的方案失效或部分失效时，能够采取相应的补救措施。

(3)同时具有规划、设计、预报和诊断等专家系统的功能。

7.1.4.9 教学型专家系统

教学型专家系统主要用于辅助教学，该系统能根据学生的知识点掌握情况、性情特点等，以最适当的教案和教学方法对学生进行教学和辅导。

教学型专家系统具有以下特点：

(1)同时具有诊断和调试等功能。

(2)具有良好的人机界面。

讲授有关细菌传染性疾病方面的医学知识的计算机辅助教学系统GUIDON是一个具有代表性的教学型专家系统。

7.1.4.10 维护型专家系统

维护型专家系统能用于对系统进行调试，并根据相应的标准对发生故障的对象（系统或设备）进行处理，排除错误，使其恢复正常工作。维护型专家系统应具有诊断、调试、计划和执行等功能。

7.2 专家系统的结构和原理

7.2.1 专家系统的结构

7.2.1.1 知识库

知识库是专家系统的知识存储器，用来存放求解问题的领域知识。对这些领域知识，首先需要用相应的知识表示方法将其表示出来，然后再进行形式化，并经编码放入知识库中。

知识库中的知识分为两种类型。

(1)事实性知识。事实性知识是指相关领域中所谓公开性知识，包括领域中的定义、事实和理论等，这是一种广泛公用的知识，它们通常收录在相关学术著作和教科书中。

(2)启发性知识。启发性知识是指领域专家的所谓个人性知识，是领域专家在长期工作实践中积累起来的经验总结。通常，领域专家所拥有的经验性、判定性知识，实际上是一种直觉性和诀窍性的知识。

启发性知识在关键时刻，有助于专家们于错综复杂的情况下临机决断，做出正确决策。专家系统开发中的一个十分重要的任务就是要认真细致地对这类知识进行分析。但是，由于很多专家很少意识到自己是如何使用这些知识解决问题的，甚至没有意识到自己在解决问题时究竟使用了多少这样的知识，所以让他们把这些直觉、诀窍、经验讲出来是非常困难的，这就导致了在知识库建立过程中很难获得这种知识。但是，这些知识又恰恰是知识库的核心部分。

费根鲍姆曾指出：专家系统的力量来自于它所拥有的知识，那些知识本来是存储在专家（人）头脑里的，而要把它取出来，则是人工智能专家所面临的最大难题。为此,人工智能专家应与领域专家很好地合作,认真提取领域专家的知识,并根据计算机对这些知识的表示和使用要求,从领域专家大脑中将这些知识转化成知识库的一个个组成部分。知识库一经建立,便可供专家系统在推理时使用。

7.2.1.2　数据库

数据库也称为事实库、全局数据库或综合数据库,用来存储有关领域问题的事实、数据、初始状态(证据)和推理过程中得到的各种中间状态及目标等。实际上,它相当于专家系统的工作存储器,故还可以称为工作存储器。

它具有以下特性:

(1)可以被所有的规则访问。

(2)没有局部的数据库是特别属于某些规则的。

(3)规则之间通过数据库发生联系。

可以根据系统的目的不同来确定数据库的规模和结构。数据库的内容还可以随着问题的不同发生动态变化。总之,数据库存放的是该系统当前要处理对象的一些事实。例如,在医疗专家系统中,数据库存放的仅是当前患者的姓名、年龄、症状等基本情况,以及推理过程中得到的一些中间结果、病情等;在气象专家系统中,数据库存放的是云量、温度、气压等当前气象要素,以及推理得到的中间结果等。

通过上述分析可得,专家系统中的数据库只是一个存储量很小的用于暂存中间信息的工作存储器(也称为内涵数据库),而不是通常概念上的用于存放大量信息的数据库(也称为外延数据库)。如果只是从研制专家系统的角度来看,是没有必要在其内部建立一个规模庞大、功能齐全的数据库的;但是,若想使专家系统达到实用并为广大信息管理系统工作者所接受,就必须解决专家系统对现存(外延)大型数据库的访问问题。

7.2.1.3　推理机

推理机是一组用来控制、协调整个专家系统的程序。它根据数据库当前输入的数据,利用知识库中的知识,按一定的推理方法和控制策略进行推理,解释外部输入的事实和数据,直到得出相应的结论,并向用户提示等。

推理机包括推理方法和控制策略两部分。推理机所采用的推理方法可以是正向推理、逆向推理或正逆向结合的双向推理。并且,在这三种推理方式中,都包含有精确推理和非精确推理。控制策略主要指推理方法的控制及推理规则的选择策略。它还与搜索策略有关。

因为专家系统是模拟人类专家进行工作的,因此设计推理机时,应使它的推理过程和专家的推理过程尽可能相似或保持一致。

一些大中型专家系统知识库中的知识数量较多,因此其推理机制由知识库管理系统和推理机两个主要部分组成。其中,知识库管理系统负责对知识库中的知识进行组织、检索、维护等,并能根据推理过程的需求去搜索运用知识和对知识库中的知识做出正确的解释。而推理机则主要用于生成并控制推理的进程和使用知识库中的知识。目前,在更大的专家系统中,知识库管理系统已从推理机中独立出来,专门用来管理庞大的知识库,它需要解决知识库的一致性、完备性、相容性等问题。

7.2.1.4 知识获取模块

知识获取应该是专家系统的一项重要功能,是建造和设计专家系统的关键。但由于目前专家系统的学习能力较差,多数专家系统的知识获取模块的主要任务是为修改知识库中的原有知识和扩充新知识提供相应的手段。其基本任务是为专家系统获取知识,并负责维持知识的一致性和完整性,建立起健全、完善、有效的知识库,从而满足求解领域问题的需要。

不同学习能力专家系统的知识获取模块的功能和实现方法差别较大,且知识获取通常由知识工程师与专家系统中的知识机构共同完成。对没有学习能力的专家系统,首先由知识工程师向领域专家获取知识,然后以适用的方法把知识表达出来,而知识获取机构负责把知识转换为计算机可存储的内部形式,然后将其送到知识库中;有的系统自身就具有部分学习功能,由系统直接与领域专家对话获取知识;有的系统具有较强的学习功能,可在系统运行过程中通过归纳、总结出新的知识。无论采取哪种方式,知识获取都是目前专家系统研制中的关键一环。

7.2.1.5 解释模块

解释模块回答用户提出的问题,以用户便于接受的方式解释系统的推理过程。例如,回答用户提出的“为什么?”,给用户说明“结论是如何得出的?”等。它的作用在于,一方面可以使专家系统更取信于用户;另一方面还可以帮助系统建造者发现知识库及推理机中的错误。可见,解释机构对于用户或系统本身而言都是必不可少的。

解释模块是由一组程序组成的,它包括系统提示、人机对话、能书写规则的语言,以及解释部分的程序。首先,它跟踪并记录推理过程,面对用户提出的询问,它分别根据问题的要求做出相应的处理,最后把解答用约定的形式输出给用户。目前,大多数专家系统的解释模块都采用人机对话的交互式解释方法。

如果系统能够把推理同领域的基本原理(常识性知识)联系起来,能够对一个结论做出更满意的解释。

7.2.1.6 人机接口

人机接口是专家系统的另一个关键组成部分,是专家系统与外界的接口,主要用于系统和外界之间的通信与信息交换。

人机接口由一组程序及相应的硬件组成,用于完成输入输出工作。在输入输出的过程中,人机接口需要内部表示形式与外部表示形式的转换。

用户、领域专家和知识工程师之间通过人机接口进行交互。在这三种人员中,用户和领域专家一般都不是计算机专业人员,因此用户界面必须适应非计算机人员的需求,不仅应把系统的输出信息转换为便于用户理解的形式,而且还应使用户能方便地操纵系统运行。一般来说,用户界面应尽可能拟人化,尽可能使用接近于自然语言的计算机语言,并能理解和处理声音、图像等多媒体信息。

不同专家系统的软硬件环境不同,因此,接口的形式和功能也存在很大的差距。例如,有些专家系统只能通过菜单或命令方式与用户进行交互,而有些专家系统已经可以使用简单的自然语言与用户交互。

7.2.2 专家系统的原理

一般的专家系统都是通过推理机与知识库和综合数据库的交互作用来求解领域问题的。以下列出了求解的具体过程:

(1)对用户的问题进行分析,搜索知识库,寻找有关知识。

(2)根据有关的知识和系统的控制策略形成解决问题的途径,即知识操作算子序列,从而构成一个假设集合。

(3)对解决问题的一组可能假设方案进行排序,并挑选其中在某些准则下为最优的假设方案。

(4)根据挑选的解决问题的假设方案去求解具体问题。如果该方案解决了问题,则该过程成功结束;反之,如果该方案不能真正解决问题,则回溯到假设方案序列中的下一个假设方案,重复求解问题。

(5)上述过程循环执行,直到问题已经解决或所有可能的求解方案都不能解决问题而宣告“本系统该问题无解”为止。

图 7-1 描述了专家系统工作的一般步骤。

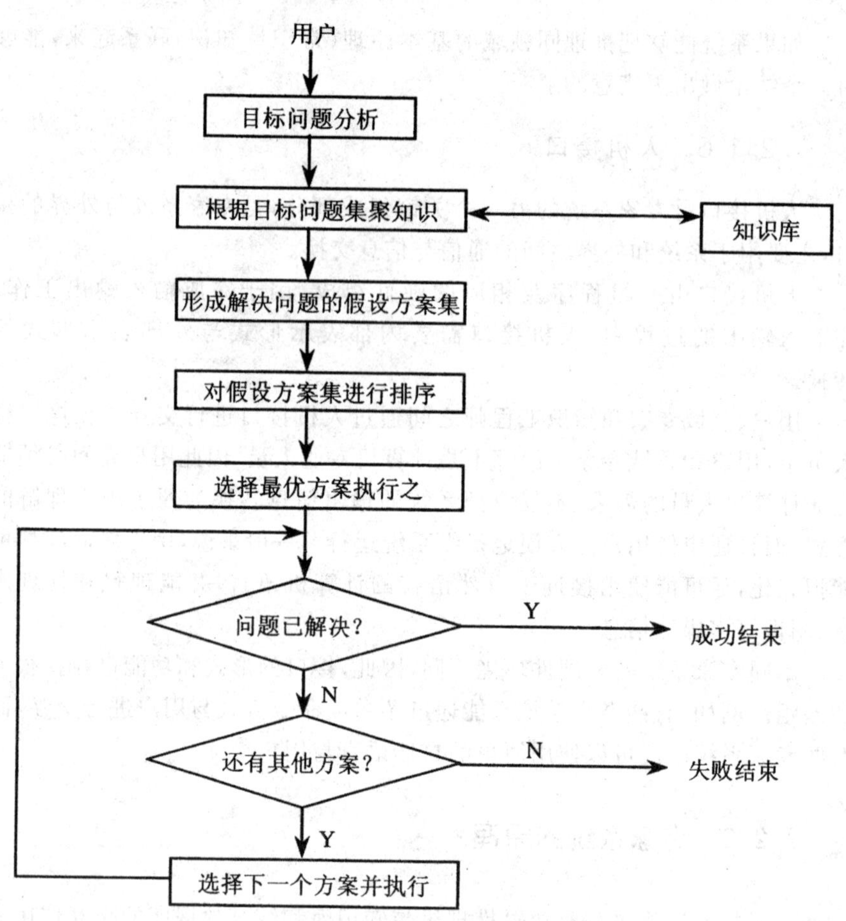

图 7-1　专家系统的问题求解过程示意图

根据目标问题集聚有关的知识和形成解决问题的假设方案集是该过程中的两个重要环节，对它们的不同处理直接影响专家系统的问题求解能力和求解效率。

7.3　专家系统的设计与开发

7.3.1　专家系统的设计原则

专家系统的设计应综合考虑到专家系统的特点，应注意以下原则。

7.3.1.1 专门任务

专家系统适用于专家知识和经验行之有效的场合，所以，在设计专家系统时，应恰当地划定求解问题的领域。问题领域过窄，则系统求解问题的能力较弱；过宽，则涉及的知识太多。知识库过于庞大会产生不良影响，例如，不能保证知识的质量，影响系统的运行效率，难以维护和管理。

7.3.1.2 专家合作

知识是专家系统的基础，建立高效、实用的专家系统的一个重要前提就是使其具有完备的知识。专家和知识工程师的反复磋商和团结协作在其中发挥着重要作用。领域专家与知识工程师合作是知识获取成功的关键，也是专家系统开发成功的关键。

7.3.1.3 原型设计

采用“扩充式”开发策略，即应用“最小系统”的观点进行系统原型设计，然后再逐步修改、扩充和完善。专家系统是一个比较复杂的程序系统，需要设计并建立知识库、综合数据库，编写知识获取、推理机、解释等模块的程序，工作量较大，因此，开发时并不能一步到位。基于这个原因，一旦知识工程师获得足够的知识去建立一个非常简单的系统时，就可以首先建立一个所谓的“最小系统”，然后从运行该模型中得到反馈来指导修改、扩充和完善系统。

7.3.1.4 用户参与

专家系统建成后是给用户使用的，在设计和建立专家系统时，让用户尽可能地参与有助于充分了解未来用户的实际情况和知识水平，对于建立适于用户操作的友好的人机界面是非常有利的。

7.3.1.5 辅助工具

在适当的条件下，可考虑采用专家系统开发工具进行辅助设计，借鉴已有系统的经验，对于设计效率的提高大有帮助。

7.3.1.6 知识库与推理机分离

知识库与推理机分离是专家系统区别于传统程序的重要特征，其优点是便于对知识库进行维护、管理，而且可把推理机设计得更灵活。

7.3.2 专家系统的开发步骤

专家系统是一个计算机软件系统，但与传统程序又有区别，因为知识工程与软件工程在许多方面有较大的差别。一方面，专家系统的开发过程与软件工程并不是完全相同的。例如，软件工程的设计目标是建立一个用于事物处理的信息处理系统，处理的对象是数据，主要功能是查询、统计、排序等，其运行机制是确定的；而知识工程的设计目标是建立一个辅助人类专家的知识处理系统，处理的对象是知识和数据，主要的功能是推理、评估、规划、解释、决策等，其运行机制难以确定。另一方面，知识工程与软件工程的系统实现过程不同，知识工程比软件工程更强调渐进性、扩充性。因此，在设计专家系统时软件工程的设计思想及过程虽可以借鉴，但不能完全照搬。

一般地，将专家系统的开发步骤分为问题识别、概念化、形式化、实现和测试等阶段，如图 7-2 所示。

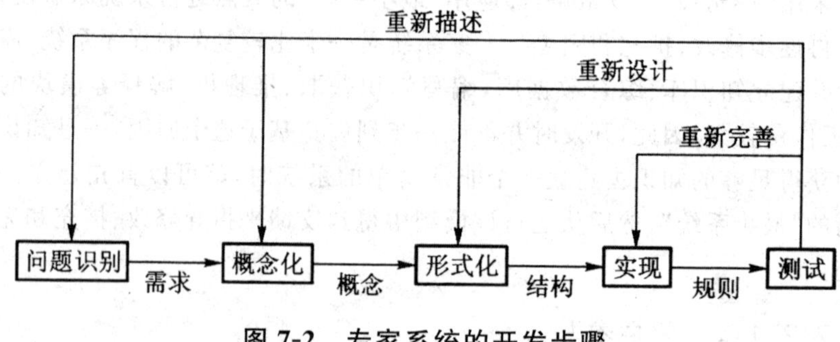

图 7-2 专家系统的开发步骤

7.3.2.1 问题识别阶段

在问题识别阶段，由知识工程师和专家确定问题的主要特点。

(1)确定人员和任务，选定包括领域专家和知识工程师在内的参加人员，并明确各自的任务。

(2)问题识别，描述问题的特征及相应的知识结构，明确问题的类型和范围。

(3)确定资源，确定知识源、时间、计算设备以及经费等资源。

(4)确定目标，确定问题求解的目标。

7.3.2.2 概念化阶段

概念化阶段的主要任务是揭示描述问题所需要的关键概念、关系和控制机制,子任务、策略和有关问题求解的约束。这个阶段需要考虑以下问题：

(1)什么类型的数据有用,数据之间的关系如何?

(2)问题求解时包括哪些过程,这些过程有哪些约束?

(3)如何将问题划分为子问题?

(4)信息流是什么?哪些信息是由用户提供的,哪些信息是需要导出的?

(5)问题求解的策略是什么?

7.3.2.3 形式化阶段

形式化阶段是把概念化阶段概括出来的关键概念、子问题和信息流特征形式化地表示出来。究竟采用什么形式,要根据问题的性质选择适当的专家系统构造工具或适当的系统框架。知识工程师在这个阶段发挥着重要作用。

在形式化过程中,假设空间、基本的过程模型和数据的特征是三个主要的因素。下面分别进行介绍。

为了理解假设空间的结构,必须对概念形式化并确定它们之间的关系,还要确定概念的基元和结构。为此需要考虑以下问题：

(1)把概念描述成结构化的对象,还是处理成基本的实体?

(2)概念之间的因果关系或时空关系是否重要,是否应当显式地表示出来?

(3)假设空间是否有限?

(4)假设空间是由预先确定的类型组成的,还是由某种过程生成的?

(5)是否应考虑假设的层次性?

(6)是否有与最终假设相关的不确定性或其他的判定性因素?

(7)是否考虑不同的抽象级别?

找到可以用于产生解答的基本过程模型是形式化知识的重要一步。过程模型包括行为的和数学的模型。如果专家使用一个简单的行为模型,对它进行分析就能产生很多重要的概念和关系。数学模型可以提供附加的问题求解信息,或用于检查知识库中因果关系的一致性。

在形式化知识中,了解问题领域中数据的性质也是很重要的。为此应当考虑下述问题：

(1)数据是不足的、充足的还是冗余的?

(2)数据是否有不确定性?

(3)对数据的解释是否依赖于出现的次序?

(4)获取数据的代价是多少?

(5)数据是如何得到的?

(6)数据的可靠性和精确性如何?

(7)数据是一致的和完整的吗?

7.3.2.4 实现阶段

形式化阶段已经确定了知识表示形式和问题的求解策略,也选定了构造工具或系统框架。实现阶段的主要任务是把前一阶段的形式化知识变成计算机软件,即要实现知识库、推理机、人机接口和解释系统。

在建立专家系统的过程中,原型系统的开发是极其重要的步骤之一。对于选定的表达方式,任何有用的知识工程辅助手段(如编辑、智能编辑或获取程序)都可以用来完成原型系统知识库。另外,推理机应能模拟领域专家求解问题的思维过程和控制策略。

7.3.2.5 测试阶段

测试阶段的主要任务是通过运行实例评价原型系统以及用于实现它的表达形式,从而发现知识库和推理机的缺陷。

通常导致性能不佳的因素有如下三种:

(1)输入输出特性,即数据获取与结论表示方法存在缺陷。例如,提问难以理解、含义模糊,使得存在错误或不充分的数据进入系统;结论过多或者太少,没有适当地组织和排序。

(2)推理规则有错误、不一致或不完备。

(3)控制策略有问题,不是按专家采用的"自然顺序"解决问题。

专家系统必须先在实验室环境下进行精化和测试,然后才能够进行实地领域测试。在测试过程中,实例的选择应照顾到各个方面,要有较宽的覆盖面,既要涉及典型的情况,也要涉及边缘的情况。测试的主要内容有:

(1)可靠性。通过实例的求解,检查系统得到的结论是否与已知结论一致。

(2)知识的一致性。当向知识库输入一些不一致、冗余等有缺陷的知识时,检查它是否可把它们检测出来;当要求系统求解一个不应当给出答案的问题时,检查它是否会给出答案等;如果系统具有某些自动获取知识的功能,则检测获取知识的正确性。

(3)运行效率。检测系统在知识查询及推理方面的运行效率,找出薄弱环节及求解方法与策略方面的问题。

(4)解释能力。对解释能力的检测主要从两个方面进行,一是检测它能回答哪些问题,是否达到了要求;二是检测回答问题的质量,即是否有说服力。

(5)人机交互的便利性。为了设计出友好的人机接口,在系统设计之前和设计过程中也要让用户参与。这样才能准确地表达用户的要求。

对人机接口的测试主要由最终用户来进行。根据测试的结果,应对原型系统进行修改。测试和修改过程应反复进行,直到系统达到满意的性能为止。

7.4　专家控制系统

7.4.1　专家控制系统的结构和原理

7.4.1.1　专家控制系统的工作原理

就目前的发展状况来看,专家控制系统应用十分广泛,结构比较灵活,并没有统一的体系结构。图 7-3 给出了目前最流行的一类专家控制系统的结构示意图。接下来,就以图 7-3 给出的体系结构,对专家控制系统的原理展开讨论。

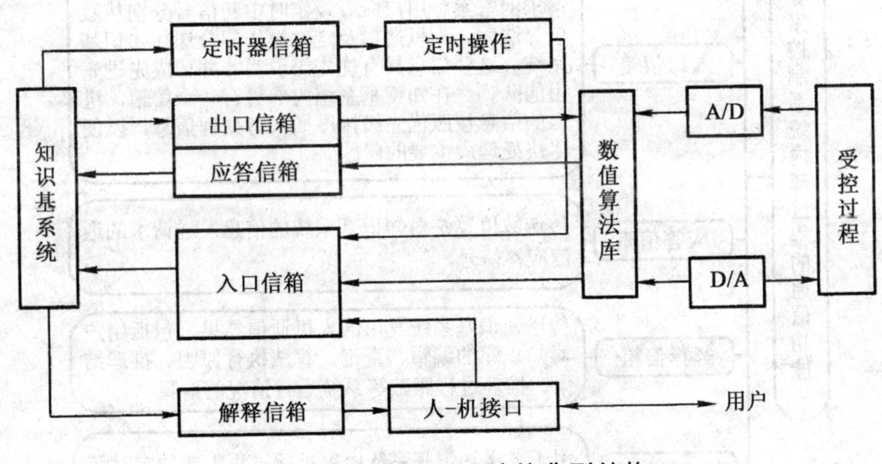

图 7-3　专家控制系统的典型结构

一般地,专家控制系统可以分为 3 个并发运行的子过程,这个在图 7-3 中已经清晰地给出,分别是知识基系统、数值算法库和人机接口。同时,还可以看出,在图 7-3 中,系统通过出口、入口、应答、解释和定时器 5 个信箱来完成3个运行子过程之间的通信。

系统的控制器由位于下层的数值算法库和位于上层的知识基系统两大部分组成。数值算法库包含3种算法程序，分别是控制算法程序、辨识算法程序和监控算法程序，这些程序拥有最高的优先权，可以直接作用于受控过程。通常系统首先要获取知识基系统的配置命令，同时还要获取测量信号，在二者准备完毕之后，系统将按照控制算法程序计算控制信号。对于绝大多数的专家控制系统而言，每次允许运行的控制算法程序一般只有一种。另外，从某种意义上看，辨识算法和监控算法可以看作是滤波器或特征抽取器，主要作用是从数值信号流中抽取特征信息。由此可见，专家控制系统通常都是按照传统控制方式运行的，只有当运行状况变化的时候，才会向知识基系统发送指令，从而进入智能控制过程。

知识基系统位于系统上层，对数值算法进行决策、协调和组织，包含有定性的启发式知识，进行符号推理，按专家系统的设计规范编码，通过数值算法库与受控过程间接相连，连接的信箱中有读或写信息的队列。图7-4给出了专家控制系统内部过程的通信功能。

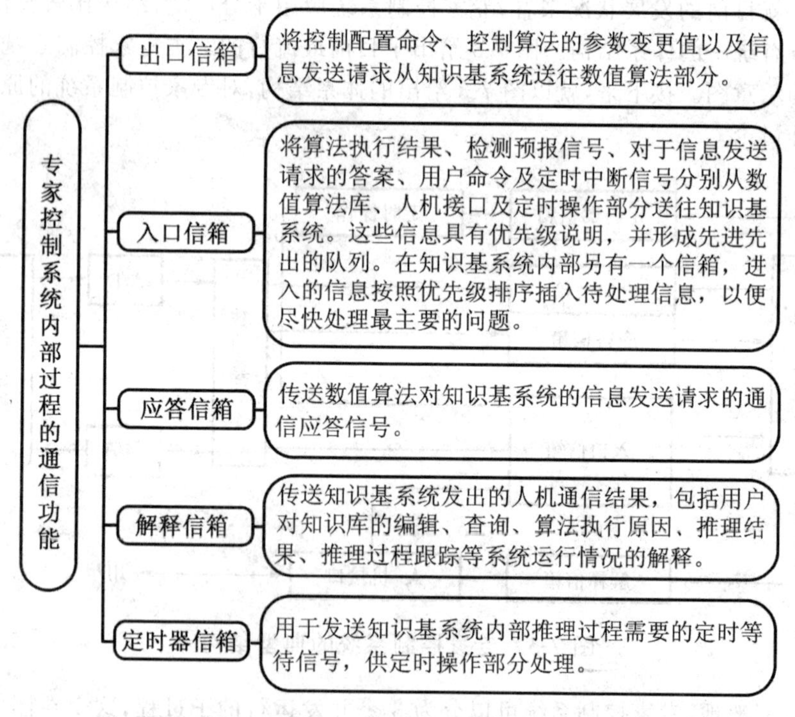

图7-4 专家控制系统内部过程的通信功能

一般地，人机接口子过程传播两类命令。一类是面向数值算法库的命令，如改变参数或改变操作方式；另一类是指挥知识基系统去做什么的命令，如跟踪、添加、清除或在线编辑规则等。

7.4.1.2　知识基系统的内部组织和推理机制

(1)控制的知识表示。专家控制把控制系统看作是基于知识的系统，系统包含的知识信息内容如图 7-5 所示。

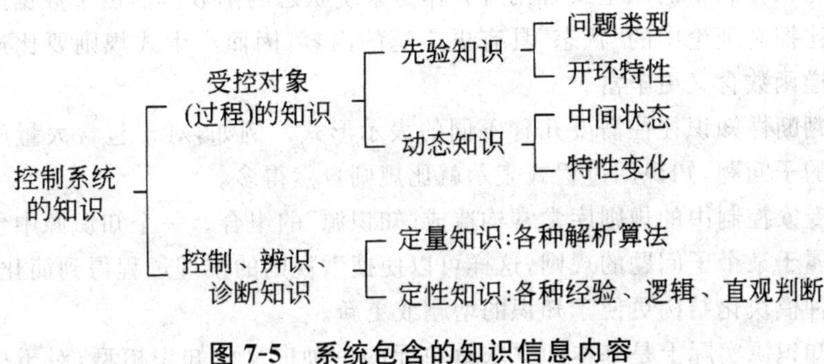

图 7-5　系统包含的知识信息内容

按专家系统知识库的构造，有关控制的知识可以分类组织，形成数据库和规则库。

①数据库。数据库中包括以下内容。

a. 事实。已知的静态数据，如传感器测量误差、运行阈值、报警阈值、操作序列的约束条件以及受控对象或过程的单元组态等。

b. 证据。测量到的动态数据，如传感器的输出值、仪器仪表的测试结果等。证据的类型是各异的，常常带有噪声、延迟，也可能是不完整的，甚至相互之间有冲突。

c. 假设。由事实和证据推导得到的中间状态，作为当前事实集合的补充，如通过各种参数估计算法推得的状态估计等。

d. 目标。系统的性能目标，如对稳定性的要求、对静态工作点的寻优、对现有控制规律是否需要改进的判断等。目标既可以是预定的(静态目标)，也可以根据外部命令或内部运行状况在线地建立(动态目标)。各种目标实际上形成了一个大的阵列。

上述控制知识的数据通常用框架形式表示。

②规则库。规则库实际上是专家系统中判断性知识集合及其组织结构的代名词。对于控制问题中各种启发式控制逻辑，一般常用产生式规则表示：

IF(控制局势)THEN(操作结论)

其中,控制局势即为事实、证据、假设和目标等各种数据项表示的前提条件;操作结论即为定性的推理结果。应该指出,在通常的专家系统中,产生式规则的前提条件是知识条目,推理结果或者是往数据库中增加一些新的知识条目,或者是修改数据库中其他某些原有的知识条目。而在专家控制中,产生式规则的推理结果可以是对原有控制局势知识条目的更新,还可以是某种控制、估计算法的激活。

专家控制中的产生式规则可看作是系统状态的函数。但由于数据库的概念比控制理论中的"状态"具有更广泛的内容,因而产生式规则要比通常的传递函数含义更丰富。

判断性知识往往需要几种不同的表示形式。例如,对于包含大量序列成分的子问题,知识用过程式表示就比规则自然得多。

专家控制中的规则库常常构造成"知识源"的组合。一个知识源中包含了同属于某个子问题的规则,这样可以使搜索规则的推理过程得到简化,而且这种模块化结构更便于知识的增删或更新。

知识源实际上是基本问题求解单元的一种广义化知识模型,对于控制问题来说,它综合表达了形式化的控制操作经验和技巧,可供选用的一些解析算法,对于这些算法的运用时机和条件的判断逻辑,以及系统监控和诊断的知识等。

(2)控制的推理模型。专家控制中的问题求解机制可以表示为以下的推理模型,即

$$U=f(E,K,I)$$

式中,$U=\{u_1,u_2,\cdots,u_m\}$为控制器的输出作用集;$E=\{e_1,e_2,\cdots,e_n\}$为控制器的输入集;$K=\{k_1,k_2,\cdots,k_p\}$为系统的数据项集;I为具体推理机构的输出集。而f为一种智能算子,它可以一般地表示为

IF E AND K THEN(IF I THEN U)

即根据输入信息E和系统中的知识信息K进行推理,然后根据推理结果I确定相应的控制行为U。这里智能算子的含义使用了产生式的形式,这是因为产生式结构的推理机制能够模拟任何一般的问题求解过程。实际上智能算子也可以基于其他知识表达形式(语义网络、谓词逻辑、过程等)来实现相应的推理方法。

专家控制推理机制的控制策略一般仅仅用到正向推理是不够的。当不能通过自动推导得到结论时,就需要使用反向推理的方式,去调用前链控制的产生式规则知识源或者过程式知识源验证这一结论。

7.4.2 专家控制系统的知识获取

专家控制系统是一种基于知识的系统。与专家系统一样,专家控制系统的性能首先取决于它所拥有的领域知识的水平,其中涉及这些知识的类型、获取方法以及通过学习得到补充和更新等问题。

7.4.2.1 浅层知识与深层知识的结合

从知识表达的结构层次上看,专家知识可分为浅层知识和深层知识两大类。浅层知识是指表示数据与行为、激励与响应之间的某种经验联系的知识,也可称为经验知识。深层知识是指深入表示事物的结构、行为和功能等方面的基本模型的知识,也可称为模型知识。

浅层知识和深层知识都是人类专家认知事物的结果,二者的兼备是基于知识的系统发展的需要,能使系统的功能更接近于人类专家的水平。问题在于如何恰当地在知识的表示和运用方面将浅层知识与深层知识进行有机的结合。一般的思想是将知识结构"由上而下"地按层次组织,"由浅(上)入深(下)"地按需要运用,任何一个层次的知识都可以形成一个问题求解过程。这种"分层递阶"的思想实际上贯穿于智能控制的各个方面,但是具体的构造和处理方法需要针对问题领域设计,在浅层知识与深层知识的优、缺点之间进行折中。

7.4.2.2 专家经验知识获取

知识获取是指在人工智能和知识工程系统中机器如何获取知识的问题。控制专家的直觉、技巧和启发式逻辑等经验知识可以有两种状态:显知识状态,即知识处于能用语言表达或能用文字描述的状态;潜知识状态,即知识蕴含在人的行为感觉或控制过程中,而处于一种"只可意会,不可言传"的状态。处于显知识状态或潜知识状态的经验知识可分别简称为显知识或潜知识,如骑自行车的直觉经验中就包含许多潜知识。显知识可以通过向控制专家直接咨询来获取,经过编辑形成规则等表达形式。而潜知识由于难以通过文字或语言的明确传授来得到,因而成为"瓶颈"问题的关键。

显知识与潜知识之间没有绝对的界限。如果能将潜知识中的因果关系分析清楚,并能用语言、文字加以表述,那么潜知识就可以转化为显知识。对显知识的深入分析也会使其中又包含许多潜知识。例如,一种明确的控制规律,整体上它属于显知识,但其中某些控制参数的设置问题就可能涉及一些潜知识。随着显知识中包含的潜知识向显知识转化,对问题的认识也就逐步深化。

潜知识获取的困难主要在于一个复杂问题包含着众多的潜知识,而这些潜知识之间往往彼此关联、相互耦合,而且分不清制约因素的主次,无法进行分析描述。

根据对专家经验中显知识和潜知识的上述研究认识,我国的张明廉、沈程智、何卫东等于1992年提出了一种“归约规则法”,探讨经验获取,仿人控制的解决途径。

归约规则法基于人工智能中的问题归约原理,即一个复杂问题的求解过程可以这样来进行:把复杂问题逐步化简分解为一系列次复杂问题,直到若干已有解决方案的简单的本原问题,如图7-6所示。解决本原问题后,依照逆过程进行综合,就可以解决复杂问题本身。

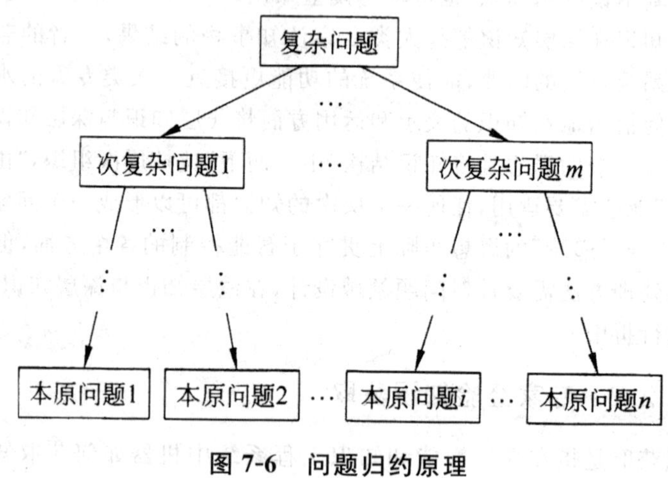

图7-6　问题归约原理

归约规则法把归约原理的思想用于控制经验潜知识的获取,其间需经过3个步骤:对知识的输入与输出信息进行形式化描述;对融入复杂问题中的潜知识进行归约化简;对知识的输入与输出关系进行因果分析,最后得出某种映射规则。归约规则法获取经验知识并用于求解控制问题的原理如图7-7所示。

在图7-7中,含有大量潜知识的复杂控制问题的求解体现在两个方面。一方面是控制目标的归约分解,直至化简为本原控制问题,这些本原控制问题中包含的潜知识较少,或者可以根据控制专家的经验得到解决方案,或者可以通过对输入输出信息进行形式化描述直接得出某种映射关系从而形成解决方案。另一方面,还需要对复杂控制问题中的被控对象进行定性分析,以便确定实现控制目标的约束。对被控对象的定性分析可以分解为输入输出定性关系以及各输出量之间定性关系的因果分析。这两种分析的结果要用来指导控制目标的归约，以便得到相关度较小的各本原问题，使它们的求解方案之间的制约影响尽可能小。这两种分析的结果同时还要提供给控制专家（或系统设计者），用以判断依次分解的控制子目标是否成为本原控制问题。这种判断还要参考控制规则的调试结果。

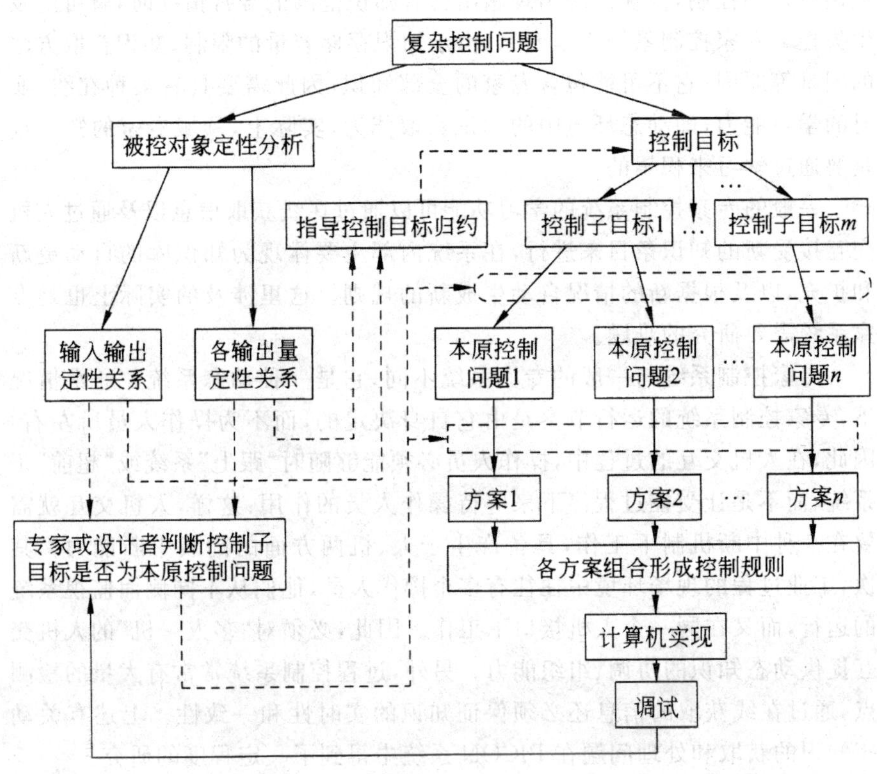

图7-7　归约规则法原理框图

综上可知，复杂控制问题求解过程的两个方面——被控对象定性分析和控制目标归约，是相互作用、相互影响的。定性分析过程把被控对象的定性知识与控制目标相结合，融入归约过程，使一些原来不易表述的控制经验潜知识化为显知识。而随着目标问题归约过程的进行所得到的有关问题的认识也会影响对被控对象的定性分析，即随着矛盾分析的化简，对被控对象有更深入的了解。

总之，归约规则法通过把复杂控制问题化简为本原问题，针对本原问题向控制专家咨询，这为经验知识获取提供了一种有效途径。这种有效性已在倒立摆控制的复杂问题求解中得到了验证。在归约最优性（使本原控制问题相关度最小)、本原问题解决方案与控制规则间关系、归约深度等方面,归约规则法还有待进一步研究。

7.4.2.3 动态知识获取

专家控制系统是一种基于知识的系统。它得益于所具有的专家知识,提供有效的控制,但在系统出现超出已有知识范围的异常情况时,就可能发生失控。专家控制系统不是专家,由于知识存储容量的限制、知识获取方法的困难等原因,它不可能包含专家的全部知识,因此需要具有某种在线、实时的学习能力,即动态环境中的知识获取能力,实际上,领域专家的知识也是要通过学习来积累的。

一般的专家控制系统的学习功能可以通过在线获取信息以及通过人机交互接受新的知识条目来进行,在系统内部主要体现为知识库的自动更新和扩充,以及根据新的情况自动生成新的规则。这里涉及的实际上也是专家系统需要研究的难题。

专家控制系统与一般的专家系统不同,它是一种动态系统。通常情况下,专家控制系统的运行节奏是由它自身决定的,而不为操作人员所左右。因此,在人机交互的过程中,操作人员必须能够随时“跟上”系统或“超前”于系统,而不是让受控过程停下来等待操作人员的作用:这样,人机交互就需要在一种中断机制下工作,具备产生于人、机两方面的高级中断能力。其次,工业过程的现场环境中往往有多个操作人员,他们从不同侧面监视系统的运行,而又在同一个人机接口下工作。因此,必须对“多人一机”的人机交互提供动态知识的协调、组织能力。另外,过程控制系统常常有大量的检测点,通过在线获取的信息还必须保证知识的实时性和一致性。上述有关动态知识的获取和处理问题在 PICON 系统中得到了一定程度的研究。

在知识库的自动更新和扩充方面,主要涉及知识的同化和调整等知识库的管理问题。例如,当新获取的知识与知识库里原有的知识发生矛盾、冲突时,就需要根据某种原则进行取舍,或者通过人机会话进行裁决;当发现新旧知识形成冗余时,就需要通过某种机制消除冗余;当表明新知识在语义上独立,在形式、规范上一致时,就需要自动地把这些知识加入到知识库中,而且需要首先通过某种方法把它们变为规则等知识表示形式。知识的调整问题包括知识的重新整理、语义精练、知识的分组和排序等操作。上述有关知识库的管理问题可参见知识工程方面的文献。

总之,专家控制系统的知识获取给实时知识工程技术提出了许多新的课题。

7.4.3 专家 PID 控制

专家 PID 控制是一种直接型专家控制器。典型的二阶系统单位阶跃响应误差曲线如图 7-8 所示。

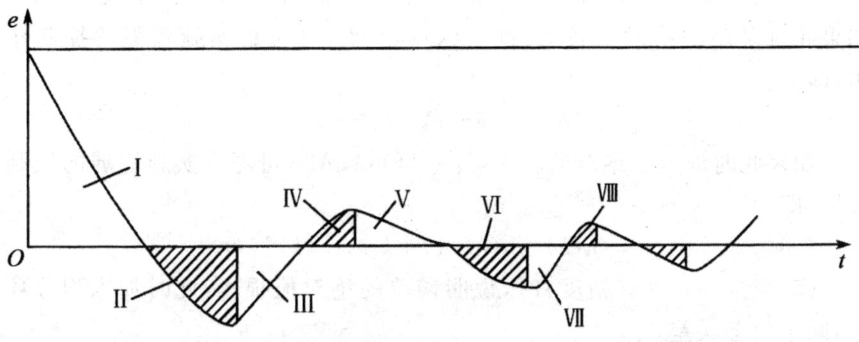

图 7-8 典型的二阶系统单位阶跃响应误差曲线

令 $e(k)$ 表示离散化的当前采样时刻的误差值，$e(k-1)$，$e(k-2)$ 表示前一个和前两个采样时刻的误差值，则有

$$\Delta e(k)=e(k)-e(k-1)$$
$$\Delta e(k-1)=e(k-1)-e(k-2)$$

根据误差及其变化，对图 7-8 中的二阶系统单位阶跃响应曲线进行如下定性分析：

(1)当 $|e(k)|>M_1$ 时，说明误差的绝对值已经很大。不论误差变化趋势如何，都应该考虑控制器的输出按定值输出，以达到迅速调整误差，使误差绝对值以最大速度减小，同时避免超调。此时，它相当于实施开环控制。

(2)当 $e(k)\Delta e(k)>0$ 或 $\Delta e(k)=0$ 时，说明误差在朝误差绝对值增大方向变化，或误差为某一常值，未发生变化。

如果 $|e(k)|\geqslant M_2$，说明误差较大，可考虑由控制器实施较强的控制作用，使误差绝对值朝减小方向变化，迅速减小误差的绝对值，控制器输出为

$$u(k)=u(k-1)+k_1\{k_p[e(k)-e(k-1)]+k_ie(k)+k_d[e(k)-2e(k-1)+e(k-2)]\}$$

如果 $|e(k)|<M_2$，说明尽管误差朝绝对值增大方向变化，但误差绝对值本身并不是很大，可考虑实施一般的控制作用，扭转误差的变化趋势，使其朝误差绝对值减小方向变化，控制器输出为

$$u(k)=u(k-1)+k_p[e(k)-e(k-1)]+k_i e(k)$$
$$+k_d[e(k)-2e(k-1)+e(k-2)]$$

(3)当 $e(k)\Delta e(k)<0$，$\Delta e(k)\Delta e(k-1)>0$ 或者 $e(k)=0$ 时，说明误差的绝对值朝减小的方向变化，或者已经达到平衡状态。此时，可考虑采取保持控制器输出不变。

(4)当 $e(k)\Delta e(k)<0$，$\Delta e(k)\Delta e(k-1)<0$ 时，说明误差处于极值状态。如果此时误差的绝对值较大，即 $|e(k)|\geqslant M_2$，可考虑实施较强的控制作用，即

$$u(k)=u(k-1)+k_1 k_p e_m(k)$$

如果此时误差的绝对值较小，即 $|e(k)|<M_2$，可考虑实施较弱的控制作用，即

$$u(k)=u(k-1)+k_2 k_p e_m(k)$$

(5)当 $|e(k)|\leqslant\varepsilon$（精度）时，说明误差的绝对值很小，此时加入积分环节，减小稳态误差。

以上各式中，$e_m(k)$为误差 e 的第 k 个极值；$u(k)$为第 k 次控制器的输出；$u(k-1)$为第 $k-1$ 次控制器的输出；k_1 为增益放大系数，$k_1>1$；k_2 为抑制系数，$0<k_2<1$；M_1，M_2 为设定的误差界限，$M_1>M_2>0$；k 为控制周期的序号（自然数）；ε 为任意小的正实数。

在图 7-8 中，Ⅰ，Ⅲ，Ⅴ，Ⅶ，…区域，误差朝绝对值减小的方向变化，此时，可采取保持等待措施，相当于实施开环控制；Ⅱ，Ⅳ，Ⅵ，Ⅷ，…区域，误差绝对值朝增大的方向变化，此时，可根据误差的大小分别实施较强或一般的控制作用，以抑制动态误差。

第8章 机器学习

8.1 机器学习概述

8.1.1 机器学习的发展史

8.1.1.1 热烈时期

第一阶段是机器学习的热烈时期，这一阶段为20世纪50年代中期到60年代初期，它所研究的是“没有知识”的学习。其主要研究目标是各种自组织系统和自适应系统；所基于的基本思想是：如果给系统一组刺激，一个反馈源，以及修改自身的足够自由度，那么系统将能自适应地趋向最优组织；所采用的主要研究方法是不断修改系统的控制参数，以改进系统的执行能力，而不涉及与具体任务有关的知识；所依据的主要理论基础是早在20世纪40年代就开始研究的神经网络模型。这一阶段最具有代表性的工作是罗森布拉特(F. Rosenblatt)于1957年提出的感知器模型。该模型试图利用感知器网络来模拟人脑的感知及学习能力。但遗憾的是，大多数想用它来产生某些复杂智能系统的企图都失败了。再加上明斯基1969年在其著名论著“Perceptron”中对感知器所做的悲观结论，以及感知器模型自身存在的缺陷，使得基于神经元模型的机器学习研究落入了低谷。

8.1.1.2 冷静时期

第二阶段为20世纪60年代中期到70年代初期，称为机器学习的冷静时期。符号概念获取的主要研究目标是模拟人类的概念学习过程。其学习过程是通过分析一些概念的正例和反例构造出这些概念的符号表示。概念的符号表示一般采用逻辑表达式、决策树、产生式规则或语义网络等形式。这一阶段的代表性工作有温斯顿的结构学习系统和海斯(Hayes)、罗思(Roth)等人的基于逻辑的归纳学习系统。

8.1.1.3 复兴时期

第三阶段是机器学习的复兴时期，这一阶段为20世纪70年代中期到80年代初期。其主要特点有以下几个方面：

(1)人们开始从学习单个概念的研究扩展到学习多个概念的研究。

(2)各种机器学习过程一般都建立在大规模知识库的基础上，实现知识的强化学习。

(3)开始把机器学习与各种实际应用相结合，尤其是专家系统在知识获取方面的需求，极大地刺激了机器学习的研究和发展，示例归纳学习系统是当时的研究主流，自动知识获取是当时的应用研究目标。

这一阶段的代表性工作有莫斯托夫(D. J. Mostow)的指导式学习、温斯顿等人的类比学习及米切尔(T. J. Mitchell)等人的解释学习等。此外，机器学习方面的另外一件大事是1980年在美国卡内基·梅隆大学(CMU)召开的第一届机器学习国际研讨会，它标志着机器学习的研究已经在全世界兴起。

8.1.1.4 发展时期

机器学习的最新阶段始于1986年。一方面，由于神经网络研究的重新兴起，对连接机制学习方法的研究方兴未艾，机器学习的研究已在全世界范围内出现新的高潮，对机器学习的基本理论和综合系统的研究得到加强和发展。另一方面，实验研究和应用研究得到前所未有的重视。人工智能技术和计算机技术快速发展，为机器学习提供了新的更强有力的研究手段和环境。具体来说，在这一时期符号学习由“无知”学习转向有专门领域知识的增长型学习，因而出现了有一定知识背景的分析学习。神经网络由于隐节点和反向传播算法的进展，使连接机制学习东山再起，向传统的符号学习发起挑战。基于生物发育进化论的进化学习系统和遗传算法，因吸取了归纳学习与连接机制学习的长处而受到重视。基于行为主义的增强学习系统因发展新算法和应用连接机制学习遗传算泆的新成就而显示出新的生命力。1989年瓦特金(Watkins)提出Q-学习，促进了增强学习的深入研究。

机器学习进入新阶段的重要性表现在下列诸方面：

(1)机器学习已成为新的边缘学科并在高校形成一门课程。它综合应用心理学、生物学和神经生理学以及数学、自动化和计算机科学形成机器学习的理论基础。

(2)结合各种学习方法，取长补短的多种形式的集成学习系统研究正在兴起。例如，连接学习与符号学习的结合可以更好地解决连续性信号处理中知识与技能的获取与求精问题。

(3)机器学习与人工智能各种基础问题的统一性观点正在形成,例如学习与问题求解结合进行、知识表达便于学习的观点产生了通用智能系统SoAR的组块学习。类比学习与问题求解结合的基于案例方法已成为经验学习的重要方向。

(4)各种学习方法的应用范围不断扩大,一部分已形成商品。归纳学习的知识获取工具已在诊断分类型专家系统中广泛使用。连接学习在声图文识别中占优势。分析学习已用于设计综合型专家系统。遗传算法与强化学习在工程控制中有较好的应用前景。与符号系统耦合的神经网络连接学习将在企业的智能管理与智能机器人运动规划中发挥作用。

(5)数据挖掘和知识发现的研究已形成热潮,并在生物医学、金融管理、商业销售等领域得到成功应用,给机器学习注入新的活力。

(6)机器学习有关的学术活动空前活跃。国际上除每年一次的机器学习研讨会外,还有计算机学习理论会议以及遗传算法会议。

8.1.2 机器学习的定义

对机器的能力能否超过人,很多持否定意见的人的一个主要论据是:机器是人造的,其性能和动作完全是由设计者规定的,因此无论如何其能力也不会超过设计者本人。这种意见对不具备学习能力的机器来说的确是对的,可是对具备学习能力的机器就值得考虑了,因为这种机器的能力在应用中不断地提高,过一段时间之后,设计者本人也可能不知它的能力到了何种水平。

至今,还没有统一的“机器学习”定义,而且也很难给出一个公认的和准确的定义。为了便于进行讨论和估计学科的进展,有必要对机器学习给出定义,即使这种定义是不完全的和不充分的。

顾名思义,机器学习是研究如何使用机器来模拟人类学习活动的一门学科。

稍为严格的提法是:机器学习是一门研究机器获取新知识和新技能,并识别现有知识的学问。

综合上述两个定义,可定义为:机器学习是研究机器模拟人类的学习活动、获取知识和技能的理论和方法,以改善系统性能的学科。

这里所说的“机器”,指的就是计算机;现在是电子计算机,以后还可能是中子计算机、量子计算机、光子计算机或神经计算机等。

8.1.3 学习系统

学习系统是指能够在一定程度上实现机器学习的系统。1973年，萨里斯(Saris)曾对学习系统给过如下定义：如果一个系统能够从某个过程和环境的未知特征中学到有关信息，并且能把学到的信息用于未来的估计、分类、决策和控制，以便改进系统的性能，那么它就是学习系统。1977年，史密斯(Smith)又给出了一个类似的定义：如果一个系统在与环境相互作用时，能利用过去与环境作用时得到的信息，并提高其性能，那么这样的系统就是学习系统。

图8-1给出了学习系统的基本模型，它由四部分组成。其中，环境是以某种形式表达的外界信息集合，它代表外界信息来源；学习环节是将外界信息加工为知识的过程，它先从环境获取外部信息，然后通过对这些信息的分析、综合、类比、归纳等加工形成知识，最后把所形成的知识放入知识库中；知识库是以某种形式表示的知识集合，用来存放学习环节所得到的知识；执行环节是利用知识库中的知识完成某种任务的过程，并把完成任务过程中所获得的一些信息反馈给学习环节，以指导进一步的学习。下面分别对这四部分内容进行更详细的讨论。

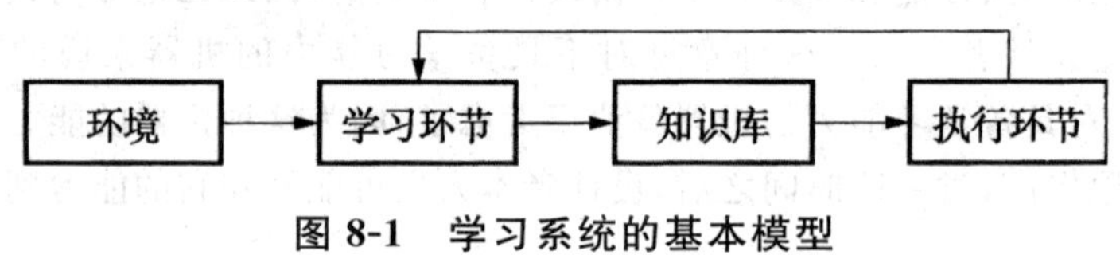

图 8-1 学习系统的基本模型

8.1.3.1 环境与学习环节

环境中信息的水平和质量是影响学习系统设计的第一个重要因素。而信息的一般化程度又是相对于执行环节而言的。高水平信息的一般化程度比较高，能适应于更广泛的问题。低水平信息的一般化程度比较低，只适应于个别问题。无论环境中信息的水平是高还是低，这些信息与执行环节所需的信息水平往往是有差距的，学习环节的任务就是要缩小这一差距。如果环境提供的是高水平信息，学习环节就是要补充遗漏的细节，以便执行环节能将其用于更具体的情况。如果环境提供的是低水平信息，学习环节就要由这些具体实例归纳出适用于一般情况的规则，以便执行环节能将其用于更广的任务。

信息的质量是指信息的正确性和信息在组织上的合理性等。环境中的信息质量对学习难度是有明显影响的。例如，如果环境的示例中有干扰，或示例的次序不合理，则学习环节就很难对其进行归纳。

8.1.3.2 知识库

知识库是影响学习系统设计的第二个因素。知识的表示有多种形式，比如特征向量、一阶逻辑语句、产生式规则、语义网络和框架等。这些表示方式各有其特点，在选择表示方式时要兼顾以下几个方面。

(1)易于推理。在具有较强表达能力的基础上，为了使学习系统的计算代价比较低，希望知识表示方式能使推理较为容易。例如，在推理过程中经常会遇到判别两种表示方式是否等价的问题。在特征向量表示方式中，解决这个问题比较容易；在一阶逻辑表示方式中，解决这个问题要花费较高的计算代价。因为学习系统通常要在大量的描述中查找，很高的计算代价会严重影响查找的范围。因此如果只研究孤立的木块而不考虑相互的位置，则应该使用特征向量表示。

(2)表达能力强。人工智能系统研究的一个重要问题是所选择的表示方式能很容易地表达有关的知识。例如，如果研究的是一些孤立的木块，则可选用特征向量表示方式。用(<颜色>，<形状>，<体积>)这样形式的一个向量表示木块，比方说(红，方，大)表示的是一个红颜色的大的方形木块，(绿，方，小)表示一个绿颜色的小的方形木块。但是，如果用特征向量描述木块之间的相互关系，比方说要说明一个红色的木块在一个绿色的木块上面，则比较困难。这时采用一阶逻辑语句描述是比较方便的，可以表示 $\exists x \exists y(\mathrm{RED}(x) \wedge \mathrm{GREEN}(y) \wedge \mathrm{ONTOP}(x, y))$。

(3)知识表示易于扩展。随着系统学习能力的提高，单一的知识表示已经不能满足需要；一个系统有时同时使用几种知识表示方式。不但如此，有时还要求系统自己能构造出新的表示方式，以适应外界信息不断变化的需要。因此要求系统包含如何构造表示方式的元级描述。现在，人们把这种元级知识也看成是知识库的一部分。这种元级知识使学习系统的能力得到极大提高，使其能够学会更加复杂的东西，不断地扩大它的知识领域和执行能力。

(4)容易修改知识库。学习系统的本质要求它不断修改自己的知识库，当推广得出一般执行规则后，要加到知识库中。当发现某些规则不适用时要将其删除。因此学习系统的知识表示一般都采用明确、统一的方式，如特征向量、产生式规则等，以利于知识库的修改。从理论上看，知识库的修改是一个较为困难的课题，因为新增加的知识可能与知识库中原有的知识矛盾，有必要对整个知识库做全面调整。删除某一知识也可能使许多其他的知识失效，需要做进一步的全面检查。

对于知识库，最后需要说明的一个问题是学习系统不能在全然没有任何知识的情况下凭空获取知识，每一个学习系统都要求具有某些知识理解环境提供的信息，分析比较，做出假设；检验并修改这些假设。因此，更确切地说，学习系统是对现有知识的扩展和改进。

8.1.3.3 执行环节

执行环节是整个学习系统的核心，它与学习环节之间是相互联系的。学习环节的目的就是要改善执行环节的行为，而执行环节的复杂度、反馈作用及透明性又会反过来对学习环节产生一定的影响。

(1)复杂度。不同复杂度的任务，所需要的知识是不一样的。一般来说，一个任务越复杂，它所需要的知识就会越多。例如，一个玩扑克牌的任务大约需要 20 条规则，而一个稍复杂一点的医学诊断专家系统就需要几百条规则。

(2)透明性。所谓透明性是指从系统执行部分的动作效果可以很容易地对知识库的规则进行评价。可见，执行环节的透明性应该越高越好。

(3)反馈。所有的学习系统都必须有从“执行环节”到“学习环节”的反馈信息，这种反馈信息是根据执行环节的执行情况，对学习环节所获知识的评价。学习环节主要根据这些反馈信息，来决定是否还需要从环境中进一步获取信息，以修改、完善知识库中的知识。目前，学习系统所采用的评价方式主要有两种，一种是由系统自动进行评价；另一种是由人来协助完成评价。所谓由系统自动完成评价，是指把评价时所需要的性能指标直接建立在学习系统中，然后由系统对执行环节得到的结果自动进行评价；所谓由人来协助完成评价，是指由人提出外部执行标准，然后观察执行环节相对这个标准的执行情况，并将比较结果反馈给学习环节。

8.2 机械学习

机械学习也称为记忆学习，它是通过记忆和评价外部环境所提供的信息来达到学习目的的。在这种学习方法中，学习环节对外部提供的信息不进行任何变换，只进行简单的记忆。机械学习又是一种最基本的学习过程，原因是任何学习系统都必须记住它们所获取的知识，以便将来使用。

机械学习的过程如下：执行元素每解决一个问题，系统就记住这个问题和它的解，当以后再遇到此类问题时，系统就不必重新进行计算，而可以直接找出原来的解去使用。如果把执行元素比作一个函数 f，把由环境得到的输入模式记为$(x_1, x_2, \cdots, x_n)$，由该输入模式经 f 计算后得到的输出模式记为$(y_1, y_2, \cdots, y_m)$，则机械学习系统就是要把这一输入/输出模式对：

$$[(x_1, x_2, \cdots, x_n), (y_1, y_2, \cdots, y_m)]$$

保存在知识库中，当以后再需要计算 $f(x_1, x_2, \cdots, x_n)$时，就可以直接从存储器中把$(y_1, y_2, \cdots, y_m)$检索出来，而不需要再重新进行计算。简单的机械学习模型如图8-2所示。以医生看病问题为例，一个医生经过长期的医疗实践，会从大量的病例中归结出许多诊断经验。其中，每一条经验都相当于一个输入/输出模式对。这样，医生遇到一个患者时，就可以直接利用已经归纳出来的诊断经验，而不必每遇到一个患者都再去重新归纳经验。

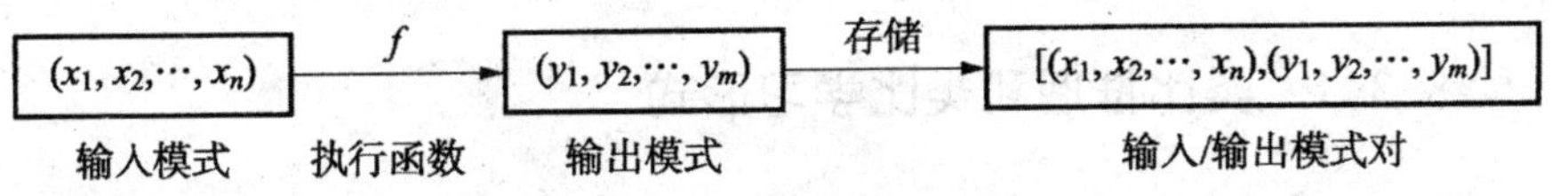

图8-2　简单的机械学习模型

机械学习实际上就是一种用存储空间来换取处理时间的方法，其设计需要考虑以下三个方面的问题。

(1)环境稳定性。环境稳定性作为机械学习基础的一个重要假设，是某一时刻存储的信息仍然适用于以后的情况。如环境信息变化非常频繁；则作为机械学习基础的这个假设就会失效。因此，机械学习方法不适用于剧烈变化的环境。

(2)存储结构。对一个问题，只有当它的检索时间小于其重新计算时间时，机械学习才是有价值的。其检索速度越快，意义越大。如果检索时间超过了重新计算时间，那么就会降低系统效率，机械学习就失去了意义。因此，尽可能缩短检索时间、提高系统效率，是机械学习的一个重要问题。为了提高检索速度，就需要采用适当的存储结构。这些存储结构，人们已经在数据结构和数据库领域进行了许多详尽的研究，可以拿来直接使用。

(3)记忆与计算的权衡。为了确定是利用存储的信息还是重新计算，要比较两者的代价。对记忆与计算的权衡有两种方法：一种是代价效益分析法，它是在首次得到一个信息时，要考虑该信息以后使用的概率、存储空间和计算代价，以决定是否有必要保存；另一种是最近未使用代替法，它是对所保存的内容都加上一个时间标志，当保存够一定的内容以后，每保存一项新的内容，就删除一项最长时间没有使用的旧内容。

机械学习的典型代表是西蒙的西洋跳棋程序。该程序用极大极小博弈树搜索来选择走法。学习环节记忆了棋局态势和倒推的极大极小值。这样,在下棋过程中,只要碰到过去出现的棋局,就可以直接采用原来的走棋方案。

8.3 类比学习

类比学习就是通过类比,即通过对相似事物加以比较所进行的一种学习。当人们遇到一个新问题需要进行处理,但又不具备处理这个问题的知识时,总是回想以前曾经解决过的类似问题,找出一个与目前情况最接近的已有方法来处理当前的问题。

8.3.1 类比推理和类比学习形式

类比推理是由新情况与已知情况在某些方面的相似来推出它们在其他相关方面的相似。显然,类比推理是在两个相似域之间进行的:一个是已经认识的域,它包括过去曾经解决过且与当前问题类似的问题以及相关知识,称为源域,记为 S;另一个是当前尚未完全认识的域,它是待解决的新问题,称为目标域,记为 T。类比推理的目的是从 S 中选出与当前问题最近似的问题及其求解方法以求解决当前的问题,或者建立起目标域中已有命题间的联系,形成新知识。

设用 S_1 与 T_1 分别表示 S 与 T 中的某一情况,且 S_1 与 T_1 相似;再假设 S_2 与 S_1 相关,则由类比推理可推出 T 中的 T_2 与 S_2 相似。其推理过程如下:

(1)回忆与联想。当遇到新情况或新问题时,首先通过回忆与联想在 S 中找出与当前情况相似的情况,这些情况是过去已经处理过的,有现成的解决方法及相关的知识。找出的相似情况可能不止一个,可依其相似度从高至低进行排序。

(2)选择。从找出的相似情况中选出与当前情况最相似的情况及其有关知识。在选择时,相似度越高越好,这有利于提高推理的可靠性。

(3)建立对应关系。在 S 与 T 的相似情况之间建立相似元素的对应关系,并建立起相应的映射。

(4)转换。在上一步建立的映射下,把 S 中的有关知识引到 T 中来,从而建立起求解当前问题的方法或者学习到关于 T 的新知识。

在以上每一步中都有一些具体的问题需要解决。

下面对类比学习的形式加以说明。

设有两个具有相同或相似性质的论域:源域 S 和目标域 T,已知 S 中的元素 a 和 T 中的元素 b 具有相似的性质 P,即 $P(a) \cong P(b)$(这里用符号 $\cong$ 表示相似),a 还具有性质 Q,即 $Q(a)$。根据类比推理,b 也具有性质 Q。即

$$P(a) \wedge Q(a), P(a) \cong P(b) \dagger Q(b) Q(a)$$

其中,符号 † 表示类比推理。

类比学习采用类比推理,其一般步骤如下:

(1)找出源域与目标域的相似性质 P,找出源域中另一个性质 Q 和性质 P 对元素 a 的关系:$P(a) \rightarrow Q(a)$。

(2)在源域中推广 P 和 Q 的关系为一般关系,即对于所有的变量 x 来说,存在 $P(x) \rightarrow Q(x)$。

(3)从源域和目标域的映射关系,得到目标域的新性质,即对于目标域的所有变量 x 来说,存在 $P(x) \rightarrow Q(x)$。

(4)利用假言推理:$P(b), P(x) \rightarrow Q(x) Q(b)$,最后得出 b 具有性质 Q。

从上述步骤可见,类比学习实际上是演绎学习和归纳学习的组合。步骤(2)是一个归纳过程,即从个别现象推断出一般规律;而步骤(4)则是一个演绎过程,即从一般规律找出个别现象。

8.3.2 类比学习过程与研究类型

8.3.2.1 类比学习过程

类比学习主要包括以下几个过程。

(1)输入一组已知条件(已解决问题)和一组未完全确定的条件(新问题)。

(2)对输入的两组条件,根据其描述,按某种相似性的定义寻找两者可类比的对应关系。

(3)根据相似变换的方法,将已有问题的概念、特性、方法、关系等映射到新问题上,以获得待求解新问题所需的新知识。

(4)对类推得到的新问题的知识进行校验。验证正确的知识存入知识库中,而暂时还无法验证的知识只能作为参考性知识,置于数据库中。

类比学习的关键是相似性的定义与相似变换的方法。相似定义所依据的对象随着类比学习的目的而发生变化,如果学习目的是获得新事物的某种属性,那么定义相似时应依据新、旧事物的其他属性间的相似对应关系。

如果学习目的是获得求解新问题的方法，那么应依据新问题的各个状态间的关系与老问题的各个状态间的关系来进行类比。相似变换一般要根据新、老事物间以何种方式对问题进行相似类比而决定。

8.3.2.2 类比学习研究类型

类比学习的研究可分为以下两大类。

(1)问题求解型的类比学习。其基本思想是，当求解一个新问题时，总是首先回忆一下以前是否求解过类似的问题，若是，则可以此为根据，通过对先前的求解过程加以适当修改，使之满足新问题的解。

(2)预测推定型的类比学习。它又分为两种方式。一种是传统的类比法，用来推断一个不完全确定的事物可能还具有的其他属性。设 X,Y 为两个事物，P_i 为属性($i=1,2,\cdots,n$)，则有下列关系：

$$P_1(x)\wedge\cdots\wedge P_n(x)\wedge P_1(y)\wedge\cdots\wedge P_{n-1}(y)\wedge P_n(y)$$

另一种是因果关系型的类比，其基本问题是：已知因果关系 $S_1:A\rightarrow B$，给定事物 A' 与 A 相似，则可能有与 B 相似的事物 B' 满足因果关系 $S_2:A'\rightarrow B'$。

进行类比的关键是相似性判断，而其前提是配对，两者结合起来就是匹配。实现匹配有多种形式，常用的有下列几种。

(1)选择匹配。在匹配对象中选择重要特性进行匹配。

(2)等价匹配。要求两个匹配对象之间具有完全相同的特性数据。

(3)规则匹配。若两个规则的结论部分匹配，且其前提部分也匹配，则两规则匹配。

(4)启发式匹配。根据一定背景知识，对对象的特征进行提取，然后通过一般化操作使两个对象在更高、更抽象的层次上相同。

8.4 示例学习

示例学习也称为实例学习，它是一种从具体示例中导出一般性知识的归纳学习方法。这种学习方法给学习者提供某一概念的一组正例和反例，学习者从这些例子中归纳出一个总的概念描述，并使这个描述适合于所有的正例，排除所有的反例。

8.4.1 示例学习的模型

示例学习的两空间模型是示例学习的基本模型，如图 8-3 所示。在该模型中，有两个重要空间和两个主要过程，它们分别是示例空间、规则空间、解释过程和验证过程。

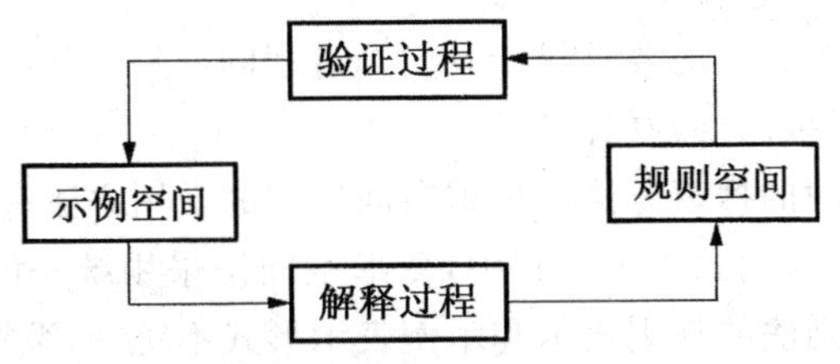

图 8-3　示例学习的两种空间模型

8.4.1.1　示例空间

示例空间是人们向系统提供的示教例子的集合。对示例空间，有两个重要问题，一个是例子的质量，另一个是示例空间的搜索方法。

(1)例子的质量。示例空间的例子应该是无二义性的，只有这样才能对解释过程和验证过程提供可靠的指导。而那些低质量的例子不仅会引起相互矛盾的解释，而且也会影响知识正确性的验证。在示例学习中，示例空间中的示例被明确地分为正例和反例两部分。如果示例空间中的示例未经分类，则相应的学习方法称为观察和发现学习。

(2)示例空间的搜索方法。搜索示例空间的目的一般是要选择适当的示例，以便证实或否决规则空间中的知识。可见，搜索示例空间的方法是与规则空间有关的。其主要策略有以下三种：

①如果选择示例的目的是验证某个规则，则应优先选择规则集中最有希望的规则，然后再针对这些规则从示例空间中选择适当的示例对其进行验证。

②如果选择示例的目的是缩小规则空间的搜索范围，则应优先选择那些对划分规则空间最有利的示例，以便尽快缩小在规则空间中的搜索范围。

③如果选择示例的目的是否决规则集中的某个规则，则应注意选择那些与规则相矛盾的示例。

8.4.1.2　规则空间

规则空间是事物所具有的各种规律的集合。例如，"猫有两只眼睛""猫有四条腿""猫会捉老鼠""猫会咪咪叫"等。规则空间涉及的两个主要问题是对规则空间的要求和规则空间的搜索方法。

(1)对规则空间的要求。对规则空间的要求主要有以下三个方面：

①规则的表示应与示例的表示一致。

②规则表示方法应适应归纳推理的要求。

③规则空间应包含要求的规则。

其中，前两个方面的要求仅涉及归纳过程的难易程度，而第三个方面的要求则涉及能否推出规则的问题。

(2)规则空间的搜索方法。规则空间搜索的常用方法有变形空间法、改进规则法及产生与测试法等。其中，变形空间法采用统一的形式表示规则和示例；改进规则法的规则表示和示例表示形式不统一，系统根据示例选择一种操作，并用该操作去改进规则空间中的规则；产生与测试法是先由示例产生规则，然后再针对示例反复产生和测试所生成的规则。

8.4.1.3 解释过程

解释过程的主要任务是从搜索到的示例中抽象出所需的信息，并对这些信息进行综合、归纳，形成一般性的知识。这种形成知识的过程实际上是一个归纳推理的过程。解释过程是示例学习的最主要组成部分，其常用的解释方法有把常量转换为变量、去掉条件、增加选择和曲线拟合等。

8.4.1.4 验证过程

验证过程的主要任务是从示例空间中选择新的示例，对刚刚归纳出的规则做进一步的验证和修改。其中，最主要的问题是选择哪些新的示例和怎样得到这些示例。例如，可以采用启发式方法选择那些边界示例对规则进行验证。

8.4.1.5 两空间模型的学习过程

在两空间模型下，示例学习的学习过程如下：

(1)为示例空间提供足够多的示教例子。

(2)由解释过程对示例空间的例子进行解释，并抽象出一般性知识，放入规则空间。

(3)由验证过程利用示例空间的示例对这个知识的正确性进行验证，如果发现该知识不正确，则需要再到示例空间中获取示例，并对刚形成的知识进行修正。

(4)重复上述循环。

8.4.2 示例学习的解释方法

解释方法是指解释过程从具体示例形成一般性知识所采用的归纳推理方法。下面介绍其中最常用的几种解释方法。

8.4.2.1 把常量化为变量

这是枚举归纳的一种常用方法。例如，假设示例空间中有以下两个关于扑克牌中“同花”概念的示例。

示例1：

$$花色(c_1,梅花)\wedge 花色(c_2,梅花)\wedge 花色(c_3,梅花)\wedge 花色(c_4,梅花)\wedge 花色(c_5,梅花)\rightarrow 同花(c_1,c_2,c_3,c_4,c_5)$$

示例2：

$$花色(c_1,红桃)\wedge 花色(c_2,红桃)\wedge 花色(c_3,红桃)\wedge 花色(c_4,红桃)\wedge 花色(c_5,红桃)\rightarrow 同花(c_1,c_2,c_3,c_4,c_5)$$

其中，示例1表示5张梅花牌是同花，示例2表示5张红桃牌是同花。对这两个例子，只要把“梅花”和“红桃”用变量 x 代换，就可得到如下一般性的规则。

规则1：

$$花色(c_1,x)\wedge 花色(c_2,x)\wedge 花色(c_3\wedge x)\wedge 花色(c_4,x)\wedge 花色(c_5,x)\rightarrow 同花(c_1,c_2,c_3,c_4,c_5)$$

8.4.2.2 去掉条件

这种方法是把示例中的某些无关的子条件舍去。例如，有如下示例。

示例3：

$$花色(c_1,红桃)\wedge 点数(c_1,2)\wedge 花色(c_2,红桃)\wedge 点数(c_2,3)\wedge 花色(c_3,红桃)\wedge 点数(c_4,4)\wedge 花色(c_4,红桃)\wedge 点数(c_4,5)\wedge 花色(c_5,红桃)\wedge 点数(c_5,6)\rightarrow 同花(c_1,c_2,c_3,c_4,c_5)$$

为了学习同花的概念，得到上述规则1，除了需要把常量变为变量外，还需要把与花色无关的“点数”子条件舍去。

8.4.2.3 增加选择

增加选择实际上就是在析取条件中增加一个新的析取项。常用的增加析取项的方法有前件析取法和内部析取法两种。

前件析取法是通过对示例的前件的析取来形成知识的。例如,有如下关于“脸牌”的示例。

示例 4:点数(c_1,J)→脸(c_1)

示例 5:点数(c_1,Q)→脸(c_1)

示例 6:点数(c_1,K)→脸(c_1)

将各示例的前件进行析取,就可得到所要求的规则。

规则 2:点数(c_1,J)∨点数(c_1,Q)∨点数(c_1,K)→脸(c_1)

内部析取法是在示例的表示中使用集合与集合的成员关系来形成知识的。例如,有如下关于“脸牌”的示例。

示例 7:点数 $c_1 \in \{J\}$→脸(c_1)

示例 8:点数 $c_1 \in \{Q\}$→脸(c_1)

示例 9:点数 $c_1 \in \{K\}$→脸(c_1)

用内部析取法,可得到如下规则。

规则 3:点数(c_1)$\in \{J,Q,K\}$→脸(c_1)

8.4.2.4 曲线拟合

对数值问题的归纳可采用曲线拟合法。假设在示例空间中,每个示例(x,y,z)都是输入 x,y 与输出名之间关系的三元组。例如,有如下 3 个示例。

示例 10:(0,2,7)

示例 11:(6,-1,10)

示例 12:(-1,-5,-16)

用最小二乘法进行曲线拟合,可得到如下表示 x,y,z 之间关系的规则。

规则 4:$z=2x+3y+1$

在上述前三种方法中,方法 1 是把常量转换为变量,它扩大了条件的范围;方法 2 是去掉合取项,即去掉了部分约束条件;方法 3 是增加析取项,即扩大了条件的范围。可见,这三种方法都是要扩大条件的适用范围,并且方法 1 与方法 3 都是直接扩大范围。从归纳速度上看,方法 1 的归纳速度快,但容易出错;方法 2 归纳速度慢,但不容易出错。因此,在使用方法 1 时应特别小心。例如,对上面的示例 4、示例 5 及示例 6,若使用方法 1,则会归纳出如下的错误规则。

规则 5:(错误)点数(c_1,x)→脸(c_1)

这个例子说明,归纳过程是很容易出错的。此外,归纳推理不是保真推理,而是保假的。也就是说,如果前提为真,则得到的结论不一定为真;

如果前提为假，则得到的结论一定为假。在示例学习中，引起归纳推理的非保真性的主要原因在于：示例空间中的示例所含的信息往往少于确定规则所需要的最少信息。这也正是示例学习过程需要对所形成的规则进行验证的最主要原因。

8.5　解释学习

8.5.1　解释学习的概念

解释学习最初是由美国伊利诺伊斯（Illinois）大学的戴琼（Dejong）于1983年提出来的。1986年米切尔（Mitchell）等人又提出了基于解释的概括化（Explanation-Based Generalization，EBG）的统一框架，把基于解释的学习定义为以下两个步骤：

(1)通过分析一个求解实例来产生解释结构。

(2)对该解释结构进行概括化，获取一般性控制知识。

解释学习本质上属于演绎学习，它是根据给定的领域知识进行保真的演绎推理，存储有用结论，经过知识的求精和编辑，产生适合于以后求解类似问题的控制知识。

虽然解释学习和归纳学习都需要用到具体例子，但它们的学习方式完全不同。归纳学习需要大量的实例（正例和反例），而解释学习只需要单个例子（常为正例）。它通过应用相关的领域知识及单个问题求解实例来对某一目标概念进行学习，最终生成这个目标概念的一般性描述，该一般性描述就是一个可形式化表示的一般性知识。

8.5.2　解释学习的空间描述和模型

8.5.2.1　解释学习的空间描述

解释学习涉及三个不同的空间：例子空间、概念空间和概念描述空间。三个空间及它们之间的关系如图8-4所示。其中，例子空间是用于问题求解的例子集合；概念空间是学习过程能够描述的所有概念的集合；概念描述空间是所有概念描述的集合。所谓概念描述是指用例子空间中例子的属性对概念空间相应概念的描述。概念描述可分为两大类：一类是可操作的，另一类是不可操作的。所谓概念描述是可操作的或不可操作的,可一般地理解为:如果一个概念描述能有效地用于识别相应概念的例子,则它是可操作的,否则是不可操作的。例如,图 8-5 中的 D_1 是不可操作的,D_2 是可操作的。解释学习的任务就是要把不可操作的概念描述转化为可操作的概念描述。

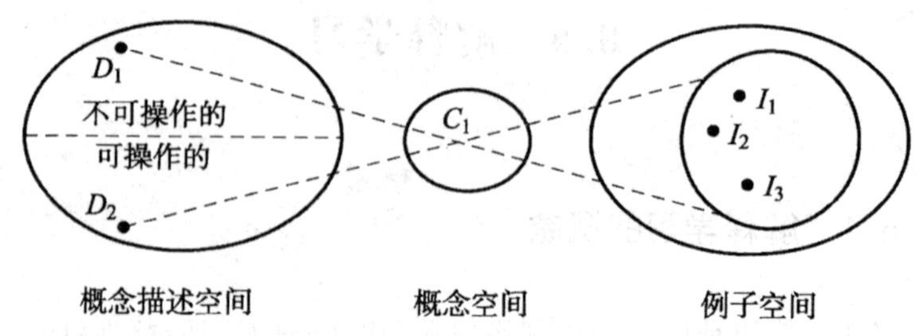

图 8-4 解释学习的三个空间及它们之间的关系

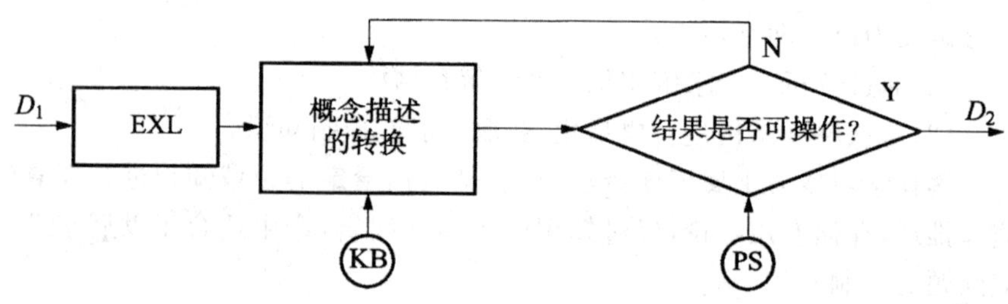

图 8-5 解释学习的一种学习模型

从图 8-4 中还可以看出,三个空间之间存在如下关系:

(1)概念空间中的每个概念都可由例子空间外延地表示为某些例子的集合,或者说概念空间中的每个点都对应着例子空间的唯一的一个子集。例如,概念空间的 C_1 对应着例子空间的子集$\{I_1, I_2, I_3\}$。

(2)概念空间中的每个概念也可由概念描述空间内涵地表示为例子空间例子的属性,并且,概念空间中的一个概念可以对应概念描述空间中的多个概念描述。例如,概念空间的 C_1 对应着概念描述空间 D_1 和 D_2。当概念空间的一个概念对应于概念描述空间的两个概念描述时,这两个概念描述称为同义词。例如,D_1 和 D_2 是同义词。

8.5.2.2 解释学习的模型

根据上述的空间描述,可以建立如图 8-5 所示的解释学习的一种学习模型。其中,EXL 为学习系统;PS 为执行系统;KB 为领域知识库,它是不同概念描述之间进行转换所使用的规则集合；D_1 是输入的概念描述，一般为不可操作的；D_2 是学习结束时输出的概念描述，它是可操作的。在这种模型下，解释学习的执行过程是：先由 EXL 接受输入的概念描述 D_1（一般是不可操作的），然后再根据 KB 中的知识对 D_1 进行不同描述的转换（这是一个搜索过程），并由 PS 对每个转换结果进行测试，直到转换结果被 PS 所接受，即为可操作的概念描述 D_2 为止，最后输出 D_2。

8.5.3 解释学习的过程

前面已经指出，米切尔等人把基于解释的学习定义为产生解释结构和获取一般性控制知识两个步骤。

8.5.3.1 产生解释结构

这一步的任务是要证明提供给系统的训练实例为什么是目标概念的一个实例。为了证明例子满足目标概念，系统从目标开始反向推理，根据知识库中已有的事实和规则分解目标，直到求解结束。一旦得到解，便完成了该问题的证明，同时也获得了一个解释结构。

例如，假设要学习的目标是“一个物体 x 可以安全地放置在另一个物体 y 的上面”。即目标概念：

$$\text{Safe-to-Stack}(x,y)$$

训练实例（是一些描述物体 obj_1 与 obj_2 的事实）：

$$\text{On}(\text{obj}_1,\text{obj}_2)$$
$$\text{Is-a}(\text{obj}_1,\text{book})$$
$$\text{Is-a}(\text{obj}_2,\text{table})$$
$$\text{Volume}(\text{obj}_1,1)$$
$$\text{Density}(\text{obj}_1,0.1)$$

领域知识（是把一个物体安全地放置在另一个物体上面的准则）：

$$\neg\,\text{Fragile}(y)\rightarrow\text{Safe-to-Stack}(x,y)$$
$$\text{Lighter}(x,y)\rightarrow\text{Safe-to-Stack}(x,y)$$
$$\text{Volume}(p,v)\wedge\text{Density}(p,d)\wedge\text{Product}(v,d,\omega)\rightarrow\text{Weight}(p,\omega)$$
$$\text{Is-a}(p,\text{table})\rightarrow\text{Weight}(p,5)$$
$$\text{Weight}(p_1,\omega_1)\wedge\text{Weight}(p_2,\omega_2)\wedge\text{Smaller}(\omega_1,\omega_2)\rightarrow\text{Lighter}(p_1,p_2)$$

本例的证明过程如图 8-6 所示，它是一个由目标引导的逆向推理，最终得到的解释树就是该例的解释结构。

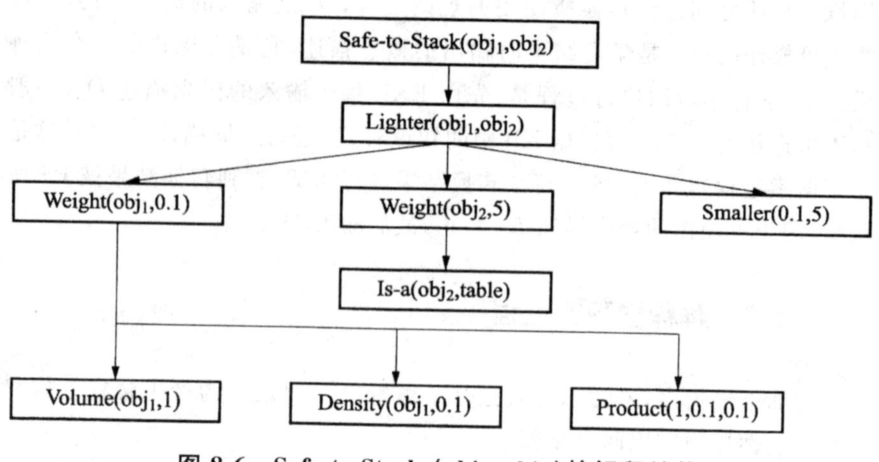

图 8-6 Safe-to-Stack（obj_1，obj_2）的解释结构

8.5.3.2 获取一般性控制知识

这一步的主要任务是对上一步得到的解释结构进行概括化处理，从而得到关于目标概念的一般性知识。进行概括化处理的常用方法是把常量转换为变量，即把某些具体数据转换成变量，并略去某些不重要的信息，只保留求解所必需的那些关键信息。对图 8-6 的解释结构进行概括化处理以后所得到的概括化解释结构如图 8-7 所示。

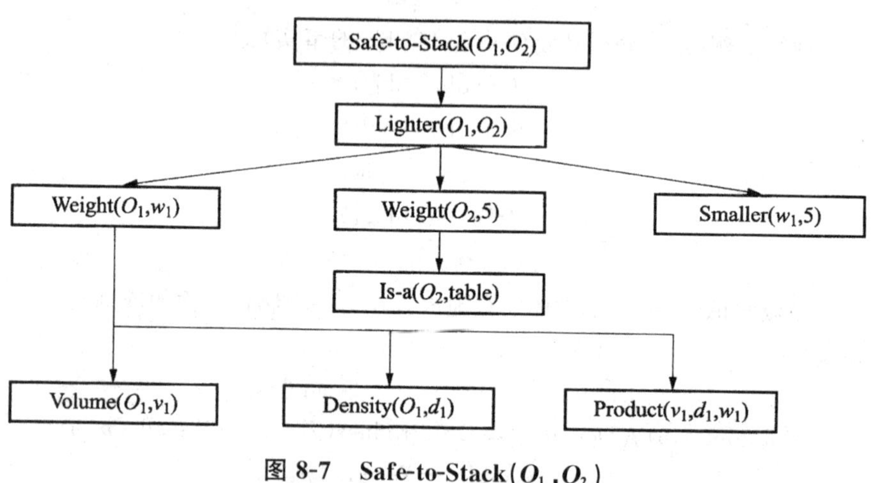

图 8-7 Safe-to-Stack（O_1，O_2）

得到概括化的解释结构以后，将该解释结构中所有的叶节点的合取作为前件，顶点的目标概念作为后件，略去解释结构的中间部件，就可得到概

括化的一般性知识。例如,对图 8-7 可得到如下的一般性知识:

$$\text{Volume}(O_1,v_1)\wedge\text{Density}(O_1,d_1)\wedge\text{Product}(v_1,d_1,\omega_1)\wedge$$
$$\text{Is-a}(O_2,\text{table})\wedge\text{Smaller}(\omega_1,5)\rightarrow\text{Safe-to-Stack}(O_1,O_2)$$

有了这个一般性知识,当以后求解类似问题时,可直接利用这个知识进行求解,这样可加快问题求解速度。但是,简单地把常量转换为变量以实现概括化的方法可能过分一般化。在某些特例下,可能会导致规则失败。

8.6 决策树学习

8.6.1 决策树概述

决策是根据信息和评价准则,用科学方法寻找或选取最优处理方案的过程或技术。对于每个事件或决策(即自然状态),都可能引出两个或多个事件,导致不同的结果或结论。把这种分支用一棵搜索树表示,即叫作决策树。也就是说,决策树因其形状像树而得名。

决策树是一种描述概念空间的有效方法,在相当长时间内曾是一种非常流行的人工智能技术。20 世纪 80 年代,决策树是构建人工智能系统的主要方法之一。20 世纪 90 年代初,逐渐不为人们注意。然而,到了 20 世纪 90 年代后期,随着数据挖掘技术的兴起,决策树作为一种构建决策系统的强有力的技术而重新浮出水面。随着数据挖掘技术在商业、制造业、医疗业及其他科学与工程领域的广泛应用,决策树技术已在 21 世纪发挥越来越大的作用。

决策树由一系列节点和分支组成,在节点和子节点之间形成分支。节点代表决策或学习过程中所考虑的属性,而不同属性形成不同的分支。为了使用决策树对某一事例进行学习,做出决策,可以利用该事例的属性值并由决策树的树根往下搜索,直至叶节点止。此叶节点即包含学习或决策结果。

决策树学习是以实例为基础的归纳学习,能够进行多概念学习,具备快捷简便等优点,具有广泛的应用领域。决策树学习采用学习算法来实现。如果学习任务是对大实例集进行概念分类的归纳定义,而且这些例子都是由一些无结构的属性—值对来表示,那么就可采用决策树学习算法。亨特(Hunt)的概念学习系统(Concept Learning System,CLS)是一种早期的基于决策树的归纳学习系统。

可以利用多种算法构造决策树，比较流行的有 ID3、C4.5、CART 和 CHAID 等。构造决策树的算法通过测试对象的属性来决定它们的分类。决策树是由上而下形成的。在决策树的每个节点都有一个属性被测试，测试结果用来划分对象集。反复进行这一过程直至某一子树中的集合与分类标准是同类的为止，这个集合就是叶节点。在每个节点，被测试的属性是根据寻求最大的信息增益和最小熵的标准来选择的。简单来说，就是计算每个属性的平均熵，选择平均熵最小的属性作为根节点，用同样方法选择其他节点直至形成整个决策树。

8.6.2 决策树构造算法 CLS

在 CLS 的决策树中，节点对应于待分类对象的属性，由某一节点引出的弧对应于这一属性可能取的值，终叶节点对应于分类的结果。下面考虑如何生成决策树。

一般地，设给定训练集为 TR，TR 的元素由特定向量及其分类结果表示，分类对象的属性表 AttrList 为$[A_1,A_2,\cdots,A_n]$，全部分类结果构成的集合 Class 为$\{C_1,C_2,\cdots,C_m\}$，一般地有 $n\geqslant 1$ 和 $n\geqslant 2$。对于每一属性 A_i，其值域为 ValueType(A_i)。值域可以是离散的，也可以是连续的。这样，TR 的一个元素就可以表示成$<X,C>$的形式，其中 $X=(a_1,a_2,\cdots,a_n)$，a_i 对应于实例第 i 个属性的取值，$C\in$ Class 为实例 X 的分类结果。

记 $V(X,A_i)$为特征向量 X 属性 A_i 的值，则决策树的构造算法 CLS 可递归描述如下：

(1)如果 TR 中所有实例分类结果均为 C_i，则返回 C_i。

(2)从属性表中选择某一属性 A 作为检测属性。

(3)假定$|$ValueType$(A_i)|=k$，根据 A 取值不同，将 TR 划分为 k 个集 $TR_1,TR_2,\cdots,TR_k$，其中 $TR_i=\{<X,C>|<X,C>\in TR\}$且 $V(X,A)$为属性 A 的第 i 个值。

(4)从属性表中去掉已做检验的属性 A。

(5)对每一个 $i(1\leqslant i\leqslant k)$，用 TR_i 和新的属性表递归调用 CLS，生成 TR_i 的决策树 DTR_i。

(6)返回以属性 A 为根，以 $DTR_1,DTR_2,\cdots,DTR_k$ 为子树的决策树。

现考虑鸟是否能飞的实例，如表 8-1 所示。

表8-1 训练实例

Instance	No. of Wings	Broken Wings	Living Status	Wings Area/Weight	Fly
1	2	0	alive	2.5	T
2	2	1	alive	2.5	F
3	2	2	alive	2.6	F
4	2	0	alive	3.0	F
5	2	0	alive	3.2	F
6	0	0	alive	0	F
7	1	0	alive	0	F
8	2	0	alive	3.4	T
9	2	0	alive	2.0	F

设属性表为

AttrList={No.-of-wings,Broken-wings,Status,area/weight}

各属性的值域分别为

ValueType(No.-of-wings)={0,1,2}

ValueType(broken-wings)={0,1,2}

ValueType(status)={alive,dead}

ValueType(area/weight)=∈实数且大于等于0

系统分类结果集合为

Class={T,F}

训练集为TR共有9个实例,如表8-1所示。

根据决策树构造算法,TR的决策树如图8-8所示。每个叶子节点表示鸟能(Yes)否(No)飞行的描述。

从该决策树可以看出:

Fly=(no.-of-wings=2)∧(broken-wings=0)∧(status=alive)∧(area/weight≥2.5)

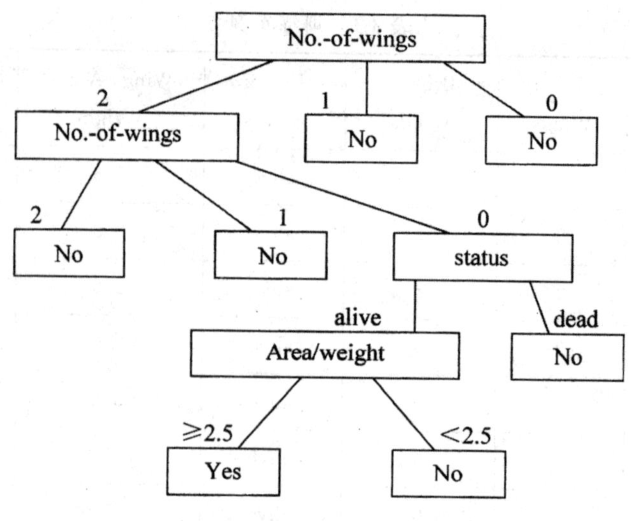

图 8-8 鸟是否能飞的决策树

8.6.3 决策树学习算法 ID3

1979 年，昆兰(Kuinlan)发展了亨特的思想，提出了决策树学习算法 ID3，不仅能方便地表示概念属性—值的信息结构，而且能够从大量实例数据中有效地生成相应的决策树模型。大多数已开发的决策树学习算法是一种核心算法的变体。该算法采用自顶向下的贪婪搜索遍历可能的决策树空间。这种方法是 ID3 算法和后继的 C4.5 算法的基础。

基本决策树学习算法 ID3 通过自顶向下构造决策树来进行学习。构造过程是从“哪一个属性将在树的根节点被测试”这个问题开始的。为了回答这个问题，使用统计测试来确定每一个实例属性单独分类训练样例的能力。分类能力最好的属性就被选为树的根节点进行测试。接着为根节点属性的每个可能值产生一个分支，并把训练样例排列到适当的分支(即样例的该属性值对应的分支)之下。然后重复整个过程，用每个分支节点关联的训练样例来选取在该点被测试的最佳属性。这就形成了对合格决策树的贪婪搜索，也就是算法从不回溯重新考虑以前的选择。基本的 ID3 算法的具体描述如下：

ID3(Examples，Target_attributes)

/* Examples 为训练样例集。Target_attributes 为这棵树要预测的目标属性。Attributes 为除了目标属性外学习到的决策树测试的属性列表。返回一棵能正确分类给定 Examples 的决策树 */

(1)创建树的 Root(根)节点。

(2)若 Examples 均为正,则返回 label=+的单节点树 Root。

(3)若 Examples 都为反,则返回 label=-的单节点树 Root。

(4)若 Attributes 为空,则返回单节点树 Root,label=Examples 中最普遍的 Target_attribute 值。

(5)否则开始:

①A←Attributes 中分类 Examples 能力最好的属性/ * 具有最高信息增益的属性是最好的属性 * /。

②Root 的决策属性←A。

③对于 A 的每个可能值 v_i:

a. 在 Root 下加一个新的分支对应测试 $A=v_i$。

b. 令 Examples_{v_i} 为 Examples 中满足 A 属性值为 v_i 的子集。

c. 如果让 Examples 为空,在这个新分支下加一个终叶子节点,节点的 label=Examples 中最普遍的 Target_attribute 值;否则在这个新分支下加一个子树 ID3(Examples,Target_attribute,Attributes-{A})。

(6)结束。

(7)返回 Root。

ID3 是一种自顶向下增长树的贪婪算法,在每个节点选取能最好地分类样例的属性。继续这个过程直到这棵树能完美地分类训练样例,或所有的属性都已被使用过。

在决策树的构造算法中,扩展属性的选取可以从第一个属性开始,然后依次取第二个属性作为决策树的下一层扩展属性,直到某一层所有窗口仅含有同一类实例为止。不过,每一属性的重要性一般是不同的,为了评价属性的重要性,根据检验每一属性所得到信息量的多少,昆兰给出了下面的扩展属性选取方法,其中信息量的多少和信息熵有关。

给定正负实例的子集为 S,构成训练窗口。当决策含有 k 个不同的输出时,则 S 的熵为

$$\text{Entropy}(S)=\sum_{i=1}^{k}-P_i\log_2(P_i)$$

其中,P_i 表示第 i 类输出所占训练窗口中总的输出数量的比例。如果对于布尔型分类(即只有两类输出),则上式为

$$\text{Entropy}(S)=-\text{Pos}\log_2(\text{Pos})-\text{Neg}\log_2(\text{Neg})$$

Pos 和 Neg 分别表示 S 中正负实例的比例,并且定义:$0\log_2(0)=0$。

对于表 8-1 给出的例子,选取整个训练集为训练窗口,有 3 个正实例,6 个负实例,采用记号[3+,6-]表示总的样本数据。则 S 的熵为

$$\text{Entropy}(S)=-\frac{3}{9}\log_2\left(\frac{3}{9}\right)-\left(\frac{6}{9}\right)\log_2\left(\frac{6}{9}\right)=0.9179$$

如果所有的实例都为正实例或负实例，则熵为 0，当 Neg＝Pos＝0.5 时，熵为 1。为了检测每个属性的重要性，可以通过每个属性的信息增益 Gain 来评估其重要性。

对于属性 A，假设其值域为 $v_1, v_2, \cdots, v_n$，则训练实例 S 中属性 A 的信息增益 Gain 可以定义如下：

$$\text{Gain}(S,A)=\text{Entropy}(S)-\sum_{i=1}^{n}\frac{S_i}{S}\text{Entropy}(S_i)$$

式中，S_i 表示 S 中属性 A 的值为 v_i 的子集；$|S_i|$ 表示集合的势。

建议选取获得信息量最大的属性作为扩展属性。这一启发式规则又称为最小熵原理，因为使获得的信息量最大等价于使不确定性（或无序程度）最小，即使得熵最小。

下面计算属性 living status 的信息增益，该属性的值域为（alive，dead）。

$$S=[3+,6-],S_{\text{alive}}=[3+,5-],S_{\text{dead}}=[0+,1-]$$

$$\text{Gain}(S,\text{status})=\text{Entropy}(S)-\sum_{v\in\{\text{alive},\text{dead}\}}\frac{|S_v|}{|S|}\text{Entropy}(S_v)$$

$$=\text{Entropy}(S)-\frac{|S_{\text{alive}}|}{|S|}\text{Entropy}(S_{\text{alive}})-\frac{|S_{\text{dead}}|}{|S|}\text{Entropy}(S_{\text{dead}})$$

其中

$$|S|=9,|S_{\text{alive}}|=8,|S_{\text{dead}}|=1$$

$$\text{Entropy}(S_{\text{alive}})=\text{Entropy}[3+,5-]=-\frac{3}{8}\log_2(3/8)-\frac{5}{8}\log_2(5/8)$$
$$=0.5835$$

$$\text{Entropy}(S_{\text{dead}})=\text{Entropy}[0+,1-]=-\frac{0}{1}\log_2(0/1)-\frac{1}{1}\log_2(1/1)=0$$

因此，有

$$\text{Gain}(S,\text{status})=0.9179-\frac{8}{9}\times 0.5835=0.3992$$

同样可以对其他属性进行计算，然后根据最小熵原理，选取信息量最大的属性作为决策树的根节点属性。

ID3 算法的优点是分类和测试速度快，特别适用于大数据库的分类问题。其缺点是：(1)决策树的知识表示没有规则易于理解；(2)两棵决策树是否等价问题是子图匹配问题，是 NP 完全问题；(3)不能处理未知属性值的情况，另外，对噪声问题也没有好的处理方法。

第9章 分布式人工智能与群体智能优化算法

9.1 分布式人工智能

9.1.1 分布式人工智能的特点及分类

分布式人工智能的研究始于20世纪70年代末期。当时主要研究分布式问题求解(Distributed Problem Solving,DPS),其研究目标是要建立一个由多个子系统构成的协作系统,各子系统间协同工作对特定问题进行求解。在DPS系统中,把待解决的问题分解为一些子任务,并为每个子任务设计一个问题求解的任务执行子系统。通过交互作用策略,把系统设计集成为一个统一的整体,并采用自顶向下的设计方法,保证问题处理系统能够满足顶部给定的要求。

9.1.1.1 分布式人工智能的特点

分布式人工智能系统具有如下特点。

(1)分布性。整个系统的信息,包括数据、知识和控制等,无论在逻辑上或者物理上都是分布的,不存在全局控制和全局数据存储。系统中各路径和节点能够并行地求解问题,从而提高子系统的求解效率。

(2)连接性。在问题求解过程中,各个子系统和求解机构通过计算机网络相互连接,降低了求解问题的通信代价和求解代价。

(3)协作性。各子系统协调工作,能够求解单个机构难以解决或者无法解决的困难问题。例如,多领域专家系统可以协作求解单领域或者单个专家系统无法解决的问题,提高求解能力,扩大应用领域。

(4)开放性。通过网络互联和系统的分布,便于扩充系统规模,使系统具有比单个系统广大得多的开放性和灵活性。

(5)容错性。系统具有较多的冗余处理节点、通信路径和知识,能够使系统在出现故障时，仅仅降低响应速度或求解精度，以保持系统正常工作，提高工作可靠性。

(6)独立性。系统把求解任务归约为几个相对独立的子任务，从而降低了各个处理节点和子系统问题求解的复杂性，也降低了软件设计开发的复杂性。

9.1.1.2 分布式人工智能的分类

分布式人工智能一般分为分布式问题求解(DPS)和多 Agent 系统(Multi-agent System，MAS)两种类型。DPS 研究如何在多个合作和共享知识的模块、节点或子系统之间划分任务，并求解问题。MAS 则研究如何在一群自主的 Agent 之间进行智能行为的协调。两者的共同点在于研究如何对资源、知识、控制等进行划分。两者的不同点在于，DPS 往往需要有全局的问题、概念模型和成功标准；而 MAS 则包含多个局部的问题、概念模型和成功标准。DPS 的研究目标在于建立大粒度的协作群体，通过各群体的协作实现问题求解，并采用自顶向下的设计方法。MAS 却采用自底向上的设计方法，首先定义各自分散自主的 Agent，然后研究怎样完成实际任务的求解问题；各个 Agent 之间的关系并不一定是协作的，也可能是竞争甚至是对抗的关系。

有人认为 MAS 基本上就是分布式人工智能，DPS 仅是 MAS 研究的一个子集，他们提出，当满足下列 3 个假设时，MAS 就成为 DPS 系统：(1)Agent 友好；(2)目标共同；(3)集中设计。正是由于 MAS 具有更大的灵活性，更能体现人类社会的智能，更适应开放和动态的世界环境，因而引起许多学科及其研究者的强烈兴趣和高度重视。目前研究的问题包括 Agent 的概念、理论、分类、模型、结构、语言、推理和通信等。

目前，对 Agent 的研究大致分为如下 3 个相互关联的方面：(1)智能 Agent；(2)多 Anent 系统(MAS)；(3)面向 Agent 的程序设计(AOP)。智能 Agent 是多 Agent 系统研究的基础，也可以将智能 Agent 的研究统一在 MAS 的研究框架下，这样，智能 Agent 被看成 MAS 研究中的微观层次，主要研究 Agent 的理论和结构，包括 Agent 的概念、特性、分类，Agent 的形式化表示和推理等；而有关 Agent 间的关系的研究则构成了 MAS 研究的宏观层次，主要研究由多个 Agent 组成的系统中 Agent 的组织以及 Agent 间的通信、规划、协同、协作、协商与冲突消解、自组织和自学习等问题。智能 Agent 和 MAS 的成功应用要借助于 Agent 的应用方法(即 AOP)以及 AOP 开发工具或平台。

Agent 技术，特别是多 Agent 技术，为分布式开放系统的分析、设计和实现提供了一种崭新的方法，被誉为“软件开发的又一重大突破”，Agent 技术已经被广泛应用到各个领域。Agent 及其相关概念和技术最早源于分布式人工智能(DAI)，但从 20 世纪 80 年代末开始，Agent 技术从 DAI 领域中拓展开来，并与许多其他领域相互借鉴和融合，在许多不同于最初 DAI 应用的领域得到了更为广泛的应用。面向 Agent 技术(AOT)作为一种设计和开发软件系统的新方法已经得到了学术界和企业界的广泛关注。

9.1.2　Agent 的要素及特征

Agent 在英语中是个多义词，主要含有主动者、代理人、作用力(因素)或媒介物(体)等。在信息技术，尤其是人工智能和计算机领域，可把 Agent 看作能够通过传感器感知其环境，并借助执行器作用于该环境的任何事物。对于人 Agent，其传感器为眼睛、耳朵和其他感官，其执行器为手、腿、嘴和其他身体部分。对于机器人 Agent，其传感器为摄像机和红外测距器等，而各种马达则为其执行器。对于软件 Agent，则通过编码位的字符串进行感知和作用。图 9-1 表示 Agent 通过传感器和执行器与环境的交互作用。

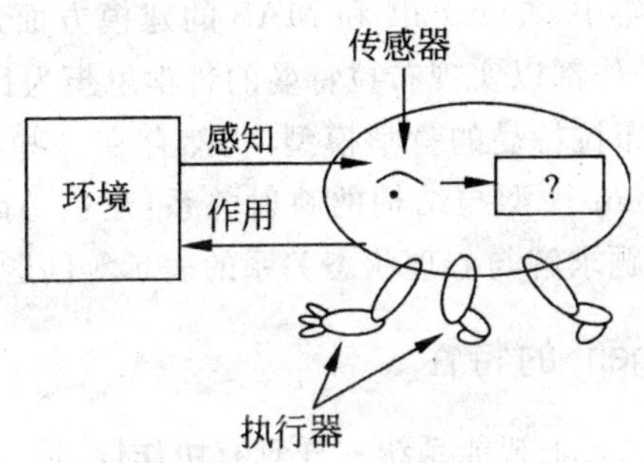

图 9-1　Agent 与环境的交互作用

9.1.2.1　Agent 的要素

Agent 必须利用知识修改其内部状态(心理状态)，以适应环境变化和协作求解的需要。Agent 的行动受其心理状态驱动。人类心理状态的要素有认知(信念、知识、学习等)、情感(愿望、兴趣、爱好等)和意向(意图、目标、规划和承诺等)三种。着重研究信念(Belief)、愿望(Desire)和意图(Intention)的关系及其形式化描述，力图建立 Agent 的 BDI(信念、愿望和意图)模型，已成为 Agent 理论模型研究的主要方向。

信念、愿望、意图与行为具有某种因果关系，如图 9-2 所示。其中，信念描述 Agent 对环境的认识，表示可能发生的状态。愿望从信念直接得到，描述 Agent 对可能发生情景的判断。意图来自愿望,制约 Agent,是目标的组成部分。

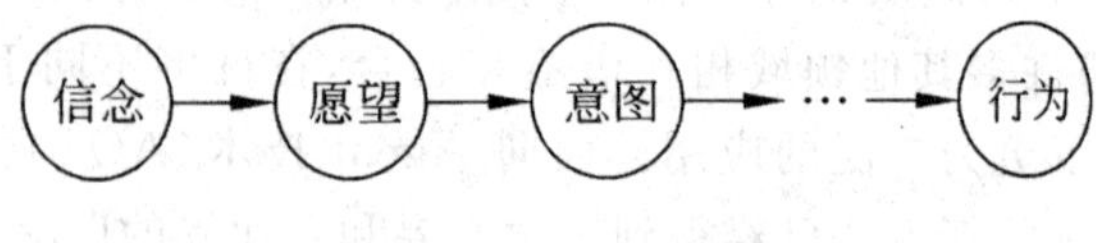

图 9-2 BDI 关系图

布拉特曼(Bratman)的哲学思想对心理状态研究产生深刻影响。1987年,他从哲学角度研究行为意图,认为只有保持信念、愿望和意图的理性平衡,才能有效地实现问题求解。他还认为,在某个开放的世界(环境)中,理性 Agent 的行为不能由信念、愿望及两者组成的规划直接驱动,在愿望和规划间还存在一个基于信念的意图。在这样的环境中,这个意图制约了理性 Agent 的行为。理性平衡是使理性 Agent 的行为与环境特性相适应。环境特性不仅包括环境客观条件,而且涉及环境的社会团体因素。对于每种可能的感知序列,在感知序列所提供证据和 Agent 内部知识的基础上,一个理想的理性 Agent 的期望动作应使其性能测度为最大。

在过去的十多年中,在 Agent 和 MAS 的建模方面进行了大量研究工作,几乎所有研究工作都以实现布拉特曼的哲学思想为目标。不过,这些研究都未能完全实现布拉特曼的哲学模型,仍然存在一些尚待进一步研究和解决的问题,如 Agent 模型与结构的映射关系:建造 Agent 系统的计算复杂性以及 Agent 问题求解与心理状态关系的表示等问题。

9.1.2.2 Agent 的特性

Agent 与分布式人工智能系统一样具有协作性、适应性等特性。此外,Agent 还具有自主性、交互性以及持续性等重要性质。

(1)行为自主性。Agent 能够控制它的自身行为,其行为是主动的、自发的、有目标和意图的,并能根据目标和环境要求对短期行为做出规划。

(2)作用交互性。作用交互性也叫反应性,Agent 能够与环境交互作用,能够感知其所处环境,并借助自己的行为结果,对环境做出适当反应。

(3)环境协调性。Agent 存在于一定的环境中,感知环境的状态、事件和特征,并通过其动作和行为影响环境,与环境保持协调。环境和 Agent 是对立统一体的两个方面,互相依存,互相作用。

(4)存在社会性。Agent 存在于由多个 Agent 构成的社会环境中,与其他 Agent 交换信息、交互作用和通信。各 Agent 通过社会承诺,进行社会推理,实现社会意向和目标。Agent 的存在及其每一行为都不是孤立的,而是社会性的，甚至表现出人类社会的某些特性。

(5)运行持续性。Agent 的程序在启动后，能够在相当长的一段时间内维持运行状态，不随运算的停止而立即结束运行。

(6)工作协作性。各 Agent 合作和协调工作，求解单个 Agent 无法处理的问题，提高处理问题的能力。在协作过程中，可以引入各种新的机制和算法。

(7)面向目标性。Agent 不是对环境中的事件做出简单的反应，它能够表现出某种目标指导下的行为，为实现其内在目标而采取主动行为。这一特性为面向 Agent 的程序设计提供重要基础。

(8)结构分布性。在物理上或逻辑上分布和异构的实体(或 Agent)，如主动数据库、知识库、控制器、决策体、感知器和执行器等，在多 Agent 系统中具有分布式结构，便于技术集成、资源共享、性能优化和系统整合。

(9)系统适应性。Agent 不仅能够感知环境，对环境做出反应，而且能够把新建立的 Agent 集成到系统中而无须对原有的多 Agent 系统进行重新设计，因而具有很强的适应性和可扩展性。也可把这一特点称为开放性。

(10)功能智能性。Agent 强调理性作用，可作为描述机器智能、动物智能和人类智能的统一模型。Agent 的功能具有较高智能，而且这种智能往往是构成社会智能的一部分。

9.1.3 Agent 的结构特点及类型

Agent 结构研究如何构建 Agent 和选择软件结构以满足设计要求。Agent 的结构要描述 Agent 从抽象规范到具体实现的过程，包括如何构造计算机系统以满足对 Agent 特性的要求、选择什么样的硬件和软件结构等。

9.1.3.1 Agent 的结构特点

人工智能的任务就是设计 Agent 程序，即实现 Agent 从感知到动作的映射函数。这种 Agent 程序需要在某种称为结构的计算设备上运行。这种结构可以是一台普通的计算机，或者可能包含执行某种任务的特定硬件，还可能包括在计算机和 Agent 程序间提供某种程度隔离的软件，以便在更高层次上进行编程。一般意义上，体系结构使得传感器的感知对程序可用，运行程序并把该程序的作用选择反馈给执行器。可见，Agent、体系结构和程序之间具有如下关系：

$$\text{Agent}=\text{体系结构}+\text{程序}$$

计算机系统为 Agent 的开发和运行提供软件和硬件环境支持，使各个 Agent 依据全局状态协调地完成各项任务。

(1)在计算机系统中，Agent 相当于一个独立的功能模块、独立的计算机应用系统，含有独立的外部设备、输入输出驱动装备、各种功能操作处理程序、数据结构和相应的输出。

(2)Agent 程序的核心部分叫作决策生成器或问题求解器，起到主控作用，接收全局状态、任务和时序等信息，指挥相应的功能操作程序模块工作，并把内部工作状态和所执行的重要结果送至全局数据库。Agent 的全局数据库设有存放 Agent 状态、参数和重要结果的数据库，供总体协调使用。

(3)Agent 的运行是一个或多个进程，并接受总体调度。特别是当系统的工作状态随工作环境而经常变化以及各 Agent 的具体任务时常变更时，更需搞好总体协调。

(4)各个 Agent 在多个计算机 CPU 上并行运行，其运行环境由体系结构支持。体系结构还提供共享资源(黑板系统)、Agent 间的通信工具和 Agent 间的总体协调，以使各 Agent 在统一目标下并行、协调地工作。

9.1.3.2 Agent 的结构类型

根据上述讨论，可把 Agent 看作是从感知序列到实体动作的映射。根据人类思维的不同层次，可把 Agent 分为下列几类。

(1)反应式 Agent。反应式 Agent 只简单地对外部刺激产生响应，没有任何内部状态。每个 Agent 既是客户，又是服务器，根据程序提出请求或做出回答。图 9-3 为反应式 Agent 的结构示意图。图中，Agent 的条件作用规则使感知和动作连接起来。人们把这种连接称为条件-作用规则。

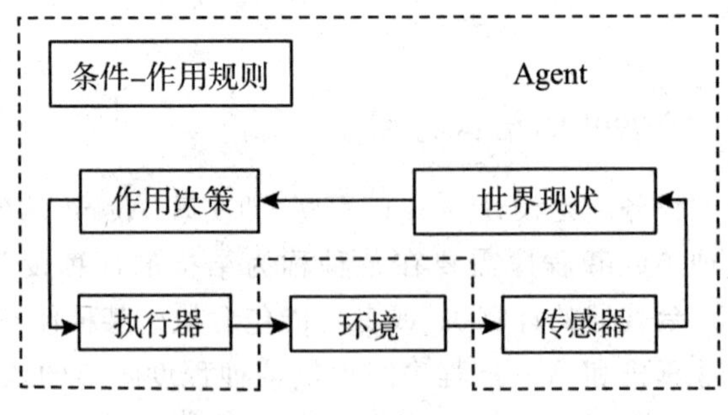

图 9-3　反应式 Agent 的结构

(2)慎思式 Agent。慎思式 Agent 又称为认知式 Agent，是一个具有显式符号模型的基于知识的系统。其环境模型一般是预先知道的，因而对动态环境存在一定的局限性,不适用于未知环境。由于缺乏必要的知识资源,在 Agent 执行时需要向模型提供有关环境的新信息,而这往往是难以实现的。

慎思式 Agent 的结构如图 9-4 所示。Agent 接收的外部环境信息,依据内部状态进行信息融合,以产生修改当前状态的描述。然后,在知识库支持下制定规划,再在目标指引下,形成动作序列,对环境产生影响。

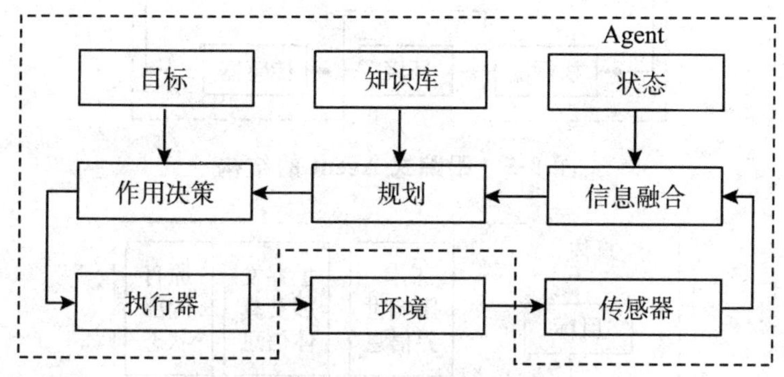

图 9-4　慎思式 Agent 的结构

(3)跟踪式 Agent。简单的反应式 Agent 只有在现有感知基础上才能做出正确的决策。随时更新内部状态信息要求把两种知识编入 Agent 的程序,即关于世界如何独立地发展 Agent 的信息以及 Agent 自身作用如何影响世界的信息。图 9-5 给出一种具有内部状态的反应式 Agent 的结构图,表示现有的感知信息如何与原有的内部状态相结合以产生现有状态的更新描述。与解释状态的现有知识的新感知一样,也采用了有关世界如何跟踪其未知部分的信息,还必须知道 Agent 对世界状态有哪些作用。具有内部状态的反应式 Agent 通过找到一条条件与现有环境匹配的规则进行工作,然后执行与规则相关的作用。这种结构叫作跟踪世界 Agent 或跟踪式 Agent。

(4)基于目标的 Agent。仅仅了解现有状态对决策来说往往是不够的,Agent 还需要某种描述环境情况的目标信息。Agent 的程序能够与可能的作用结果信息结合起来,以便选择达到目标的行为。这类 Agent 的决策基本上与前面所述的条件-作用规则不同。反应式 Agent 中有的信息没有明确使用,而设计者已预先计算好各种正确作用。对于反应式 Agent,还必须重写大量的条件-作用规则。基于目标的 Agent 在实现目标方面更灵活,只要指定新的目标,就能够产生新的作用。图 9-6 表示基于目标的 Agent 的结构。

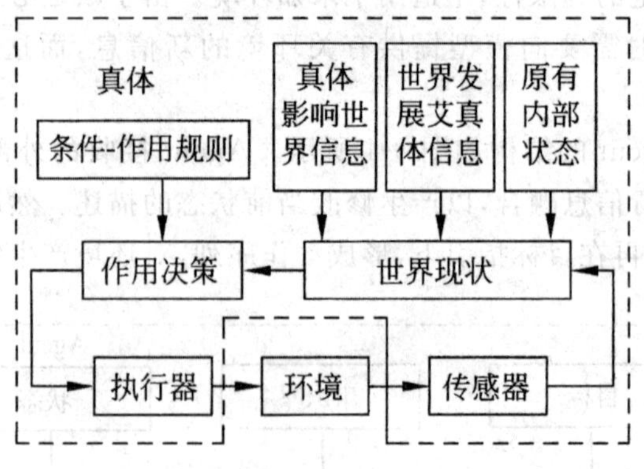

图 9-5　跟踪式 Agent 的结构

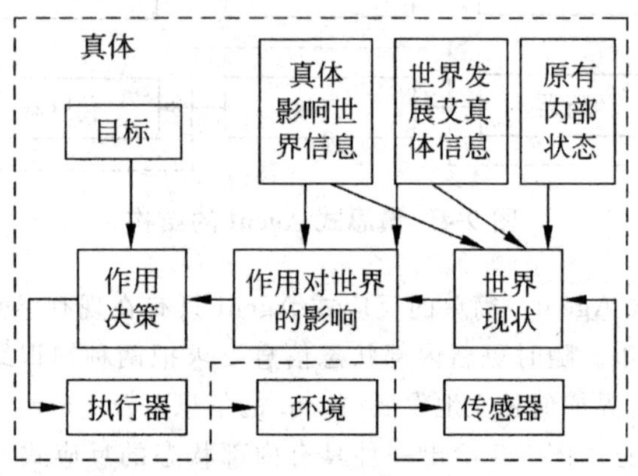

图 9-6　基于目标的 Agent 的结构

(5)基于效果的 Agent。只有目标实际上还不足以产生高质量的作用。如果一个世界状态优于另一世界状态,那么它对 Agent 就有更好的效果。

因此,效果是一种把状态映射到实数的函数,该函数描述了相关的满意程度。一个完整规范的效果函数允许对以下两类情况做出理性的决策。

①当 Agent 只有一些目标可以实现时,效果函数指定合适的交替。

②当 Agent 存在多个瞄准目标而不知哪个一定能够实现时,效果(函数)提供了一种根据目标的重要性来估计成功可能性的方法。

因此,一个具有显式效果函数的 Agent 能够做出理性的决策。不过,必须比较由不同作用获得的效果。图 9-7 给出一个完整的基于效果的 Agent 结构。

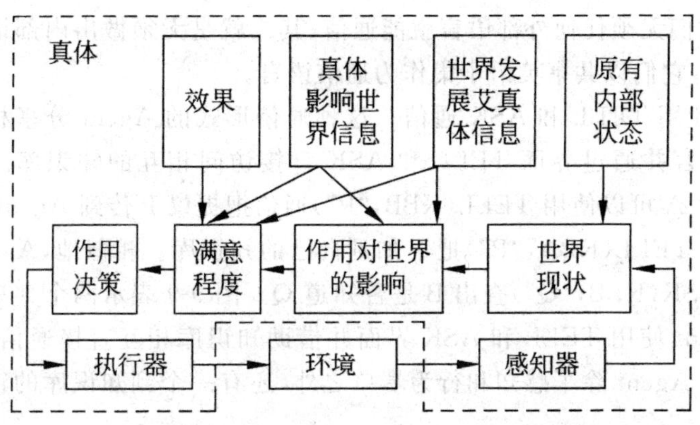

图9-7 基于效果的Agent的结构

(6)复合式Agent。复合式Agent即在一个Agent内组合多种相对独立和并行执行的智能形态,其结构包括感知、动作、反应、建模、规划、通信和决策等模块,如图9-8所示。Agent通过感知模块来反映现实世界,并对环境信息做出一个抽象,再送到不同的处理模块。若感知到简单或紧急情况,信息就被送入反射模块,做出决定,并把动作命令送到行动模块,产生相应的动作。

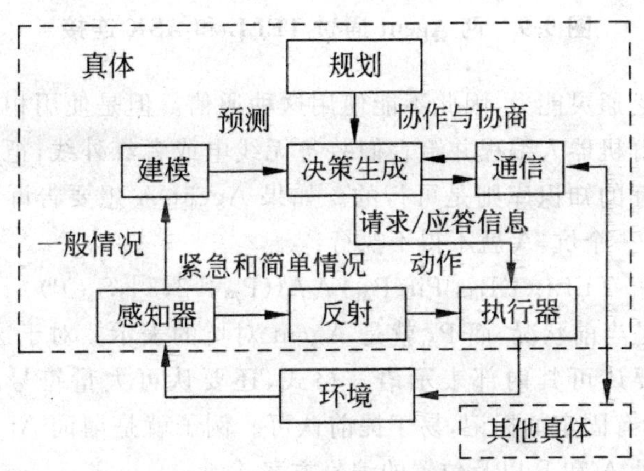

图9-8 复合式Agent的结构

9.1.4 Agent通信

9.1.4.1 Agent通信的类型

考虑以两种方式通信的Agent。其一是分享一个共同内部表示语言的

Agent，它们无须任何外部语言就能通信；其二就是无须做出内部语言假设的 Agent，它们以共享英语子集作为通信语言。

(1)使用 TELL 和 ASK 通信。这种通信形式的 Agent 分享相同的内部表示语言并通过界面 TELL 和 ASK 直接访问相互的知识库。那就是说，Agent A 可以使用 TELL(KBB,“P”)通信把提议 P 传到 Agent B，就如 A 会使用 TELL(KBA,“P”)把 P 加到自己的知识库。相似地，Agent A 可以使用 ASK(KBB,“Q”)查出 B 是否知道 Q。图 9-9 表示两个共享内部语言的 Agent 使用 TELL 和 ASK 界面并借助知识库相互直接通信的略图。其中每个 Agent 除了感知和行为端口之外，还有一个到知识库的输入输出端口。

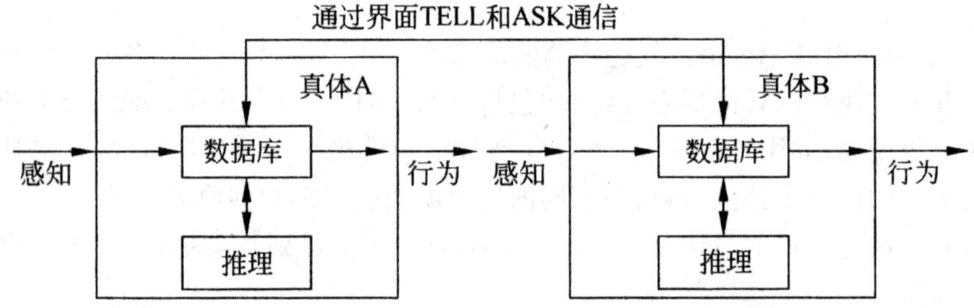

图 9-9　两 Agent 通过 TELL 和 ASK 连接

人类缺乏通灵能力，因此不能使用这种通信。但是使用相同的内部表示语言对一群机器人编程并给它们装备无线电或者红外线，把内部表示直接传送给相互的知识库则是可行的。如果 Agent A 想要告诉 Agent B 在位置[2,3]有一个坑，A 就不得不执行：

$$TELL(KB_B,"Pit(P_{A1}) \wedge At(P_{A1},[2,3],S_{A9})")$$

其中，S_{A9}就是当前状况，而P_{A1}就是 Agent 对坑的表示。对于这项工作，该 Agent 不仅要认可其内部表示语言格式，还要认可大量符号。有些符号是静态的，具有固定的标记，易于提前认可。例子就是谓词 At 和 Pit，表示 Agent 的常量 A 和 B 以及位置的编号方案。

另一些符号是动态的，在 Agent 开始探索这个世界之后就可以创建这些符号。实例包括表示一个坑的常量P_{A1}和表示当前状况的S_{A9}。难点就在于这些动态符号的同步使用。这里给出三个难点：

①必须有一个命名策略，使得 A 和 B 不会同时引用相同的符号来表示不同的事物。每个 Agent 都把自己的名称作为引用的每个符号标示的一部分。

②必须有一些不同 Agent 引用相关符号的方法，以便一个 Agent 能告诉 P_{A1} 和 P_{B2} 是否标识相同的坑。

③最后的难点就在于协调不同 Agent 的知识库之间的差别。描述通灵通信的另一个问题就是它们易于受到破坏。另一个 Agent 可以说谎，以直接进入知识库，并让天真的通灵 Agent 轻信任何事情。

(2)使用形式语言通信。由于破坏问题，以及每个 Agent 不可能有相同的内部语言，大多数 Agent 的通信是通过语言而不是通过直接访问知识库。图 9-10 表示这种通信的略图。有的 Agent 可以执行表示语言的行为，而其他 Agent 可以感知这些语言。外部通信语言可以与内部表示语言不同，并且这些 Agent 中的每一个都可以有不同的内部语言。只要每个 Agent 能可靠地从外部语言映射到自己的内部语言，它们就根本不需要同意任何内部符号。

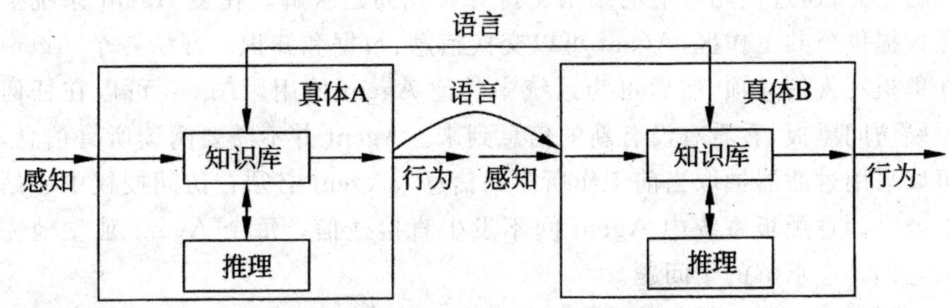

图 9-10　两个 Agent 使用语言通信

外部通信语言带来生成和分析的问题，自然语言处理(NLP)的大部分努力都进入了设计这两个过程的算法阶段。但是语言通信最难的部分仍然是前面提到的问题：协调不同 Agent 的知识库之间的差别。Agent A 说什么、Agent B 如何解释 A 的陈述关键取决于 A 和 B 已经相信什么(包括它们相信哪些相互的信念)。这就意味着，有相同的内部和外部语言的那些 Agent 将更易于生成和分析。但是它们仍会发现，决定相互之间要说什么是一种挑战。

9.1.4.2　Agent 通信的方式

用多 Agent 系统进行分布式问题求解，集成在一个系统中的 Agent 必须彼此能通信和协作。通信是协作的基础，图 9-11 给出了多 Agent 系统中的通信和协作方式。

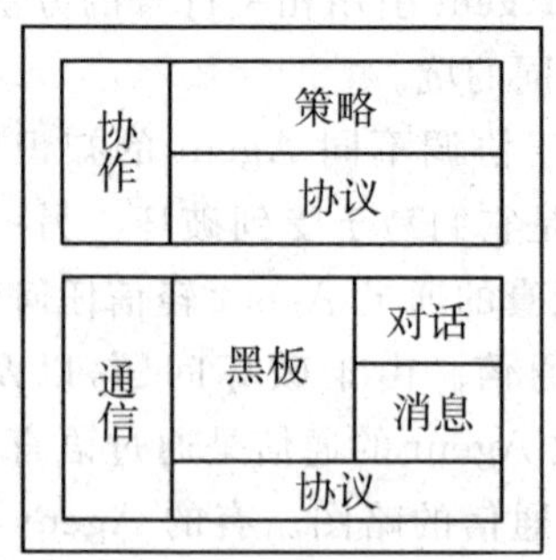

图 9-11　多 Agent 系统中的通信和协作方式

通信方法可以分成黑板系统和消息/对话系统。

(1)黑板系统。黑板系统是传统的人工智能系统和专家系统的议事日程的扩充,通过使用合适的结构支持分布式问题求解。在多 Agent 系统中黑板提供公共工作区,Agent 可以交换信息、数据和知识。开始一个 Agent 在黑板写入信息项,然后可为系统中其他 Agent 使用。Agent 可以在任何时候访问黑板,看看有没有新的信息到来。Agent 并不需要阅读所有信息,可以采用过滤器抽取当前工作所需的信息。Agent 必须在访问授权中心站点登录。在黑板系统中 Agent 间不发生直接通信。每个 Agent 独立地完成它们答应求解的子问题。

黑板可以用在任务共享和结果共享系统中。基于事件的问题求解策略也是可能的。如果系统中 Agent 很多,那么黑板中的数据会成指数增加。与此类似,各个 Agent 在访问黑板时要从大量信息中搜索,决定感兴趣的信息。为了优化处理,更先进的黑板概念是在黑板上为各个 Agent 提供不同的区域。

(2)消息/对话系统。采用消息通信是实现灵活复杂的协调策略的基础。使用规定的协议,Agent 彼此交换的消息可以用来建立通信和协作机制。自由消息内容格式提供非常灵活的通信能力,不受简单命令和响应结构的限制。

图 9-12 说明面向消息的 Agent 系统的原理。一个 Agent 叫发送者,传送特定的消息到另一个 Agent,即接收者。与黑板系统不同,两个 Agent 间消息是直接交换。执行中没有缓冲,如果不是信息接收者,该 Agent 是不能读消息的。所谓广播是一种特例,消息是发给每个 Agent 或一个组。一般情况,发送者要指定唯一的地址给消息,然后只有那个地址的 Agent 才能读这条消息。为了支持协作策略,通信协议必须明确规定通信过程、消息格式和选择通信语言。另一点特别重要的是交换知识,全部有关的 Agent

必须知道通信语言的语义。消息的语义内容知识是分布式问题求解的核心部分。

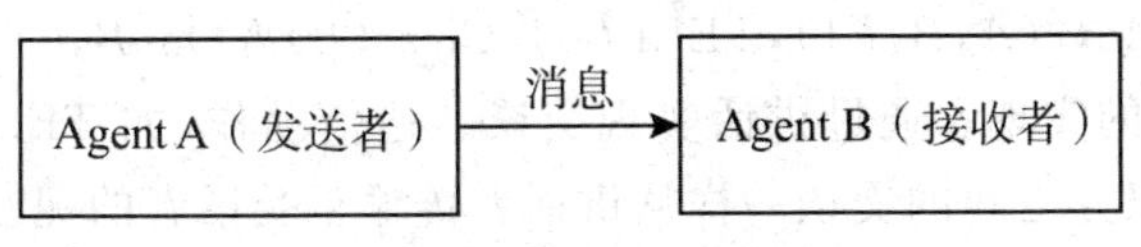

图 9-12 消息传送原理

9.1.4.3 交谈的规划与实现

人类之间的交谈往往涉及说话时采用的语言。语言学家把各种交流行为称为交谈。交谈具有不同的物理形式:一个动作序列(如手势语言中)、一个字符串(文本中)、一个声音扰动(尖叫和讲话)或闪光等信号。这些交谈的表现都称为言语表达。

交谈理论是 Agent 通信的理论基础,它是由英国语言学家奥斯丁(Austin)于 1962 年提出的,并在后来得到发展。交谈理论认为:通信语言也是一种动作,它们与物理上的动作一样。讲话者说话是要改变世界状态,通常是改变受话者的某种心智状态。通信语言并非一定能够达到预期目的,因为每个 Agent 都有自身控制权,不一定按讲话者的要求做出响应。

对话理论研究集中在如何划分对话的类型。在 Agent 通信语言研究中,对话理论主要用于考虑 Agent 间交互信息的类型。一般把对话分为表示型和指示型两类,前者如通信、宣言和致谢等,后者如询问、命令和请求等。还可以把对话进一步细分为更多类型。

(1)交谈的规划。能够像处理 Agent 的其他动作一样对待交谈。Agent 能够使用一个规划产生系统制订由言语行为和其他动作构成的计划。为此,需要一个描述这些动作效果的模型。例如,考虑一个表示型交谈 TELL(α,φ),它表示该 Agent 告知另一 Agentα:φ 是真的。使用 STRIPS 规划,可对该动作的效果建立模型:

TELL(a,φ)

PC:Next_to(α) $\wedge\varphi\sim$K(α,φ)

D:K(∂,φ)

A:K(a,φ)

其中,前提 Next_to(α)确保该 Agent 足够接近 Agent α,以便进行可靠的通信;前提 φ 确保该 Agent 在告知另一 Agent 事实前真正相信该事实;前提$\sim$K(α,φ)保证该 Agent 不会传递多余信息,只传 Agent α 知道事实 φ。假定对于情况 On(A,B) $\wedge$ On(B,C) $\wedge$ On(C,$F1$),该 Agent 的目标为积木世界 On(B,$F1$)。还假设无论何时,积木 B 在积木 C 上,而且 B 上方为空,

Agent $A1$ 把 B 移到地板 $F1$ 上。根据 STRIPS 规划和前述 TELL 规则，可构造 Agent 的规划如下：

$$\{\text{Move}(A,B,F1),\text{TELL}(A1,\text{Clear}(B)\wedge\text{On}(B,C))\}$$

(2)交谈的实现。通过讲话实现交谈。通信动作，如 TELL(a,中)，是如何像讲话双方之间的交谈一样从讲话者传输至受话者的呢？有两种可能性：其一是从讲话者到受话者的某个逻辑公式的直接传输；其二，受话者把讲话者所讲的一些符号串翻译为它的认知结构。

如果交谈双方共享同类的基于特征的世界模型，使用相同符号的逻辑公式，那么该交谈就可以通过传输一个逻辑公式来实现。例如，交谈 TELL($A1$,Clear(B) ∧ On(B,C))就能通过 Agent $A1$ 发送公式 Clear(B) ∧ On(B,C)和一种有代表性的表示来实现。值得指出，在这样做时要假定公式 Clear(B) ∧ On(B,C)对 Agent $A1$ 与对原有的 Agent 表达相同的意思。在对所有 Agent 构建和编程时，相同的基于知识表示的词汇，其假设对一些所关心的状况却是令人非常难以置信的。即使两个 Agent 的知识表示词汇和模型在开始时是相同的，如果遇上一些新的对象，那么这些 Agent 几乎不可能给这些对象相同的内部名字。即使这些 Agent 能够创造新的谓词，按照更本原的方式定义这些谓词，这些等价的谓词也可能有不同的符号。正是由于原有的 Agent 要对另一 Agent 采取有意姿态，其他 Agent 就不能用逻辑公式对其世界模型进行编码。

在这些限制下，Agent 间的通信可以用某个一致的通用通信语言来进行。通过设计、使用和指导，通信 Agent 知道在这种通用语言下传输的符号串是如何改变其他 Agent 的认知结构的。

使用基于符号串的语言预示了两个可能的问题解决方案。其一，给定某个交谈，如何生成一个符号串；其二，如何把一个符号串译成对认知结构的作用。尽管鼓励人们在人工 Agent 中使用符号串作为通信媒介，然而对自然语言的机器(自动)生成和理解却是独立进行研究的。通信使用的符号串，其生成和理解主要在自然语言领域内研究。所以，对 Agent 间通过符号串的通信，也主要集中在类似自然语言(如英语、汉语等)句子的讲话来处理。

9.1.5 多 Agent 合作

9.1.5.1 多 Agent 的协作

(1)协作的形式。协作的形式主要有两种，即按从观察者的角度和意图协作进行协作。

①从观察者的角度进行协作。有人认为,协作是无法了解 Agent 精神状态的外部观察者对一组 Agent 行为的描述。例如,蚂蚁的行为被描述成协作是因为当观察它们时发现了某些现象,而这些现象表明协作行为是存在的。因此,有人提出协作指示器的概念。协作指示器这一概念非常有用,它允许脱离 Agent 的内部特征,而只考虑它们的可观察的行为。协作指示器有很多种,T. Bouron 提出了6种指示器来描述协作行为。检测这6种指示器,就可以了解不同 Agent 之间的协作程度。这6种协作指示器是:

a. 冲突的非持久性。表明存在少量的拥塞情况。

b. 资源的共享性。它关心的是资源与技能的使用。

c. 行为的非冗余性。保持较低比例的冗余行为。

d. 系统的鲁棒性。它关心的是系统弥补某一 Agent 失效的智能化程度。

e. 并行度。它依赖于任务的分配与并行执行。

f. 行为的协调性。它关心的是 Agent 行为在时间和空间上的调整。

但是,这种方法存在几个问题。首先,如何应用这些指示器。例如,如何度量系统的鲁棒性?其次,这组指示器间存在不一致性。例如,行为的并行度与任务的非冗余性是矛盾的,因为并行度越高,为更快地完成任务,复制任务的趋势越强,导致更多的冗余。最后,这组指示器存在某种层次性。例如,行为的并行度和行为的协调性是其他一些更基本的指示器(如资源的分配与冲突的消解)的直接结果。

其实,只需两个指示器即可判断是否存在协作行为,第一个是群体工作的效率;第二个是存在冲突消解机制。第一个指示器对应的准则是:如果 Agent 是协作的,那么一个新的 Agent 被认为是有助于整体的。当满足这个准则时,就说 Agent 是协作的,或者处于协作环境。性能提高的目的往往只是为了提高某一参数。如果性能没有什么提高的话,那么第一个准则是无法使用的。这时,可以使用第二个准则来判断是否存在协作。当新加入的 Agent 对群体的性能带来消极的影响时,正在协作的 Agent 需要确保性能不降低或者降低得不是太多。在这种情况下的协调行为,如避开、冲突消解、形成队列等,都可以阻止个体和集体性能的降低。具体的冲突消解方法有多种,有些冲突消解方法只是简单地定义抢占行为以及优先规则,而其他一些方法则利用仲裁机制、协商机制直接消除冲突,有时甚至直接消除发生冲突的对象。

完全从观察者的角度定义协作,使得客观地根据性能的改进来描述协作成为可能,同时不必考虑 Agent 的精神状态。因此,协作被简化为简单的、可观察的准则。在此基础上,还可以定义反应式协作。所谓反应式协作，是指在一个协作环境中的 Agent 没有明显的意图，但是集体行为要么具有群体的效率，要么存在冲突消解机制。

②按意图协作。按意图协作认为，协作来自 Agent 的某种意图或态度。也就是说，如果 Agent 在认同并采纳了一个共同的目标后参与一个共同的行动，那么就存在协作，并称 Agent 是协作的。但是，按意图协作的观点存在两个问题：a. 认为即使协作的结果还不如单个 Agent 的性能好，协作也是存在的；b. 认为反应式 Agent 之间不存在协作。

实际上，并不是所有的协作都是协作意图的产物，所有的协作意图也不一定必然导致协作。例如，对于蚂蚁类的社会性昆虫，在它们的觅食行为中，并没有协作意图，但是，协作是的确存在的。另外，反应式 Agent 的协作也是可能的。因此，协作并不是仅仅源于意图，也不一定是协作意图的直接产物。

(2)协作的方法。对策和学习是 Agent 协作的内在机制。Agent 通过交互对策，在理性约束下选择基于对手或联合策略的最佳响应行动。Agent 的行动选择又必须建立在对环境和其他 Agent 行动了解的基础上，因而需要利用学习方法建立并不断修正对其他 Agent 的信念。Agent 的协作均贯穿着对策和学习的思想。下面介绍几种协作方法。

①Markov 对策。在多 Agent 系统中，Agent 间相互作用并随时间不断变化，系统中每个 Agent 都面临一个动态决策问题。在单个 Agent 系统中 Agent 的动态决策其实是一个 Markov 过程，而在多 Agent 系统中 Agent 的 Markov 决策过程的扩展形式就是随机对策，亦即 Markov 对策。因此，Markov 对策可以看作是 Markov 决策过程在多 Agent 协作环境中的扩展。在 Markov 对策中，每个 Agent 面临的是一个不同的 Markov 决策过程，这些 Agent 的 Markov 决策过程通过它们的支付函数(payment function)以及依赖于 Agent 联合行为的系统动态特性连接起来。

Markov 对策以 Nash 平衡点作为协作的目标，从而将 Agent 协作过程的收敛性和稳定性引入到 Agent 协作的研究中。

②决策网络和递归建模。采用决策网络(又称为作用图)来建立 Agent 的动态模型。作用图是决策问题的一种图知识表示，可以看作是增加了决策节点和效益节点的贝叶斯网络。作用图中有三类节点，即自然节点、决策节点和效益节点。自然节点表示 Agent 世界不确定性信念的随机变量或特性。决策节点表示对 Agent 行动的选择，代表 Agent 的能力。效益节点代表 Agent 的偏好。节点间的连接体现相互依赖关系。根据对环境和其他 Agent 的观察信息和贝叶斯学习方法来修正模型，即修正对其他 Agent 可能行为的信念，并预测它们的行为。

递归建模方法是：Agent 获取环境知识、其他 Agent 知识和状态知识，并在此基础上建立递归决策模型。利用动态规划方法求解 Agent 行为决策的表达。

③决策树和对策树。以对策论为框架的多 Agent 交互，虽然在理论上非常引人注目，但在实现时却遇到很多问题，例如，Agent 在对策过程中如何推理出其策略。建立定义在扩展决策树上的信息集合和相应的行为函数，然后从形式化的行为公理可以推导 Agent 每一步的行动。该方法的实质是将对策理论和对策过程形式化，以实现 Agent 的自动推理过程。

对策树的一种重要形式是扩展形式对策的表达。扩展形式对策也是一种动态对策，它指明了所有 Agent 的执行序列以及它们最终支付的一个扩展形式对策，是一个有限节点的对策树。树中每个节点表示一个 Agent 的执行步骤，一个节点的分支对应于节点表示的 Agent 的可能行为，在树的末端节点指明了 Agent 的支付。在有限时间区间具有有限行动和状态的随机对策均可表示为扩展形式对策，即对策树。

④Agent 学习方法。多 Agent 的协作，从本质上说是每个 Agent 学习其他 Agent 的行动策略模型而采取相应的最优反应。学习内容包括环境内的 Agent 数、连接结构、Agent 间的通信类型、协调策略等。主要的学习方法包括假设回合、贝叶斯学习和强化学习等。这些学习方法都与对策论有关。

在假设行动中，一个学习 Agent 假设其他 Agent 采取静态策略，通过其他 Agent 采取的某种行动的次数进行计数，可以得到其他 Agent 采取该行动的一个大致概率。这些概率(即是这个 Agent 的信念)是其他 Agent 的混合策略。在每一回合，Agent 选取一个行动作为它对其他 Agent 策略的信念的最优反应。并不能保证假设行动收敛到一个 Nash 平衡点，但在增加对对策结构的一些约束后，可以保证其收敛。

贝叶斯学习是学习 Agent 从对另一个 Agent 可能采取的策略的初始信念开始，不断根据贝叶斯法则更新信念。贝叶斯方法被应用到条件学习中，一个 Agent 在过去记录条件下学习其他 Agent 的策略。这种学习方法不同于假设行动中研究的静态策略，行动策略的识别比静态策略要困难得多。强化学习是多 Agent 的主要学习方法。

(3)协作的过程。以实现协作目标为出发点的多 Agent 间的协作行为必须满足特定的性质或标准，这些性质包括：Agent 间应该相互响应；所有 Agent 应对联合行动做出承诺；每个 Agent 应承诺对相互之间的行动给予支持；以及协作过程中不发生死锁、能满足特定的环境约束等。在协作过程中，Agent 性质表现在如下几个方面。

①Agent 之间相互信赖。

②Agent 对协作行动予以承诺，并保证在正常情况下不影响协作的顺

利进行。

③无死锁的协作过程。在选择协作方案阶段，首先对规划阶段所求解的协作结构进行了优化，排除了死锁出现的可能性。

④协作与约束。在协作目标中，不仅定义了多 Agent 应完成的任务，即任务性目标，还定义了多 Agent 在协作过程中应满足的环境限制或约束，即性能指标。

⑤协作与协调。Agent 间的协作往往离不开协调，因此，在定义 Agent 的协作结构时，定义了一种目标关系图，用来限定 Agent 行为之间的相互关系。同时，将目标关系进程与目标结构进程组合在一起，从而保证了多 Agent 行为的协调性。

9.1.5.2 多 Agent 的协商

(1)协商技术。协商是多 Agent 系统实现协同、协作、冲突消解和矛盾处理的关键环节，其关键技术有协商协议、协商策略和协商处理三种。

①协商协议。协商协议主要研究 Agent 通信语言(ACL)的定义、表示、处理和语义解释。协商协议的最简单形式为

协商通信消息:(＜协商元语＞,＜消息内容＞)

其中，协商元语即为消息类型，其定义一般以对话理论为基础。消息内容包括消息的发送者、消息编号、消息发送时间等固定信息以及与协商应用的具体领域有关的信息描述。

②协商策略。该策略用于 Agent 决策及选择协商协议和通信消息，包括一组与协商协议相对应的元级协商策略和策略的选择机制两部分内容。协商策略可分为破坏协商、拖延协商、单方让步、协作协商、竞争协商 5 类。只有后两类协商策略才有意义。对于协作策略，各 Agent 应动态和理智地选择适当的协商策略，在系统运行的不同阶段表现出不同的竞争或协作行为对于竞争策略，参与协商者坚持各自的立场，在协商中表现出竞争行为，力图使协商结果有利于自身的利益。策略选择的一般方法是：考虑影响协商的多方面因素，给出适当的策略选择函数。

③协商处理。协商处理包括协商算法和系统分析两方面，前者用于描述 Agent 在协商过程中的行为(包括通信、决策、规划和知识库操作)，后者用于分析和评价 Agent 协商的行为和性能，回答协商过程中的问题求解质量、算法效率和系统的公平性等问题。

协商协议主要处理协商过程中 Agent 间的交互，协商策略主要修改 Agent 内的决策和控制过程，而协商处理则侧重描述和分析单个 Agent 和多 Agent 协商社会的整体协作行为。后者描述了多 Agent 协商的宏观层

面，而前两者则刻画了 Agent 协商的微观方面。

(2)合同网。1980 年 Smith 在分布式问题求解中提出了一种合同网协议。后来这种协议广泛用在多 Agent 系统的协调中。Agent 之间通信经常建立在约定的消息格式上。实际的合同网系统基于合同网协议提供一种合同协议，规定任务指派和有关 Agent 的角色。图 9-13 给出了合同网系统中节点的结构。

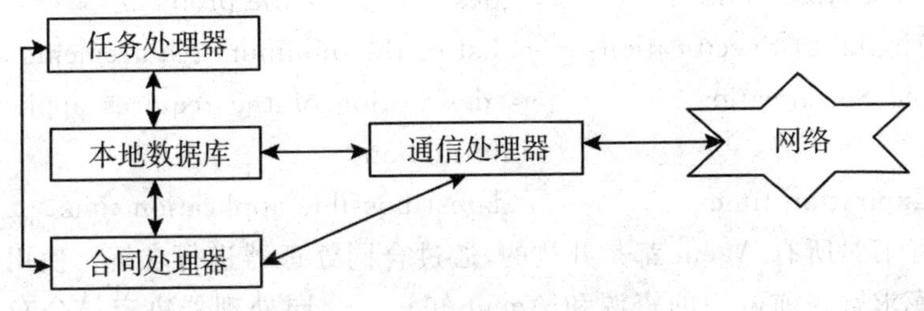

图 9-13　合同网的节点结构

本地数据库包括与节点有关的知识库、协作协商当前状态和问题求解过程的信息。另外 3 个部件利用本地知识库执行它们的任务。通信处理器与其他节点进行通信，节点仅仅通过该部件直接与网络相接。特别是通信处理器应该理解消息的发送和接收。

合同处理器判断投标所提供的任务，发送应用和完成合同，也分析和解释到达的消息。最后，合同处理器执行全部节点的协调。任务处理器的任务是实际处理任务赋予它的处理和求解。任务处理器从合同处理器接受所要求解的任务，利用本地数据库进行求解，并将结果送到合同处理器。

合同网工作时，将任务分成一系列子问题。有一个特定的节点称作管理器，了解子问题的任务(图 9-14)。

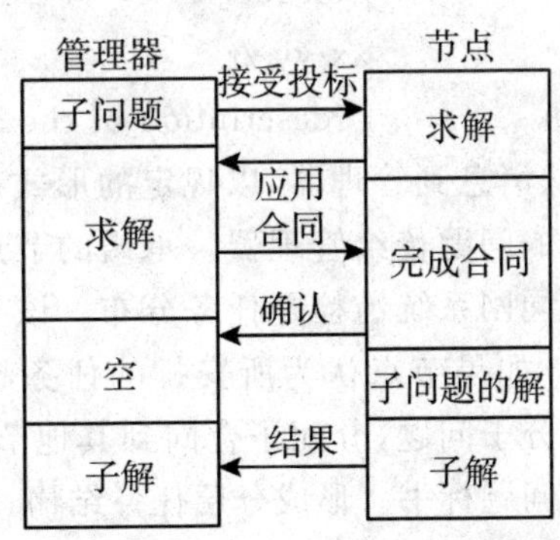

图 9-14　合同网系统中合作协商过程

管理器提供投标，即要解而尚未求解的子问题合同。它使用合同协议定义的消息结构，例如：

TO： All nodes

FROM： Manager

TYPE： Task bid announcement

ContractID： xx-yy-zz

Task Abstraction： <description of the problem>

Eligibility Specification： <list of the minimum requirements>

Bid Specification： <description of the requires application information>

Expiration time <latest possible application time>

标书对所有 Agent 都是开放的，通过合同处理器进行求解。使用本地数据库求解当前可用的资源和 Agent 知识。合同处理器决定该公布的任务申请是不是要做。如果要做，将按下面结构通知管理器：

TO： Manager

FROM： Node X

TYPE： Application

ContractID： xx-yy-zz

Node Abstraction： <description of the node's capabilities>

管理器必须选择节点，使之在应用中最适合于所给的合同。管理器访问具体的求解知识和方法，选择最好成绩，将合同有关的子问题求解任务交给所选节点。根据合同消息管理器指派合同如下：

TO： Node X

FROM： Manager

TYPE： Contract

ContractaID： xx-yy-zz

Task Specification <description of the subproblem>

通信节点发送确认消息到管理器，以规定的形式确认接受合同。当问题求解阶段完成，已解的问题传给管理器。承诺的节点完全负责子问题的求解，即完成合同。合同网系统纯粹是任务分布。该节点不接受其他节点当前状态的任何信息。如果节点认为所安排的任务超过自己的能力和资源，那么可以进一步划分子问题，分配子合同到其他节点。这时，该节点用作管理器角色，提交子问题标书。形成分层任务结构，每个节点可以同时是管理器、投标申请者和合同成员。

9.1.5.3　多 Agent 的协调

Agent 间的负面交互关系导致冲突，一般包括资源冲突、目标冲突和结果冲突。为实现冲突消解，必须研究 Agent 的协调。Agent 间的正面交互关系表示 Agent 的规划和重叠部分，或某个 Agent 具有其他 Agent 所不具备的能力，各 Agent 间可通过协作取得成功。

Agent 间的不同协作类型将导致不同的协调过程。当前主要有 4 种协调方法，即基于集中规划的协调、基于协商的协调、基于社会规划的协调和基于对策的协调。

(1)基于集中规划的协调。如果多 Agent 系统中至少有一个 Agent 具备其他 Agent 的知识、能力和环境资源知识，那么该 Agent 可作为主控 Agent 对该系统的目标进行分解，对任务进行规划，并指示或建议其他 Agent 执行相关任务。这种基于集中规划的协调方法特别适用于环境和任务相应固定、动态行为集可预计和需要集中监控的情况，如机器人协调和智能控制等。

(2)基于协商的协调。本协调方法属于分布式协调，系统中没有作为规划的主控 Agent。协商是 Agent 间交换信息、讨论和达成共识的方式。具体协商方法有合同网协商、功能精确的合作(FA/C)和基于对策论的协商等。例如，合同网采用市场机制进行任务通告、投标和签订合同来实现任务分配。

(3)基于社会规划的协调。这是一类以每个 Agent 都必须遵循的社会规则、过滤策略、标准和惯例为基础的协调方法。这些规则对各 Agent 的行为加以限制，过滤某些有冲突的意图和行为，保证其他 Agent 必须具有的行为方式，从而确保本 Agent 行为的可行性，以实现整个 Agent 系统的社会行为的协调。这种协调方法比较有效。

(4)基于对策论的协调。此协调方法包括无通信协调和有通信协调两类。无通信协调是在没有通信情况下，Agent 根据对方及自身的效益模型，按照对策论选择适当行为。这种协调方式中，Agent 至多也只能达到协调的平衡解。在基于对策论的有通信协调中则可得到协作解。

9.1.5.4　多 Agent 的学习和规划

(1)多 Agent 的学习。机器学习的研究和应用已获得很大进展。多 Agent 研究促进机器学习新的发展。Agent 系统具有分布式和开放式等特点，其结构和功能都很复杂。对于一些应用，在设计多 Agent 系统时，要准确定义系统的行为以适应各种需求是相当困难的，甚至是无法做到的。这就要求多 Agent 系统具有学习能力。学习能力是衡量多 Agent 系统和其他智能系统的重要特征之一。

在人工智能领域对机器学习的研究已有40多年历史了。尽管Agent的研究时间还不算太长，过去很长时间内也不把机器学习与Agent挂钩，但其实质为单Agent学习。近年来，以互联网为实验平台，设计和实现了具有某种学习能力的用户接口Agent和搜索引擎Agent，表明单Agent学习已获新的进展。与单Agent学习相比，多Agent学习比较新颖，发展也很快。单Agent学习是多Agent学习的基础，许多多Agent学习方法也是单Agent学习方法的推广和扩充。例如，上述用户接口Agent和搜索引擎Agent中的学习已被认为是多Agent学习，因为在人机协作系统中，人也是一个Agent。

多Agent学习要比单Agent学习复杂得多，因为前者的学习对象处于动态变化中，且其学习离不开Agent间的通信。为此，多Agent学习需付出更大的代价。当前在多Agent学习领域，强化学习和在协商过程中学习已引起关注。结合动态编程和有师学习，以期建立强大的机器学习系统。只给计算机一个目标，然后计算机不断与环境交互以达到该目标。

多Agent学习有许多需要深入研究的课题，包括多Agent学习的概念和原理、具有学习能力的MAS模型和体系结构、适应MAS学习特征的新方法以及MAS多策略和多观点学习等。

(2)多Agent的规划。规划是连接精神状态(如打算、设想等)与执行动作的桥梁。关于规划和动作的研究是Agent研究的活跃领域。MAS中的规划与经典规划有所不同，需要反映环境的持续变化。

对MAS的规划研究，目前主要有两种方法。其一，一种可在世界状态间转换的抽象结构，如与或图。其二，一类复杂的Agent精神状态。这两种方法都在一定程度上降低了经典规划中解空间的搜索代价，能够有效地指导资源受限型Agent的决策过程。其中，第一种方法的应用更广，其常用做法是把Agent的规划库定义为一个与或图结构，库中每条规划包括4个部分：①规划目标；②规划前提；③由规划序列和规划子目标组成的规划体；④规划结果。

9.2 蚁群优化算法

9.2.1 人工蚁群与真实蚁群

蚁群算法(ACO)是模拟蚂蚁群体觅食行为的仿生优化算法，由意大利学者M. Dorigo于1991年在他的博士论文中首次提出来。在蚁群算法中，需要建立与真实蚂蚁对应的人工蚁群概念。

人工蚁群与真实蚁群有许多相同之处，也有一些不同之处。一方面，人工蚁群是真实蚁群行为特征的抽象，这种抽象体现在将真实蚁群觅食行为中最重要的信息机制赋予人工蚁群；另一方面，因人工蚁群是需要解决实际问题中的复杂优化问题，为了能使蚁群算法更加有效，人工蚁群具备真实蚁群所不具备的一些特征。

人工蚁群主要的行为特征都是源于真实蚁群的，故两者具有下面的共性：

(1)人工蚁群和真实蚁群有相同的任务，就是寻找起点(蚁穴)和终点(食物源)之间的最优解(最短路径)。

(2)人工蚁群和真实蚁群都是相互合作的群体，最优解(最短路径)是整个蚁群中每个蚂蚁个体相互协作，共同不断探索的结果。

(3)人工蚁群和真实蚁群都是通过信息素进行间接通信。人工蚁群算法中信息素轨迹是通过状态变量来表示的。状态变量用一个二维信息素矩阵 t 来表示。矩阵中的元素 τ_{ij} 表示在节点 i 选择节点 j 作为移动方向的指标值，该指标值越大，在节点 i 选择去节点 j 的可能性越大。该状态矩阵中的各元素设置初值后，随着蚂蚁在所经过的路径上释放信息素的增多，矩阵中的相应元素项的值也随之改变。人工蚁群算法就是通过修改矩阵中元素的值，来模拟真实蚁群中信息素更新的过程。

(4)人工蚁群还应用了真实蚁群觅食过程中的正反馈机制。蚁群的正反馈机制使得问题的解向着全局最优的方向不断进化，最终能够有效地获得相对较优的解。

(5)人工蚁群和真实蚁群都存在着信息素挥发机制。这种机制可以使蚂蚁逐渐忘记过去，不会受过去经验的过分约束，这有利于指引蚂蚁向着新的方向进行搜索，避免算法过早收敛。

(6)人工蚁群和真实蚁群都是基于概率转移的局部搜索策略，即蚂蚁在节点 i 基于概率转移到节点 j。蚂蚁转移时，所应用的策略在时间和空间上是完全局部的。

9.2.2　基本人工蚁群算法原理

旅行商问题(Travelling Salesman Problem，TSP)是数学领域中著名的问题之一，它假设有一个旅行商人要去 n 个城市，他需要规划所要走的路径，路径规划的目标是必须经历所有 n 个城市，且所规划路径对应的路程为最短。规划路径的限制是每个城市只能去一次，而且最后要回到原来出发的城市。

显然,TSP问题的本质是一个组合优化问题,该问题已经被证明具有NP计算复杂性。所以,任何能使该问题求解且方法简单的算法,都受到高度的评价和关注。本节结合求解TSP问题来介绍基本的人工蚁群算法的原理。

基本蚁群算法求解旅行商问题的原理是:首先将m个人工蚂蚁随机地分布于多个城市,且每个蚂蚁从所在城市出发,n步(蚂蚁从当前所在城市转移到任何另一城市为一步)后,每个人工蚂蚁回到出发的城市(也称走出一条路径)。如果m个人工蚂蚁所走出的m条路径对应的路程中最短者不是TSP问题的最短路程,则重复这一过程,直至寻找到满意的TSP问题的最短路程为止。在此迭代过程的一次循环中,任何一只蚂蚁不仅要遵循约束即每个城市只能访问一次,而且从当前所在城市i以概率确定将要去访问的下一个城市j。这个概率是它所在城市i与下一个要去城市j之间的距离d_{ij}以及城市i与城市j之间道路(这里把两个城市i与j抽象为平面上两个点,城市i与j之间的道路抽象为这两个点之间的连线,称其为边,记为e_{ij})上信息素量的函数。当蚂蚁确定好下一个要访问的城市j,且到达这个城市j时,会以某种方式在这两个城市之间的路段上释放(贡献)信息素。

9.2.3 蚁群优化算法的数学模型

蚁群算法包括适应阶段和协作阶段两个基本阶段。适应阶段,各候选解根据积累的信息不断调整自身结构,路径上经过的蚂蚁越多,信息素数量越大,则该路径被选择的可能性越大,随着时间的增长,信息素数量开始变少。协作阶段,各候选解通过相互信息交流,以期望产生性能更好的解。

蚂蚁系统(Ant System,AS)是以TSP作为应用实例提出的,为了易于学习和掌握蚁群算法的数学模型,下面借助经典的TSP来进行分析探讨。

假设已知n个城市的集合$C=\{c_1,c_2,\cdots,c_n\}$,集合C中任意元素(城市)两两连接的集合$L=\{l_{ij}\mid c_i,c_j\in C\}$,$d_{ij}(i,j=1,2,\cdots,n)$表示已知的城市$i$与$j$之间的距离(或者城市的坐标集合是已知的,$d_{ij}$即为城市$i$与$j$之间的欧几里得距离$d_{ij}=\sqrt{(x_i-x_j)^2+(y_i-y_j)^2}$)。TSP的目的是从中寻找一条对$C=\{c_1,c_2,\cdots,c_n\}$中全部$n$个元素(城市)访问且只访问一次的最短封闭曲线。

如果用$b_i(t)$表示t时刻位于元素(城市)i的蚂蚁个数,用$\tau_{ij}(t)$表示t时

刻(i,j)上的信息素数量,用 m 表示蚂蚁群中蚂蚁的数目,有 $m=\sum_{i=1}^{n}b_i(t)$,那么,t 时刻集合 C 中元素(城市)两两连接 l_{ij} 上的残留信息素数量集合有 $\Gamma=\{\tau_{ij}(t)|C_i,C_j\in C\}$。各条路径上的信息素数量在初始时刻是相等的,设 $\tau_{ij}(0)=\text{const}$(const 为常数)。蚁群算法的寻优通过有向图 $g=(C,L,\Gamma)$ 实现。

9.2.3.1 转移概率准则

算法中人工蚂蚁与实际蚂蚁不同,具有记忆功能。每只蚂蚁都是随机选择出发城市的,并维护一个路径记忆向量来存放该蚂蚁依次经过的城市。蚂蚁按照一个随机比例规则来选择下一个要到达的城市。

对于每只蚂蚁 $k(k=1,2,\cdots,m)$,在运动过程中都是根据各条路径上的信息素数量来决定转移方向。蚂蚁 k 当前所走过的城市可以用禁忌表 $\text{tabu}_k(k=1,2,\cdots,m)$来记录,且集合随着 tabu_k 进化过程做动态调整。在搜索过程中,蚂蚁根据各个路径上的信息素数量及路径的启发信息来计算转移概率。

假设蚂蚁 k 在 t 时刻所在元素(城市)i,则其选择元素(城市)j 作为下一个访问对象的概率为

$$p_{ij}^{k}(t)=\begin{cases}\dfrac{|\tau_{ij}(t)|^{\alpha}\cdot|\eta_{ij}(t)|^{\beta}}{\sum\limits_{\text{seallowed}}|\tau_{is}(t)|^{\alpha}\cdot|\eta_{is}(t)|^{\beta}},j\in \text{allowed}_k\\0,\text{其他}\end{cases}$$

式中,$\text{allowed}_k=\{c\text{-tabu}_k\}$表示蚂蚁 k 下一步选择且又不在蚂蚁访问过的城市序列中的城市集合;$\eta_{ij}(t)$为问题的启发式信息值,通常由 $\eta_{ij}(t)=1/d_{ij}$ 直接计算,它表示出了蚂蚁从元素(城市)i 转移到元素(城市)j 的期望程度;α 表示 t 时刻信息素数量 $\tau_{ij}(t)$对应的相对影响因子,其值越大,该蚂蚁越倾向于选择其他蚂蚁经过的路径,蚂蚁之间协作性越强;β 表示 t 时刻启发式信息值 $\eta_{ij}(t)$对应的相对影响因子,其值越大,则该转移概率越接近于贪心规则。实验表明,在 AS 中设置 $\alpha=1,\beta=2\sim5$ 比较合适。

9.2.3.2 局部调整准则

信息素局部更新规则的引入是 ACS 在 AS 的基础上所进行的另一项重大改进。局部调整是每只蚂蚁在建立一个解的过程中进行的。随着时间的推移,以前留下的信息逐渐消逝,经过 h 个时刻,两个元素(城市)状态之间的局部信息素数量要根据下式作调整:

$$\tau_{ij}(t+h)=(1-\zeta)\cdot\tau_{ij}(t)+\zeta\cdot\tau_0$$

式中，ζ 表示信息素局部挥发速率，$0\leqslant\zeta\leqslant1$；$\tau_0$ 为信息素的初始值。实验证明，当 ζ 为 0.1，$\tau_0=\frac{1}{nl_{\min}}$ 时，算法对大多数实例有着非常好的性能。其中，n 表示城市个数，$l_{\min}$ 表示集合 C 中两个最近元素（城市）之间的距离。

9.2.3.3 全局调整准则

只有生成了全局最优解的蚂蚁才有机会进行全局调整，进行全局信息素量更新的公式为

$$\tau_{ij}(t+n)=(1-\rho)\cdot\tau_{ij}(t)+\rho\cdot\Delta\tau_{ij}(t)$$

$$\Delta\tau_{ij}(t)=\sum_{k=1}^{m}\Delta\tau_{ij}^{k}(t)$$

式中，ρ 为信息素的蒸发率，$0\leqslant\rho\leqslant1$（在 AS 中通常设置 $\rho=0.5$）；$\Delta\tau_{ij}^{k}(t)$ 表示本次循环路径 ij 上的信息素增量，初始时刻 $\Delta\tau_{ij}(t)=0$；$\Delta\tau_{ij}^{k}(t)=0$ 表示第 k 只蚂蚁在本次循环中留在路径 ij 上的信息量。

蚁群算法有 3 个版本的模型，即蚂蚁圈模型、蚂蚁数量模型及蚂蚁密度模型，它们的差别在于 $\Delta\tau_{ij}^{k}(t)$ 求法的不同。蚂蚁数量模型及蚂蚁密度模型缺乏对游历或问题解的质量评价，性能太差。而蚂蚁圈模型利用的是整体信息，在求解 TSP 问题时性能较好，因而目前多采用该模型，其 $\Delta\tau_{ij}^{k}(t)$ 的求法为

$$\Delta\tau_{ij}^{k}=\begin{cases}\dfrac{Q}{L^{k}},\ \forall(i,j)\in T^{k}\\ 0,\text{其他}\end{cases}$$

由算法复杂性分析理论，m 个蚂蚁要遍历 n 个元素（城市），经过 N_c 次循环，则算法复杂度为 $O(N_c\cdot m\cdot n^2)$。

9.2.4 基于蚁群算法的 PID 控制器参数优化

蚁群算法提出主要用于解决 TSP 问题，在解决离散域的组合优化问题中有较好表现。经过近些年的发展和不断深入研究，蚁群算法在解决连续域函数优化问题时也取得了较好的成果。在控制系统参数优化方面，很多学者提出了不同的方法成功地将蚁群算法运用到 PID 控制器参数优化中，并且取得了较好的控制效果。其中比较典型的方法有：将离散域中的“信息量存留”的过程拓展为连续域中的“信息分布函数”，运用网格划分将解空间离散化；或将每个解分量的可能值组成一个动态的候选组，并记录每个候选组的信息量，等等。这里采用的则是一种更接近基本蚁群算法的方法，将

PID 控制参数优化问题转换成 TSP 问题。所不同的是，蚂蚁的每次遍历均按照固定的顺序走完所有城市。

9.2.4.1　编码规则

在求解连续空间优化问题时，首先定义一个有向多重图，如图 9-15 所示。其城市节点集合为 $\{C_1, C_2, \cdots, C_S\}$。其中，$C_1$ 为起始节点，终点未记录在内。每个城市只与相邻城市之间有路径相连，且每两相邻城市之间存在 10 条可选的路径，分别标以数值 1，2，…，10。蚂蚁从起始节点 C_1 出发，只能向前做单向运动，不会重复经历任何城市，因此无须设置禁忌表。

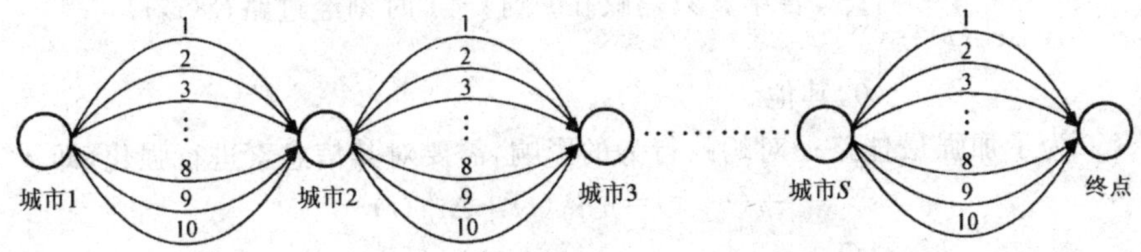

图 9-15　有向多重图

若连续空间优化问题的维数为 N，则城市个数 S 定义为 N 的整数倍，即

$$S=LN$$

式中，L 为整数，表示单变量的编码长度。L 对应于问题的求解精度，L 越大则精度越高。每只蚂蚁从起点开始，依次遍历全部城市并到达终点后，即得到一个问题的解 $X=\{x_i \mid i=1,2,\cdots,N\}$。按照遍历的先后顺序，蚂蚁每经过 L 个城市，即对应着解中的一个变量 x_i。设第 k 只蚂蚁的某次遍历所形成的轨迹为 $\{p_{k1}, p_{k2}, \cdots, p_{ks}\}$。则该蚂蚁的遍历过程所对应的解为

$$e_i = \sum_{m=1}^{L} \frac{(p_{kj}-1)}{10^m} (i=1,2,\cdots,N; j=(i-1)L+m) \tag{9-1}$$

$$x_i = (x_{iH} - x_{iL})e_i + x_{iL}$$

式中，p_{kj} 表示蚂蚁 k 从第 j 个城市出发时所选择路径的编号，取值在 0～10 之间；e_i 为变量 x_i 的归一化数值；x_{iH} 和 x_{iL} 分别为变量 x_i 取值范围的上、下限。

9.2.4.2　优化过程

首先，将各条路径上的信息素用相同的数值初始化。随即令各只蚂蚁由同一起点开始逐次进行遍历活动。与 TSP 问题类似，蚂蚁按照状态转移概率公式选择由每座城市出发所采取的路径。对于第 t 次遍历，设蚂蚁 k

从城市 i 移动到下一城市选择第 j 条路径的概率为 $P_{ij}^k(t)$，其计算式为

$$P_{ij}^k(t)=\frac{\tau_{ij}(t)}{\sum_{p=1}^{10}\tau_{ip}(t)}$$

一次遍历结束后，对每只蚂蚁所走过的路径进行评价。首先利用式(9-1)求得对应的解，并求取相应的目标函数。然后记录下到目前为止的最佳路径。接下来对各只蚂蚁所经过路径上的信息素进行更新，即

$$\tau_{ij}^k(t+1)=\rho_1\tau_{ij}^k(t)+\Delta\tau_{ij}^k(t)$$

其中，$\Delta\tau_{ij}^k(t)$ 的计算式为

$$\Delta\tau_{ij}^k(t)=\begin{cases}\dfrac{Q}{Q_k}, & \text{若第 } k \text{ 只蚂蚁在 } t \text{ 到 } t+1 \text{ 时刻经过路径}(i,j)\\ 0, & \text{其他}\end{cases}$$

为了加强最佳路径对蚂蚁行为的影响，需要对其信息素进行强化，即

$$\tau_{ij}^k(t+1)=\rho_2\tau_{ij}^k(t)+\Delta\tau_{ij}^k(t)$$

$$\Delta\tau_{ij}^k(t)=\begin{cases}\dfrac{Q}{Q_{\text{best}}}, & \text{若第 } k \text{ 只蚂蚁在 } t \text{ 到 } t+1 \text{ 时刻经过路径}(i,j)\\ 0, & \text{其他}\end{cases}$$

信息素更新完成后，进入下一次遍历，直到达到最大遍历次数 N_c 为止。最后，输出在历次遍历过程中所选出的最佳路径所对应的解和仿真曲线。

9.3 粒子群优化算法

粒子群优化算法(PSO)是一种基于群体智能进化的重要计算方法，它将社会学中有关相互作用或信息交换的概念引入到问题求解方法之中。粒子群优化算法是仿生算法的一个著名代表，它源于生物社会学家对鸟群、鱼群或昆虫捕食等简化的社会行为的仿真研究。

粒子群优化算法是由 J. Kennedy 和 R. C. Eberhart 于 1995 年首先提出的一种全局搜索算法。它实现简单、能力强且性能优越，目前已发展出各种改进算法，并已广泛应用于各种优化问题中。

9.3.1 粒子群优化算法的原理

自然界中许多生物体都具有群聚生存、活动行为，以利于它们捕食及逃避追捕。因此，通过仿真研究鸟类群体行为时，要考虑以下三条基本规则：

(1)飞离最近的个体，以避免碰撞。

(2)飞向目标(食物源、栖息地、巢穴等)。

(3)飞向群体的中心，以避免离群。

鸟类在飞行过程中是相互影响的，当一只鸟飞离鸟群而飞向栖息地时，将影响其他鸟也飞向栖息地。鸟类寻找栖息地的过程与对一个特定问题寻找解的过程相似。鸟的个体要与周围同类其他个体比较，模仿优秀个体的行为。因此要利用其解决优化问题，关键要处理好探索一个好解与利用一个好解之间的平衡关系，以解决优化问题的全局快速收敛问题。这样就要求鸟的个体具有个性，鸟不互相碰撞，又要求鸟的个体要知道找到好解的其他鸟并向它们学习。

PSO算法的基本思想是模拟鸟类的捕食行为。假设一群鸟在只有一块食物区域内随机搜索食物，所有鸟都不知道食物的位置，但它们知道当前位置与食物的距离，最为简单而有效的方法是搜寻目前离食物最近的鸟所在区域。PSO算法从这种思想得到启发，将其用于解决优化问题。设每个优化问题的解都是搜索空间中的一只鸟，把鸟视为空间中的一个没有重量和体积的理想化“质点”，称其中“微粒”或“粒子”，每个粒子都有一个由被优化函数所决定的适应值，还有一个速度决定它们的飞行方向和距离。然后粒子们以追随当前的最优粒子在解空间中搜索最优解。

设n维搜索空间中粒子i的当前位置X_i，当前飞行速度V_i及所经历的最好位置$Xbest_i$(即具有最好适应值的位置)分别表示为

$$X_i=(x_{i1},x_{i2},\cdots,x_{in})$$

$$V_i=(v_{i1},v_{i2},\cdots,v_{in})$$

$$Xbest_i=(p_{i1},p_{i2},\cdots,p_{in})$$

对于最小化问题，若$f(X)$为最小化的目标函数，则粒子i的当前最好位置确定为

$$P_i(t+1)=\begin{cases}Xbest_i, f[X_i(t+1)]\geqslant f[P_i(t)]\\ X_i(t+1), f[X_i(t+1)]<f[P_i(t)]\end{cases}$$

设群体中的粒子数为S，群体中所有粒子所经历过的最好位置为$Xbest_g$称为全局最好位置，即为

$$f(Xbest_g)=\min\{f(Xbest_1),f(Xbest_2),\cdots,f(Xbest_S)\}$$

其中，$f(Xbest_g)\in\{f(Xbest_1),f(Xbest_2),\cdots,f(Xbest_S)\}$。

基本粒子群算法粒子i的进化方程可描述为

$$v_{ij}(t+1)=v_{ij}(t)+c_1r_{1j}(t)[Xbest_{ij}-x_{ij}(t)]+c_2r_{2j}(t)[Xbest_{gj}-x_{ij}(t)] \tag{9-2}$$

$$x_{ij}(t+1)=x_{ij}(t)+v_{ij}(t+1)$$

式中，$v_{ij}(t)$表示粒子 i 第 j 维第 t 代的运动速度；c_1 和 c_2 均为加速度常数；r_{1j}和 r_{2j}分别为两个相互独立的随机数；$Xbest_g$ 为全局最好粒子的位置。

式(9-2)描述了粒子 i 在搜索空间中以一定的速度飞行，这个速度要根据本身的飞行经历[式(9-2)中右边第 2 项]和同伴的飞行经历[式(9-2)中左边第 3 项]进行动态调整。

9.3.2 粒子群优化算法的步骤

如图 9-16 所示，给出了 PSO 算法的基本步骤，各步的具体内容如下：

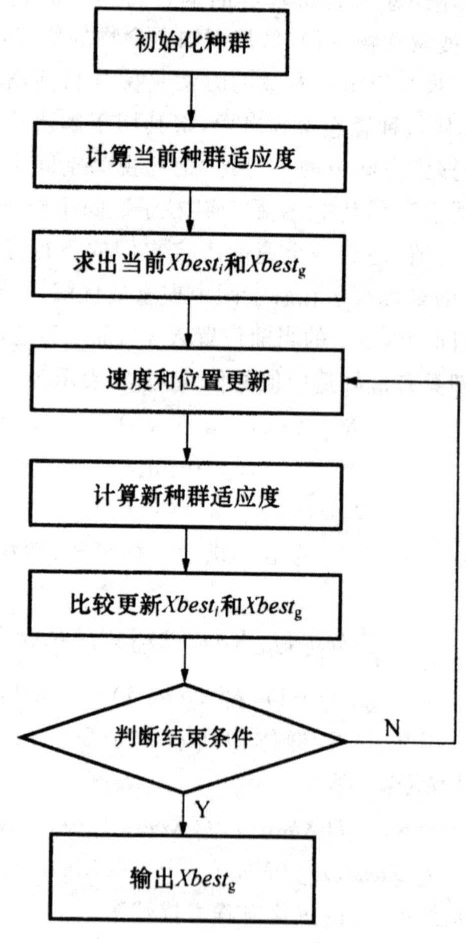

图 9-16 基本 PSO 流程图

(1)初始化。包括定义初始种群(速度-位移模型以及种群大小等),进化代数,还有一些修正改进算法中可能用到的常量。

(2)评价种群。计算初始种群各个粒子的适应度。

(3)求出当前的 $Xbest_i$ 和 $Xbest_g$。

(4)进行速度和位置的更新。

(5)评价种群。计算新种群中粒子适应度。

(6)比较 $Xbest_i$ 和 $Xbest_g$,若优越则替换。

(7)判断算法结束条件(包括精度要求和进化代数要求),满足则跳出循环,不满足则跳到(4)继续执行。

9.3.3 标准粒子群算法

标准粒子群算法是指带惯性权重的 PSO,它是对基本粒子群算法最早的一种改进,这种改进启发其他研究者更加深入地研究粒子群优化机制和其他更加有效的方法。

标准 PSO 主要是在式(9-2)中引入了惯性权重 ω,即

$$v_{ij}(t+1)=\omega v_{ij}(t)+c_1 r_{1j}(t)[Xbest_{ij}-x_{ij}(t)]+c_2 r_{2j}(t)[Xbest_{gj}-x_{ij}(t)]$$

惯性权重 ω 是为了平衡全局搜索和局部搜索而引入的,惯性权重代表了原来速度在下一次迭代中所占的比例,ω 较大时,前一速度的影响较大,全局搜索能力比较强;ω 较小时,前一速度的影响较小,局部搜索能力比较强。合适的 ω 值在搜索速度和搜索精度方面起着协调作用。因此,一般采用惯性权重递减策略,即在算法的初期取较大的惯性权值 ω 以对整个问题空间进行有效的搜索,算法进行后期取较小惯性权值 ω 以有利于算法的收敛。惯性权重递减公式为

$$\omega=\omega_{\max}-\frac{\omega_{\max}-\omega_{\min}}{T_{\max}}t$$

式中,$\omega_{\max}$ 和 $\omega_{\min}$ 分别为 ω 的最大最小值,ω 的取值范围在[0,1.4]比较合适,但通常取在[0.8,1.2];$T_{\max}$ 和 t 分别是最大的迭代数和当前的迭代数。

另外,Clerc 提出的收缩因子法也是一种标准的 PSO 算法。他是把基本的速度公式即式(9-2)改变为

$$v_{ij}(t+1)=\gamma\{v_{ij}(t)+c_1 r_1[p_{ij}-x_{ij}(t)]+c_2 r_2[p_{gj}-x_{ij}(t)]\}$$

其中,$\gamma=\frac{2}{\left|2-\varphi-\sqrt{\varphi^2-4\varphi}\right|}$,$\varphi=c_1+c_2$,$\varphi>4$。通常情况下,取 $c_1=c_2=2.05$,$\varphi=4.1$,此时 $\gamma=0.7298$。实验结果表明,两种方法差不多,收缩因子很有效率,但是在有些情况下无法得到全局极值点。

参考文献

[1]鲍军鹏，张选军，吕园园．人工智能导论[M]．北京：机械工业出版社，2011．

[2]贲可荣，张彦铎．人工智能[M]．2 版．北京：清华大学出版社，2018．

[3]蔡自兴，徐光裕．人工智能及其应用[M]．4 版．北京：清华大学出版社，2010．

[4]蔡自兴．智能控制导论[M]．2 版．北京：中国水利水电出版社，2014．

[5]蔡自兴．智能控制原理与应用[M]．2 版．北京：清华大学出版社，2014．

[6]曹少中，涂序彦．人工智能与人工生命[M]．北京：电子工业出版社，2011．

[7]柴玉梅，张坤丽．人工智能[M]．北京：机械工业出版社，2012．

[8]程武山．智能控制理论、方法与应用[M]．北京：清华大学出版社，2009．

[9]丛爽．智能控制系统及其应用[M]．合肥：中国科学技术大学出版社，2013．

[10]党建武．人工智能[M]．北京：电子工业出版社，2012．

[11]丁世飞．人工智能[M]．北京：清华大学出版社，2011．

[12]董海鹰．智能控制理论及应用[M]．北京：中国铁道出版社，2016．

[13]郭广颂．智能控制技术[M]．北京：北京航空航天大学出版社，2014．

[14]韩力群．智能控制理论及应用[M]．北京：机械工业出版社，2016．

[15]韩璞，等．智能控制理论及应用[M]．北京：中国电力出版社，2013．

[16]李德毅，于剑；中国人工智能学会．人工智能导论[M]．北京：中国科学技术出版社，2018．

[17]李长河．人工智能及其应用[M]．北京：机械工业出版社，2006．

[18]李征宇，郭彤颖，等．人工智能技术与智能机器人[M]．北京：化学工业出版社，2018．

[19]廉师友．人工智能技术导论[M]．3 版．西安：西安电子科技大学出版社，2007．

[20]刘凤歧.人工智能[M].北京:机械工业出版社,2011.

[21]刘金琨.智能控制[M].4版.北京:电子工业出版社,2017.

[22]罗兵,甘俊英,张建民.智能控制技术[M].北京:清华大学出版社,2011.

[23]罗兵,李华嵩,李敬民.人工智能原理及应用[M].北京:机械工业出版社,2011.

[24]马少平,朱小燕.人工智能[M].北京:清华大学出版社,2004.

[25]尚福华.人工智能[M].哈尔滨:哈尔滨工业大学出版社,2008.

[26]石纯一,张伟.基于Agent的计算[M].北京:清华大学出版社,2007.

[27]史忠植.高级人工智能[M].3版.北京:科学出版社,2018.

[28]孙增圻.智能控制理论与技术[M].2版.北京:清华大学出版社,2011.

[29]万森.人工智能[M].北京:人民邮电出版社,2011.

[30]王万良.人工智能及其应用[M].2版.北京:高等教育出版社,2008.

[31]王万森.人工智能原理及应用[M].北京:电子工业出版社,2012.

[32]韦巍.智能控制技术[M].2版.北京:机械工业出版社,2015.

[33]吴华春.控制工程基础[M].武汉:华中科技大学出版社,2017.

[34]修春波.人工智能技术[M].北京:机械工业出版社,2018.

[35]尹朝庆.人工智能与专家系统[M].2版.北京:中国水利水电出版社,2009.

[36]赵明旺,王杰.智能控制[M].武汉:华中科技大学出版社,2010.

[37]钟义信.高等人工智能原理——观念·方法·模型·理论[M].北京:科学出版社,2014.

[38]周志敏,纪爱华.人工智能[M].北京:人民邮电出版社,2017.

[39]朱福喜.人工智能[M].3版.北京:清华大学出版社,2017.

[40]米爱中,姜国权,霍占强.人工智能及其应用[M].长春:吉林大学出版社,2014.